Bewegende Zeiten

Julian Weber

Bewegende Zeiten

Mobilität der Zukunft

 Springer

Julian Weber
München, Deutschland

ISBN 978-3-658-30310-5   ISBN 978-3-658-30311-2 (eBook)
https://doi.org/10.1007/978-3-658-30311-2

Die Deutsche Nationalbibliothek verzeichnet diese Publikation in der Deutschen Nationalbibliografie; detaillierte bibliografische Daten sind im Internet über http://dnb.d-nb.de abrufbar.

Cover Photo by Martin Ezequiel Sanchez, © CC0 https://www.goodfreephotos.com/

Lektorat: Dr. Daniel Fröhlich
Springer ist ein Imprint der eingetragenen Gesellschaft Springer Fachmedien Wiesbaden GmbH und ist ein Teil von Springer Nature.
Die Anschrift der Gesellschaft ist: Abraham-Lincoln-Str. 46, 65189 Wiesbaden, Germany

Vorwort

Warum dieses Buch?

project i wurde als Think Tank der BMW Group vor allem durch die Entwicklung zweier hochinnovativer Elektrofahrzeuge bekannt: des Megacity Vehicles BMW i3 und des Plug-in Hybrid Sportwagens BMW i8.

Über die Fahrzeugentwicklung hinaus war die Aufgabe des project i aber auch die Klärung grundsätzlicher Fragen der Mobilität. Um in Zukunft stimmige Mobilitätsangebote machen zu können, wurden in weltweit durchgeführten Pilotprojekten die zukünftigen Anforderungen an die individuelle Mobilität abgefragt, relevante Rahmenbedingungen erfasst und die Akzeptanz der daraus abgeleiteten, neuen Lösungsangebote hinterfragt, etwa: Wo lade ich, wenn ich weder am Arbeitsplatz noch zu Hause über eine feste Lademöglichkeit verfüge? Wie gut eignen sich Elektrofahrzeuge für das Car Sharing? Kann ich gebrauchte Batterien sinnvoll wiederverwenden? Wie kann ich den öffentlichen Nahverkehr und das elektrische Kickboard in meinem Kofferraum sinnvoll in die Routenplanung meines Navis mit einbeziehen? In welcher internationalen Großstadt gelten welche politischen und gesetzlichen Randbedingungen für die Zulassung oder Nutzung von Elektrofahrzeugen?

Teil von project i gewesen zu sein, ist für mich bis heute das herausragende und persönlich prägende Erlebnis meines bisherigen Berufslebens schlechthin. Teil der First Line dieses außergewöhnlichen Thinktanks zu sein, gab mir die einmalige Möglichkeit, mich auf internationaler Ebene mit allen Typen von Stakeholdern der Mobilität intensivst auseinanderzusetzen: Fahrzeugkunden, alte und neue Wettbewerber, Lieferanten und Dienstleister, neue Partner wie etwa Energieerzeuger, Journalisten, Investoren, NGOs, Vertreter von Kommunen und Ländern und vielen mehr. Ich durfte dabei viele höchst engagierte, kreative und innovative, aber gleichzeitig auch kritische Menschen kennenlernen: Autoenthusiasten und -kritiker, Innovatoren und Bewahrer, Vertrauende und Skeptiker – und mit jedem einzelnen dieser Gespräche wurde mein persönliches Bild davon, wie sich die Menschen an den unterschiedlichen Orten der Welt in Zukunft fortbewegen werden, vollständiger und stimmiger. All diesen Menschen gilt mein herzlichster Dank. Ohne sie wäre dieses Buch nicht möglich gewesen, sie alle hier namentlich zu erwähnen ist mir aber ebenfalls unmöglich.

Mein klarer Wunsch und Anspruch als Autor ist es, Ihnen als Leser mit diesem Buch die Entstehung dieses Zukunftsbildes möglichst allgemein verständlich und nachvollziehbar zu vermitteln – ohne Sie dabei jedoch aus der Pflicht zu nehmen, sich am Ende aus den angebotenen Informationen und Meinungen Ihr eigenes, individuelles Bild abzuleiten. Besonders wichtig ist mir an dieser Stelle zu betonen, dass die von mir im Rahmen dieses Buchs geäußerten fachlichen Einschätzungen und Empfehlungen ausschließlich meine persönliche Meinung als Privatperson widerspiegeln und keinesfalls die von darin genannten Unternehmen und Organisationen, insbesondere nicht der BMW Group oder der Clemson University.

Abschließend liegt mir noch der Hinweis am Herzen, dass ich bei den Gesprächen und Recherchen zu diesem Buch fachlich und menschlich sehr davon profitiert habe, mich mit Menschen unterschiedlichster Herkunft, Geschlecht, Hautfarbe oder Religion austauschen zu können. Im 21. Jahrhundert sollten Diversity und gegenseitiger Respekt eine Selbstverständlichkeit sein, ich sehe beides sowohl im beruflichen als auch im privaten Umfeld als extrem wertvolle Bereicherung. Vor diesem Hintergrund ist mir die Anmerkung wichtig, dass in diesem Buch zwar der besseren Lesbarkeit halber durchgängig die generische männliche Form verwendet wird, weibliche und andere Geschlechteridentitäten damit aber selbstverständlich ebenfalls gemeint sind.

München   Julian Weber

Februar 2020

Inhaltsverzeichnis

1

Einleitung: Mobilität im Wandel
Wovon hängt ab, wie wir uns in Zukunft fortbewegen werden?

1.1 Mobilitätsbedarf und -angebot

Mobilität ist Leben. Zur Schule oder zur Arbeit, zu Freunden oder zum Sport, in den Urlaub oder um die Welt zu entdecken – in jedem Fall gilt: Wer nicht vom Fleck kommt, bleibt im wahrsten Sinne des Wortes beschränkt. Auch wenn trotz vieler Versuche noch nie ein formales Recht auf Mobilität verbrieft wurde, besteht in der Gesellschaft doch Einigkeit dahingehend, dass räumliche Mobilität ein menschliches Grundbedürfnis darstellt.

Fragen wir uns aber, wie Mobilität heute und vor allem in Zukunft konkret aussehen soll, sind die Vorstellungen so unterschiedlich wie es die Länder, Städte und Menschen dort selbst sind. So wie persönliche Vorlieben beim Essen, der Musik oder der Wohnungseinrichtung unterscheiden sich auch die individuellen Mobilitätsbedarfe. Jeder hat seine ganz eigene Vorstellung davon, wann und wohin er möchte oder muss. Im Gegensatz zum Essen oder zur Musik lassen sich individuelle Mobilitätsbedarfe aber nicht individuell bedienen, Mobilitätsangebote orientieren sich vielmehr am Gesamtbedarf der Bevölkerung. Das gilt für den öffentlichen Verkehr genauso wie über geltende Regeln und die erforderliche Infrastruktur auch für den Individualverkehr. Die Analyse und Prognose von individuellem und kollektivem Mobilitätsbedarf, also die Frage wer wann wohin möchte und wie viele Menschen das dann in Summe sein werden, ist Inhalt von Kap. 2.

So vielseitig die Bedarfe aber auch sein mögen, die angebotsseitigen Grundelemente der Mobilität sind überall auf der Welt vergleichbar: Autos auf der einen und öffentliche Verkehrsmittel im Nah- und Fernverkehr auf der anderen Seite stellen die beiden tragenden Säulen dar. Dazu kommen dann Fahrräder, Motorroller, Dreiräder, Elektroroller, Motorrikschas und weitere oft länder- oder kulturspezifische Fahrzeugalternativen, sowie – beflügelt durch die Digitalisierung und den sich speziell in den internationalen Metropolen ausbreitenden Trend „Nutzen statt Besitzen" – in jüngster Zeit eine ständig zunehmende Anzahl unterschiedlichster Mobilitätsdienstleistungen.

1.1.1 Autos und die Automobilindustrie

Nach kritischen Jahren hat sich die internationale Automobilindustrie wirtschaftlich inzwischen wieder halbwegs gefestigt, die Unternehmen sind in Summe wirtschaftlich durchaus erfolgreich. Trotzdem zeigen sich im Jahr 2020 Strategen, Kunden und Investoren unsicher wie selten, wohin sich das Geschäft mit der Mobilität entwickeln wird. Als Beleg für diese Unsicherheit kann der unisono in den veröffentlichten Strategiepapieren der Automobilhersteller angekündigte Wandel gelten. Von „Disruption" und „Change" ist da die Rede, während von „Weiter so" nirgends mehr etwas zu lesen ist. Es macht sich offensichtlich die Einsicht breit, dass Digitalisierung nicht nur eine Methodik zur Steigerung der Effizienz von Geschäftsprozessen ist, sondern vor allem auch die Erwartungshaltung der Kunden und damit ihr Kaufverhalten fundamental verändert. Der langjährige Daimler-CEO Dieter Zetsche etwa ist hier schon früh zu einem konsequenten und glaubhaften Advokaten der Alternativlosigkeit eines strategischen Wandels geworden.

Wer aber tiefer in die Führungsstrukturen der Automobilkonzerne hineinschaut, stellt dann doch fest, dass dort die Ausrichtung auf und die Bereitschaft für einen tief greifenden Wandel noch alles andere als flächendeckend verankert ist. Wie bei disruptiven Vorgängen üblich, hängen viele der Verantwortlichen trotz eines rationalen Verständnisses der Erfordernis von Veränderung emotional weiterhin an den etablierten Werten, Vorgehensweisen und Artefakten fest, die sie als für ihren persönlichen Erfolg ursächlich halten, und verzögern damit teils bewusst, teils unbewusst die strategische Weiterentwicklung und die damit verbundene Aufrechterhaltung der Wettbewerbsfähigkeit.

Auch bei der Beantwortung der Frage, was denn zur Umsetzung dieses Wandels nun konkret erforderlich sei, ist man sich über die Häuser der Branche hinweg zumindest nach außen hin einig. Die auf den Aktionärsversammlungen vorgestellten und auf den Websites der Unternehmen veröffentlichten strategischen Schwerpunkte gleichen sich wie ein Ei dem anderen: Digitale Vernetzung, autonomes Fahren, elektrische Antriebstechnik und das Angebot von Mobilitätsdienstleistungen werden dort von allen relevanten Herstellern als die vier Kompetenzfelder ausgewiesen, mit denen man sich nicht nur für das Überleben, sondern vor allem für den Erfolg in der Zukunft der Mobilität wappnen möchte.

Es muss somit nicht wundern, dass auch die neuen Player, deren Geschäftsmodelle auf dem Durchbruch eben dieser Technologien fußen, geradezu gebetsmühlenartig verkünden, dass die Reise eben genau dorthin führen wird. Kaum jemand propagiert die schnelle und flächendeckende Ausbreitung der E-Mobilität so überzeugend wie ein Anbieter von innovativen Lösungen zum Laden von Elektrofahrzeugen im urbanen Kontext, kaum jemand vertritt die langfristige Überlegenheit des autonomen Fahrens gegenüber von Fahrern gesteuerten Autos so überzeugend und so vehement wie die Hersteller der dazu erforderlichen Sensoren. Der strategische Ansatz besteht in diesen Fällen dann außer aus der eigenen Überzeugung auch aus einer gehörigen Portion Hoffnung auf den Effekt der Selffulfilling Prophecy.

Dabei ist kritisches Hinterfragen hier durchaus angebracht. Sicherlich: Die Digitalisierung wird über Industrie 4.0 die Fahrzeugherstellung und über den direkten Zugriff auf Fahrzeug- und Kundendaten den Vertrieb von Autos dramatisch verändern – aber wird sie sich ebenso dramatisch auf die Autos selbst auswirken? Dass Autos eines Tages tatsächlich in der Lage sein werden, ohne Fahrer autonom durch Städte und über Autobahnen zu fahren, ist schon aufgrund der immensen Investitionen der Automobilindustrie in diese Technologie äußerst wahrscheinlich. Aber:

Sind wir uns genauso sicher, dass dann auch genügend Menschen in so einem Fahrzeug ohne Fahrer ans Ziel gebracht werden wollen – mal ganz unabhängig von der Frage, ob dies dann ihr eigenes Fahrzeug ist oder nicht? Ebenso besteht momentan quer durch die Branche Einigkeit dahingehend, dass in Zukunft die überwiegende Mehrzahl der Fahrzeuge von Elektromotoren angetrieben werden wird – aber hinsichtlich der Frage, wie der ideale Energiespeicher dafür aussieht und wer die dafür erforderliche Ladeinfrastruktur bezahlen soll, besteht weitaus weniger Konsens.

In Summe haben also die Automobilhersteller heute zwar ein klares Bild davon, an welchen technischen Lösungen sie in den kommenden Jahren konkret arbeiten werden. Die Vorstellungen darüber aber, wie sich die Mobilität als Ganzes und damit ja letztendlich auch die Nachfrage nach den von ihnen angebotenen Fahrzeugen und Dienstleistungen tatsächlich entwickeln wird, sind weit weniger konkret.

1.1.2 Öffentliche Mobilität

Neben dem individuellen Autoverkehr ist im Nah- wie im Fernbereich der öffentliche Personenverkehr die zweite tragende Säule der Mobilität. Und gerade in den internationalen Ballungszentren kommen während der Stoßzeiten beide regelmäßig an ihre Grenzen. Man muss nicht in New York, Paris oder Tokyo leben, um zu wissen, dass die allmorgendliche Situation in Pendlerzügen aber auch gar nichts mit den Werbeplakaten zu tun hat, auf denen zufriedene Fahrgäste auf bequemen Sitzen während der Fahrt ins Büro entspannt ihre Zeitung lesen. Trotzdem stellen in den meisten Großstädten gerade diese im Englischen bezeichnenderweise „Mass Transit" genannten Zugverbindungen die Anbindung der Menschen aus den Speckgürteln an die Kernstädte sicher. In den Städten selbst bringt ein in dieser Reihenfolge dichter werdendes Netz von Schnellbahnen, U-Bahnen, Straßenbahnen und Bussen die Menschen ans Ziel.

Wenngleich nicht ganz so dramatisch wie in den Städten, wird die Verkehrssituation auf den Straßen auch im Fernverkehr zunehmend unerträglich. Flugzeug, Bahn und inzwischen auch Fernbusse sind hier die

Alternativen zum eigenen Pkw – wobei letztere zwar preislich attraktiv sind, aber letztlich auch im gleichen Stau stehen, in dem man mit dem eigenen Auto stehen würde.

Im Gegensatz zum großstädtischen Nah- und Fernverkehr ist die Verkehrsproblematik außerhalb der Ballungszentren, im kleinstädtischen und ländlichen Bereich, bei weitem nicht so stark ausgeprägt, der Mobilitätsbedarf dort insgesamt deutlich geringer. Kleinstädte und Dörfer wurden deshalb bei der Versorgung durch öffentliche Verkehrsmittel schon immer eher stiefmütterlich behandelt, viele früher noch vorhandene Verbindungen wurden über die Jahre hinweg aus Kostengründen abgebaut. Echte Alternativen zum eigenen Auto gibt es in diesen Bereichen deshalb kaum, was vor allem die Mobilität von Kindern, Jugendlichen, Senioren und anderen Personengruppen einschränkt, die nicht Auto fahren können, dürfen oder wollen. Gerade in diesen Gegenden werden deshalb große Hoffnungen auf neue, private Mobilitätsanbieter gesetzt.

Auch die öffentliche Mobilität unterliegt also einem starken Wandel, indem etwa die bislang klaren Grenzen zwischen öffentlichen und privaten Angeboten verschwimmen. Die Ausprägungsformen, Akzeptanzkriterien und zukünftige Potenziale der öffentlichen Mobilität werden im Rahmen von Abschn. 5.4 diskutiert.

1.1.3 Mobilitätsdienstleistungen

Je stärker das klassische Mobilitäts- und Geschäftsmodell „Fahren mit dem eigenen Pkw" von Öffentlichkeit, Politik und Wirtschaft infrage gestellt wird, desto höher werden die Erfolgserwartungen an die neuen Player im Mobilitätsgeschäft. In Deutschland etwa haben sich in vergleichsweise kurzer Zeit Firmen wie die inzwischen zu SHARE NOW fusionierten Carsharingbetreiber DriveNow und Car2Go, der Ride-Hailing-Anbieter Uber oder das Fernbusunternehmen Flixbus – Namen, die bis vor wenigen Jahren kaum jemand kannte – auf dem jahrzehntelang von Taxis, öffentlichen Bussen und Bahnen dominierten Markt etabliert und dort zur Freude der Nutzer das Angebot an Mobilitätsdienstleistungen um zusätzliche Optionen erweitert. Von der Öffentlichkeit werden diese Dienste ganz klar als attraktive und gesunde Ergänzung des bestehenden Mobilitätsangebots wahrgenommen. Unter welchen Bedingungen aber Menschen in der Stadt, im Umland oder auf dem Land bereit sein werden, sich vollständig auf diese Angebote zu verlassen und dann ganz auf den eigenen Zweit- oder gar Erstwagen zu verzichten, hängt primär von deren Verfügbarkeit und Preis-Leistungs-Verhältnis ab.

Während sich die von der Dynamik dieser Entwicklung überrannten Taxi-, Bus- und Bahnunternehmen als ehemalige Platzhirsche zum Teil noch intensiv damit beschäftigen, den guten alten Zeiten hinterhertrauern und zum Schutz des eigenen Geschäfts vor dem plötzlich vorhandenen Wettbewerb eine stärkere Regulierung des Marktes durch die öffentliche Hand fordern, nutzen die neuen Player gezielt die Möglichkeiten der Digitalisierung, um sich flexibel auf die Wünsche der Kunden einzustellen, individuelle Mobilität zu deutlich günstigeren Preisen anzubieten und durch Skalierung ihrer Dienste Schritt für Schritt neue Marktanteile zu erobern.

Ganz im Gegensatz zu den Automobilherstellern führt der oben beschriebene Wandel bei diesen neuen Mobilitätsanbietern – und nicht zuletzt auch bei deren Investoren – zu offenem Enthusiasmus. Deren Angebote und die dahinterliegen Geschäftsmodelle sind Inhalt der Abschn. 5.2 und 5.3. Ob letztere allerdings auch langfristig tragfähig sind, muss sich erst noch zeigen: Wie bei vielen digitalen Diensten sind auch die neuen Mobilitätsanbieter oft primär auf schnelles Wachstum mit kurzfristigem Gewinn und nicht so sehr auf nachhaltigen Erfolg ausgerichtet – was für die betroffenen Kommunen die Zusammenarbeit mit ihnen eher schwierig gestaltet.

1.2 Strategischer Rahmen

Ob im Ballungsraum, im Fernverkehr oder auf dem Land: Weder die in der Bevölkerung bestehenden Mobilitätsbedarfe noch die zu ihrer Erfüllung verfügbaren Mobilitätsangebote sind stabil, beide hängen von einer Vielzahl von Rahmenbedingungen ab und verändern sich wie diese zunehmend dynamisch. Wie sich die Mobilität weiterentwickelt, wird vornehmlich durch einen strategischen Rahmen bestimmt, den die Trends in den Bereichen Demografie, Infrastruktur, Technologie, Gesellschaft und Gesetzgebung aufspannen:

Standortspezifische Rahmenbedingungen
Die topografischen Verhältnisse innerhalb eines zusammenhängenden Mobilitätsraums sind im Regelfall stabil, auch das Klima zeigt dort keine für die Mobilität direkt relevanten Veränderungen. Die Auswirkungen des „Global Warming" sind hier natürlich relevant, beeinflussen aber die Mobilität in erster Linie über gesellschaftliche und regulatorische Entwicklungen; die Erhöhung der Umgebungstemperatur an sich führt zu keinen für die Mobilität relevanten Verhaltensänderungen. Allerdings begünstigen oder erschweren vorherrschende Geländeformen und Wetterbedingungen bestimmte Mobilitätslösungen. So sind etwa in Barcelona oder Rom Motorroller aufgrund des milden Klimas fester Bestandteil des Mobilitätssystems, in Moskau hingegen sind sie vergleichsweise rar. Und während sich Kopenhagen und Amsterdam nicht zuletzt aufgrund ihrer flachen Topografie zu den fahrradfreundlichsten Städten der Welt entwickelt haben, tut sich eine von Steigungen durchzogene Stadt wie Stuttgart doch deutlich schwerer, ihre Bürger vom Fahrradfahren zu überzeugen.

Maßgeblichen Einfluss auf den Mobilitätsbedarf hat auch die Raumstruktur, also die Art und Weise, in der die zu einem Mobilitätsraum gehörenden Flächen bebaut sind und genutzt werden. Ob historisch gewachsen oder bewusst geplant: Die Raumstruktur bestimmt, welche Wege etwa zwischen Wohnung und Arbeitsplatz oder Schule zurückgelegt werden müssen, und kann über entsprechende stadtplanerische Eingriffe wie etwa der Ansiedlung von Kindergärten, Schulen, Einkaufsmöglichkeiten und Ärzten in Wohnvierteln in einem gewissen Maße gelenkt werden.

Gleichzeitig entstehen aus der Bevölkerungsstruktur und dem Bevölkerungswachstum konkrete, aber veränderliche Bedarfe und somit Anforderungen an die angebotenen Mobilitätssysteme. So ist etwa die Überlastung der Pendlerzüge in vielen Großstädten die Folge des stetigen Zuzugs in den Speckgürtel der großen Städte.

Umfang und Zustand der Infrastruktur haben direkten und massiven Einfluss auf die Eignung, die Realisierbarkeit und damit auch auf die

Akzeptanz neuer Mobilitätsangebote. Wer keine Ladesäulen findet, fährt nicht elektrisch. Wo keine stabile Versorgung mit mobilem Internet gewährleistet ist, verlässt sich niemand auf eine Mobilitäts-App. Andererseits: Wo gut ausgebaute Straßen und ausreichend Parkplätze zur Verfügung stehen, geht der Bedarf und somit die Akzeptanz von Alternativen zum eigenen Auto gegen null.

Die standortspezifischen Rahmenbedingungen von Mobilitätsräumen sind also vielfältig und werden ausführlich in Kap. 3 betrachtet.

Technologische Rahmenbedingungen

Ob Fahrzeuge oder Dienste: Neue Mobilitätsangebote entstehen aus technologischen Innovationen. Die Akzeptanz von Elektrofahrzeugen etwa steht und fällt mit ihrer Reichweite und damit mit der Energiedichte der verbauten Batteriezellen; die neuen per App buchbaren Mobilitätsdienste wurden erst durch die Fortschritte der Digitalisierung möglich. Am Ende ausschlaggebend ist jedoch immer die Frage, ob sich innovative Ideen wie das autonome Fahren oder Wasserstoffantriebe auch tatsächlich in Serie umsetzen lassen, wie gut sie die real bestehenden Bedarfe der Nutzer treffen und wie gut sie dann am Ende vom Markt akzeptiert werden. In diesem Sinne werden die relevanten technologischen Trends im Automobilbereich im Rahmen von Kap. 4 behandelt.

Gesellschaftliche Rahmenbedingungen

Den technischen Entwicklungen gegenüber stehen die innerhalb der Gesellschaft vorhandenen Vorlieben und Werte, aber auch Vorbehalte und Abneigungen und deren Auswirkungen auf das Mobilitätsverhalten. Auch diese verändern sich, und zwar längst nicht mehr so langsam wie früher. Beispiele für relevante und globale Trends sind etwa das bereits erwähnte „Nutzen statt Besitzen", die Zunahme von Onlineshopping gegenüber dem klassischen Einkauf im Geschäft oder auch der generell steigende Stellenwert ökologischer und sozialer Nachhaltigkeit. Kap. 6 befasst sich mit der Frage, welche Trends als langfristig stabil angesehen werden können und welche Auswirkungen dadurch veränderte Verhaltensmuster auf die Mobilität haben können.

Regulatorische Rahmenbedingungen

Last but not least wird Mobilität weltweit in immer stärkerem Maße von Gesetzen und Regelungen auf Landes- oder Kommunalebene bestimmt. Während diese wie beim Entfall des Bahnmonopols auf Fernbusverbindungen in Deutschland oder der Erlaubnis zur Verwendung von E-Scootern auf öffentlichen Straßen direkt zu neuen Angeboten führen können, haben auch restriktive Maßnahmen wie Einfahrverbote für Dieselfahrzeuge in deutschen Städten oder Fahrverbote für Motorroller mit Verbrennungsmotor in China nachhaltige und zum Teil auch sofortige Auswirkungen auf bestehende Mobilitätssysteme. In Kap. 7 wird die Frage behandelt, aus welchen Trends sich der regulatorische Rahmen zusammensetzt und was das für die Mobilitätsbedarfe und -angebote bedeuten wird.

2

Mobilitätsbedarfe
Wer will alles wann wohin – und wie wird sich das in Zukunft ändern?

Mobil zu sein, zählt unbestritten zu den menschlichen Grundbedürfnissen. Und auch wenn man theoretisch sein ganzes Leben am gleichen Ort verbringen kann: Mobilität ist die Basis für Bildung, Erwerbstätigkeit, soziale Kontakte und Gesundheit, ganz abgesehen von den sich daraus eröffnenden Möglichkeiten der Freizeitgestaltung und Lebenserfüllung. Womit auch schon die sogenannte *Verkehrsgenese* genannt wäre, die wichtigsten Gründe, weshalb sich ein Mensch „auf den Weg macht": Ausbildung, Arbeit, Versorgung, Gesellschaft, Freizeit. Eine differenzierte Betrachtung dieser „Beweg-Gründe" ist dabei Voraussetzung für eine sinnvolle Prognose, in welche Richtung sich Mobilitätsbedarfe und Mobilitätsmodi in Zukunft entwickeln werden.

2.1 Individueller Mobilitätsbedarf

Der *individuelle Mobilitätsbedarf* bezeichnet – aus der Bottom-up-Perspektive gesehen – die Summe aller Wege, die eine einzelne Person im Schnitt in einem gegebenen Mobilitätsraum mit einem Fahrzeug zurücklegen muss oder möchte, also ohne Fußwege. Und so unterschiedlich

© Springer Fachmedien Wiesbaden GmbH, ein Teil von Springer Nature 2020
J. Weber, *Bewegende Zeiten*, https://doi.org/10.1007/978-3-658-30311-2_2

(eben „individuell") diese Mobilitätsbedarfe von Fall zu Fall auch sein mögen: Die Gründe, weshalb sich jemand an einen anderen Ort begeben möchte, lassen sich in eine überschaubare Anzahl von Kategorien einteilen. Die konkreten Ausprägungen der Bedarfe unterscheiden sich dann von Individuum zu Individuum, wobei sich häufig deutliche regionale oder auch gesellschaftliche Muster erkennen lassen.

Ebenso gilt: Auch wenn sicher jeder seine ganz persönlichen Prioritäten hat (Restaurantbesuche beispielsweise sind sicherlich nicht jedem gleich wichtig), lassen sich diese Kategorien nach ihrer Wichtigkeit sortieren. An erster Stelle stehen hier die Wege im Zusammenhang mit Arbeit und Ausbildung (sowohl die regelmäßigen als auch die singulären), dann kommen die Wege zur Deckung des täglichen Bedarfs und zur medizinischen Versorgung, und schließlich noch die im Rahmen der Freizeitgestaltung anfallenden Wege. In dieser Reihenfolge werden die Bedarfskategorien im weiteren Verlauf dieses Kapitels einzeln vorgestellt. Im Fokus der Betrachtung steht dabei jedoch nicht so sehr die Frage, welchen Anteil die jeweilige Kategorie am Gesamtbedarf heute hat, sondern ob und wenn ja, wie sich die individuellen Mobilitätsbedarfe dieser Kategorie in Zukunft verändern werden – um daraus dann die Veränderung des Gesamtbedarfs abschätzen zu können.

Regelmäßiger Besuch von Arbeits- oder Ausbildungsplatz

Wege zu Arbeitsplatz, Schule, Berufsausbildung oder Studium unterscheiden sich von allen anderen zum einen in ihrer Regelmäßigkeit. In den meisten Fällen ist dies täglich der gleiche Weg, morgens hin und abends zurück. Und auch wenn in manchen Bereichen flexible Arbeitszeiten und mobiles Arbeiten zunehmen: Es sind diese morgendlichen und abendlichen Stoßzeiten, die weltweit vor allem in den Ballungsräumen die Verkehrssysteme Tag für Tag an ihre Grenzen bringen. Zum anderen aber sind eben genau diese regelmäßigen Wege zum Arbeits- oder Ausbildungsplatz auch alternativlos: Pünktliches Erscheinen ist in der Mehrzahl der Arbeits- und Ausbildungsverhältnisse eine grundlegende Vereinbarung, ihre Nichteinhaltung führt in der Regel zu arbeitsrechtlichen oder disziplinarischen Konsequenzen. Die im Stau oder überfüllten Bussen oder Zügen verlorene Zeit wird mehr oder minder klaglos akzeptiert, weil man letztlich keine Wahl hat. Wird einem der zeitliche

Aufwand für diese Wege zu groß, und lässt sich dieser auch durch Wahl eines anderen Verkehrsmittels nicht verkürzen, bleibt als einzige Alternative, den Abstand zwischen beiden zu verringern – also sich entweder einen neuen Arbeits- oder Ausbildungsplatz zu suchen oder umzuziehen. Überall dort, wo der maßgebliche Inhalt von Arbeit oder Ausbildung in der Kommunikation mit Menschen oder Interaktion mit Computern oder vernetzten Systemen besteht, ist die körperliche Anwesenheit am Arbeits- oder Ausbildungsplatz nicht unbedingt erforderlich, und es besteht grundsätzlich die Möglichkeit, die Wege dorthin, wenn auch nicht vollständig zu vermeiden, so doch maßgeblich zu reduzieren. Dies gilt insbesondere für klassische Büroarbeit, aber beispielsweise auch für den Besuch von Vorlesungen oder Weiterbildungsveranstaltungen. Technische Lösungen für *Telearbeit* und *Telelearning* sind seit Jahren verfügbar, ihre Akzeptanz bei Arbeitgebern und Bildungseinrichtungen nimmt immer mehr zu – es kann also davon ausgegangen werden, dass der durchschnittliche individuelle Mobilitätsbedarf für den regelmäßigen Besuch von Arbeitsplatz oder Ausbildungsstätte in Zukunft leicht abnehmen wird.

Standortübergreifende Arbeit oder Ausbildung
Zusätzlich zum regelmäßigen Weg zum Arbeits- oder Ausbildungsplatz kommen außerordentliche Wege zu unterschiedlichen Standorten. Der Umfang hängt von der individuellen beruflichen Aufgabe ab. Ein Supermarktverkäufer, aber auch der Chefarzt einer Unfallklinik, verlässt – abgesehen vom Besuch von Konferenzen oder Weiterbildungsveranstaltungen – seinen Arbeitsplatz vergleichsweise selten, während Berater, Einkäufer oder Bauprojektleiter deutlich mehr Zeit auf Dienstreisen als am eigenen Schreibtisch verbringen.

Geht es hier – wie etwa bei Pflegediensten oder Handwerkern – um die direkte Interaktion mit vor Ort befindlichen Menschen oder Dingen, oder ist aus sonstigen Gründen die persönliche Präsenz tatsächlich erforderlich, ist ein solcher Weg auch weiterhin alternativlos. Doch mit zunehmender Leistungsfähigkeit, Sicherheit und Akzeptanz etwa von Videokonferenzsystemen wird für eine große Anzahl von Besprechungen in Zukunft kein Vor-Ort-Termin mehr erforderlich sein, Reisezeit und

-kosten entfallen dann. Für den individuellen Mobilitätsbedarf kann deshalb auch hier eine leichte Abnahme prognostiziert werden.

Beruflicher Transport von Waren, Gütern und Personen

Sollen Waren, Güter oder Personen von einem Ort zum anderen gebracht werden, steht nicht der Weg des Fahrers, sondern der Transport im Vordergrund der Fahrt, weshalb dieser Fall grundsätzlich kein Mobilitätsbedarf ist. Da die eingesetzten Fahrzeuge aber trotzdem genauso zur Verkehrs- und Umweltproblematik beitragen, ist in dieser Liste individueller Mobilitätsbedarfe auch der Transport von Waren, Gütern oder Personen aufgeführt.

Angesichts des anhaltenden Wachstums des Onlineshoppings, lokaler Einkaufsmöglichkeiten in den Innenstädten sowie privater Fahrdienste wie Uber oder Lyft wird der Bedarf an solchen Transportfahrten weiter steigen. Autonome Fahrzeuge werden diese Aufgabe nur zu einem Bruchteil und nur für die Personenbeförderung übernehmen können, vielmehr wird die Anzahl der Fahrer steigen, die solche Transportfahrten durchführen.

Einkauf und Transport

Neben der zunehmenden Nutzung von Lieferdiensten auch für Lebensmittel und die Dinge des täglichen Bedarfs erledigen in den Metropolen immer mehr Menschen ihre Einkäufe nach Möglichkeit zu Fuß und damit in der Nachbarschaft. An die Stelle des kofferraumfüllenden Wocheneinkaufs im Supermarkt mit dem eigenen Auto tritt der in Tüten oder Rucksack tragbare Tageseinkauf im kleinen 24/7-Markt um die Ecke. Die großen Supermarktketten haben diesen Shop-local-Trend erkannt, ihre auf den kleinen Einkauf ausgerichteten Citymärkte sprießen in den Innenstädten aus dem Boden. Zwei Umstände sind für diesen Trend ursächlich: Zum einen der Wunsch nach ökologischer und sozialer Nachhaltigkeit, zum anderen der wachsende zeitliche und monetäre Aufwand, der mit dem klassischen Autoeinkauf heute verbunden ist. Auch wenn „shop local" nicht überall möglich ist, und einem der Weg zu nicht in der Nachbarschaft vorhandenen Fachgeschäften nicht erspart bleibt, wird der individuelle Mobilitätsbedarf für persönliche Einkäufe in Zukunft sicherlich sinken.

Medizinische Versorgung
Auch der Bereich der medizinischen Versorgung unterliegt durch die Digitalisierung einem deutlichen Wandel. Die Vernetzung, geeignete Software und Sensorik zur Messung grundlegender Körperwerte ermöglichen in zunehmendem Maße die Durchführung von Diagnostikumfängen, visuellen oder auditiven Untersuchungen und natürlich auch Beratungsgesprächen, ohne dass der Patient dafür in der Praxis vor Ort sein muss. Für viele Untersuchungen und natürlich alle Arten von Behandlungen bleibt der Besuch beim Arzt aber in jedem Fall erforderlich. Auch werden viele Patienten weiterhin nicht nur, um Zeit zu sparen, die nächstgelegene Praxis aufsuchen, sondern auch längere Fahrzeiten in Kauf nehmen, um zum aus ihrer Sicht besten Spezialisten zu gelangen. Aufs Ganze gesehen wird der individuelle Mobilitätsbedarf im Zusammenhang mit der medizinischen Versorgung deshalb wohl nur leicht zurückgehen.

Besuch bei Freunden oder Verwandten
Der gegenseitige Besuch von Freunden und Verwandten ist zentrales Element des Sozial- und Familienlebens. Während solche Besuche im ländlichen Bereich häufig zu Fuß machbar sind, ist der Freundes- und Verwandtenkreis gerade im städtischen Umfeld in der Regel deutlich weitläufiger verteilt, der Weg dorthin erfordert ein privates oder öffentliches Transportmittel. Dass sich daran auch in Zukunft nicht viel ändern wird, ist ebenso offensichtlich wie dass sich diese Besuche kaum durch Skype oder Face Time ersetzen lassen werden; der individuelle Mobilitätsbedarf bleibt hier konstant.

Ortsgebundene Freizeitgestaltung
Auch bei Freizeitaktivitäten wie dem Besuch von Restaurant, Kino, Theater, Sportverein oder Musikunterricht steht die Interaktion mit anderen im Vordergrund, weshalb sich die Wege dorthin natürlicherweise nicht

durch digitale Dienste ersetzen lassen werden. Im Gegensatz zu Fahrten zu Arbeits- oder Ausbildungsplatz oder zu Verwandten besteht bei der Freizeitgestaltung eine deutlich höhere Wahlfreiheit dahingehend, wo man diese Aktivitäten durchführen möchte. Welchen Aufwand man betreiben möchte, um dorthin zu kommen, kann jeder immer wieder für sich selbst bestimmen. Wer beispielsweise nicht eine Stunde lang durch die Stadt fahren möchte, um indisch essen zu gehen, der sucht sich vielleicht eher ein anderes, aber näher gelegenes Restaurant. Der für solche ortgebundene Freizeitaktivitäten anfallende individuelle Mobilitätsbedarf wird damit auf gleichem Niveau bleiben.

Urlaubsreisen
Mobilität im Zusammenhang mit Urlaub unterscheidet sich maßgeblich von anderen Bedarfen: In den Urlaub fährt man nur einige wenige Male im Jahr, dann meist außerhalb des eigenen Ballungsraums, mit mehreren Personen, viel Gepäck und häufig dem Wunsch, auch am Zielort mobil zu sein. Dieses Modell wird im Großen und Ganzen auch weiter Bestand haben, auch wenn aus verschiedenen Gründen in einigen Regionen der Trend erkennbar ist, den Urlaub eher im eigenen Land zu verbringen. Speziell in den wirtschaftlich aufstrebenden Ländern Asiens, allen voran China, werden im Gegensatz dazu Urlaubsreisen aber deutlich zunehmen. Gründe hierfür sind zum einen der schnell wachsende Wohlstand, der es immer mehr Menschen ermöglicht, überhaupt in Urlaub zu fahren, und zum anderen eine langsame Abkehr von einem traditionell strengen Arbeitsethos, der Urlaub an sich nur in seltenen Fällen zulässt. Regional kann also beim individuellen Mobilitätsbedarf für Urlaubsreisen mit einem stärkeren Anstieg gerechnet werden.

Fahren um des Fahrens willen
Am Ende der Prioritätsskala steht die Fahrt als Selbstzweck, nur zum Spaß und ohne konkretes Ziel. In der Regel erfolgen solche Fahrten mit dem Auto, dem Motorrad oder auch dem Fahrrad, Vergnügungsfahrten mit Bus oder Bahn sind wohl eher die Ausnahme. Die sich im urbanen wie im suburbanen Raum immer weiter verschlechternde Verkehrslage

trübt die Freude an solchen Fahrten natürlich nachhaltig, gleichzeitig lassen sie sich immer weniger mit den wachsenden Ansprüchen an ein nachhaltiges Leben in Einklang bringen. In dieser Kategorie muss deshalb mit einer deutlichen Verringerung des individuellen Mobilitätsbedarfs gerechnet werden.

„Auch wenn durch Digitalisierung und Stadtgestaltung der ein oder andere Weg in Zukunft nicht mehr erforderlich sein wird: Der Mobilitätsbedarf jedes Einzelnen wird – wenn überhaupt – nur unerheblich abnehmen."

2.2 Kollektiver Mobilitätsbedarf

Die individuellen Mobilitätsbedarfe aller Bewohner und Besucher eines Mobilitätsraums zusammen ergeben dessen *kollektiven Mobilitätsbedarf.* Unterschiedliche Mobilitätsräume können dabei hinsichtlich ihres kollektiven Mobilitätsbedarfs anhand von drei Hauptkriterien verglichen werden:

- Die Anzahl der Menschen mit Mobilitätsbedarfen
- Die flächenmäßige Verteilung der Start- und Zielorte
- Die zeitliche Verteilung der Bedarfe über den Tag, die Woche oder das Jahr hinweg

Immer dann, wenn für mindestens eine dieser Größen der Bedarf das Angebot übersteigt, kommen bestehende Mobilitätssysteme an ihre Grenzen. Bekannte Beispiele hierfür sind die morgendliche und abendliche Rushhour, der lokale Verkehrskollaps bei Großveranstaltungen oder die Megastaus auf den Fernstraßen zu Beginn der Schulferien.

Die Gesamtsituation wird dabei kontinuierlich schwieriger: Der Zuzug in die Metropolen nimmt weltweit eher zu als ab, ein Großteil des in diesem Zusammenhang zur Entlastung geschaffenen Wohnraums entsteht am Stadtrand, meist zunächst ohne entsprechende Infrastruktur. Den kollektiven Mobilitätsbedarf beispielsweise durch stadtplanerische Maßnahmen zu reduzieren und die Deckung des dann verbleibenden Bedarfs wirksam, aber gleichzeitig auch unter Berücksichtigung weiterer

politischer Ziele wie Sicherheit und Umweltschutz nachhaltig sicherzustellen, ist eine der zentralen Herausforderungen für Länder und Kommunen.

2.2.1 Steuerung des kollektiven Mobilitätsbedarfs

Wie in vielen anderen Bereichen ist es auch bei der Mobilität deutlich
einfacher, eleganter und ressourcenschonender, Bedarfe so weit wie möglich zu reduzieren, bevor man sich um ihre Deckung kümmert. Rein
theoretisch der einfachste Weg wäre hier, der Zunahme des kollektiven
Mobilitätsbedarfs in Großstädten über eine Begrenzung des Zuzugs ent-
gegenzuwirken. Dieses wäre allerdings – und zwar weltweit – aus einer
Vielzahl von Gründen politisch weder gewollt noch durchsetzbar.

Bleibt also als Maßnahme noch die Steuerung des kollektiven Mobilitätsbedarfs über den individuellen Mobilitätsbedarf. Hier sind es drei
grundsätzliche Hebel, die den Ländern und Kommunen zur Verfügung stehen:

- Förderung von Tele-X:
  Digitale Methoden wie Teleworking, Telelearning oder Telediagnostics
  vermeiden Wege, erfordern aber auch einen entsprechenden technischen, rechtlichen und gesellschaftlichen Rahmen. Nur wenn eine leistungsstarke IT-Infrastruktur zur Verfügung steht, ausgereifte Systeme
  angeboten werden und die neuen Arbeits- und Geschäftsformen auch
  gesellschaftlich akzeptiert werden, werden sie sich in der Fläche durch-
  setzen, und wir können so ihre Potenziale heben.
- Schaffung einer dezentralen Versorgungsinfrastruktur:
  Durch vorausschauende oder korrektive Strukturplanung kann die
  lokale Verfügbarkeit von Geschäften, Schulen, Kindergärten oder
  Arztpraxen in Wohngebieten, im Umland oder auch im ländlichen
  Bereich gezielt gefördert werden, so dass zu deren Besuch keine weiten
  Wege mehr erforderlich sind.
- Zeitliche Entkopplung von Mobilitätsbedarfen:
  Durch die Flexibilisierung von Arbeitszeiten und Öffnungszeiten
  von Geschäften sowie die Desynchronisation von Schulferien und

Feiertagen lässt sich der Mobilitätsbedarf zwar nicht insgesamt verringern, aber gleichmäßiger verteilen, so dass Bedarfs-Peaks entschärft werden können. Dabei ist offensichtlich, dass etwa die Verschiebung von Feiertagen mit anderen öffentlichen Interessen kollidiert.

Welche dieser Maßnahmen jeweils die richtige ist, ist von Fall zu Fall unterschiedlich. Kriterien sind die Dringlichkeit (also ob der gewünschte Effekt kurz-, mittel- oder langfristig erreicht werden soll), das Aufwand-Nutzen-Verhältnis sowie die verfügbaren Mittel der jeweiligen Kommune oder des jeweiligen Landes. Zudem stehen viele der Maßnahmen wie etwa die Flexibilisierung von Ladenöffnungszeiten und Feiertagen im Widerspruch zu anderen politischen Zielen und müssen von den Verantwortlichen im Rahmen ihres jeweiligen Auftrags sorgfältig abgewogen werden.

2.2.2 Deckung des kollektiven Mobilitätsbedarfs

Nicht nur die Steuerung, sondern auch die Deckung des kollektiven Mobilitätsbedarfs ist ein politischer Auftrag der Länder und Kommunen, den sie gemeinsam mit beauftragten oder unabhängig agierenden privatwirtschaftlichen Unternehmen umsetzen. Die öffentliche Hand hat hierbei drei Kernaufgaben:

* Betrieb von öffentlichem Nah- und Fernverkehr:
  Länder und Kommunen stellen innerhalb eines Mobilitätsraums eine Mobilitätsgrundversorgung sicher, indem sie etwa Bus- und Bahnlinien selbst betreiben oder andere Firmen mit deren Betrieb beauftragen.
* Bereitstellung der Verkehrsinfrastruktur:
  Dazu gehören neben Straßen, Radwegen, Gehwegen samt Brücken und Tunnels beispielsweise auch Wasserwege für die Personenschifffahrt, außerdem sämtliche Anlagen und Systeme zur Verkehrsregelung sowie zur Energieversorgung von Fahrzeugen – und zwar jeweils sowohl für den öffentlichen Verkehr als auch für den Individualverkehr.
* Bereitstellung des regulatorischen Rahmens:

Schaffung eines gesetzlichen Rahmens innerhalb dessen Hersteller neuer innovativer Fahrzeugkonzepte und private Mobilitätsanbieter wirtschaftlich sinnvoll agieren können.

Während die ersten beiden Punkte klassische kommunale Aufgaben sind, stellt der dritte Punkt eine relativ neue Herausforderung dar. Wer darf wo mit E-Scootern fahren? Welche Voraussetzungen müssen Fahrzeug und Fahrer im privaten Ride Hailing mitbringen? Rechtssicherheit ist Voraussetzung für die Entwicklung von Innovationen und damit ein entscheidender Enabler für innovative Mobilitätslösungen.

„Die wichtigste Voraussetzung für die Entstehung zukunftsfähiger Fahrzeuge und Mobilitätsdienstleistungen müssen die Länder und Kommunen selbst schaffen – nämlich einen verlässlichen regulatorischen Rahmen, in dem innovative Ideen und Unternehmen gedeihen können."

2.3 Verschiebung des Marktbegriffs

Die Veränderungen der individuellen und kollektiven Bedarfe über die letzten Jahre hat im Bereich der Mobilität weltweit zu einer Verschiebung des Begriffs *Markt* geführt. Speziell in der Automobilindustrie wird mit dem Begriff Markt traditionell ein Land oder Wirtschaftsraum (etwa DACH oder ASEAN) bezeichnet, das oder der von einer Vertriebsgesellschaft bedient wird. Dabei wird angenommen, dass sich innerhalb des Markts nicht nur die regulatorischen Anforderungen, sondern auch die Kundenanforderungen gleichen. Diese marktspezifischen Anforderungen werden durch spezielle Länderversionen umgesetzt. Einfache Maßnahmen sind hier beispielsweise die Beschriftung von Bedienelementen in unterschiedlichen Sprachen oder spezielle Farb- und Materialangebote. Technisch besonders aufwendige Länderdifferenzierungen von Pkw sind etwa Rechtslenkerfahrzeuge, spezifische Motorvarianten oder Fahrzeuge mit verlängertem Radstand.

Mit demografischen Trends wie der Globalisierung und Urbanisierung einher geht jedoch – speziell in den Metropolen – auch eine länderübergreifende Angleichung von Lebensstilen. Dies führt dazu, dass sich kundenseitige Anforderungen inzwischen weniger zwischen einzelnen Ländern unterscheiden als zwischen unterschiedlichen Lebensräumen – auch innerhalb eines Landes. So liegen etwa die Mobilitätsanforderungen einer vierköpfigen Familie in New York City heute schon deutlich näher an denen einer Familie in Peking als an denen einer Familie in einer Kleinstadt in Nebraska oder im westlichen China.

Vor diesem Hintergrund wird es in Zukunft immer wichtiger, Mobilitätsprodukte und -dienstleistungen nicht so sehr nach Ländern, sondern nach der Art des Mobilitätsraums zu differenzieren – also eher ein Mega City Vehicle für Bewohner internationaler Großstädte als eine spezielle Chinaversion oder eher einen Ride-Sharing-Dienst für den ländlichen Bereich als ein US-spezifisches Angebot auf den Markt zu bringen.

3

Mobilitätsräume und Mobilitätssysteme
Welchen Rahmenbedingungen unterliegt die Mobilität – und wie werden sich diese in Zukunft verändern?

Als *Mobilitätsräume* werden in diesem Buch zusammenhängende, durch Verkehrsinfrastruktur verbundene Gebiete bezeichnet, innerhalb derer sich Bewohner und Besucher regelmäßig bewegen. Dies können Ballungsräume sein, die aus einer oder mehreren Städten und ihrem direkten Einzugsgebiet bestehen, aber auch Kleinstädte oder ländliche Regionen. Auch die städteverbindenden Fernverbindungen stellen Mobilitätsräume dar. In der Regel unterstehen solche Mobilitätsräume einer oder mehreren Stellen der öffentlichen Verwaltung.

Die Gesamtheit der innerhalb eines solchen Mobilitätsraums zum Personentransport eingesetzten Transportmittel (wie private Pkw oder Fahrräder, öffentliche Busse und Bahnen oder auch Fahrzeuge privater Fahrdienste), der zugehörigen Verkehrsinfrastruktur (wie Straßen, Radwege, Brücken oder Tunnel), der zur Steuerung von Fahrzeugen eingesetzten Systeme (wie Mobility-Service-Apps), aber auch der für den Betrieb der Transportmittel erforderlichen Energieversorgungsinfrastruktur (wie Tankstellen oder Ladesäulen) wird als *Mobilitätssystem* bezeichnet.

Die heute in den Mobilitätsräumen bestehenden Mobilitätssysteme sind dort über Jahrzehnte und teilweise Jahrhunderte gewachsen und entwickeln sich insbesondere in den Städten kontinuierlich weiter. Dabei erfordern unterschiedliche Mobilitätsräume unterschiedliche Mobilitäts-

© Springer Fachmedien Wiesbaden GmbH, ein Teil von Springer Nature 2020
J. Weber, *Bewegende Zeiten*, https://doi.org/10.1007/978-3-658-30311-2_3

systeme, während in ähnlichen Mobilitätsräumen üblicherweise auch ähnliche Mobilitätssysteme bestehen. So verfügen etwa typische europäische Großstädte mit historischer Altstadt, Kerngebiet und „Speckgürtel" meist auch über vergleichbare Mobilitätssysteme. Die Komplexität von Mobilitätssystemen nimmt dabei vom ländlichen Raum, in dem es zum Pkw in Eigenbesitz oft keine Alternative gibt, über die Kleinstädte und Vororte bis zu den Zentren der Metropolen mit U-Bahnen, Taxiflotten, Bike-Sharing-Stationen, Hochstraßen oder Tunnels exponentiell zu.

Die persönliche Entscheidung, auf welche Weise sich jemand von einem zum andern Ort bewegen möchte, hängt von einem komplexen Geflecht individueller und externer Faktoren ab. Um bestimmen zu können, welches Mobilitätssystem in diesem Zusammenhang für einen Mobilitätsraum jeweils die beste Lösung ist, werden in den folgenden Abschnitten entsprechende Kriterien zur Klassifizierung vorgestellt. Beispielsweise machen topologische und klimatische Bedingungen manche Mobilitätsalternativen grundsätzlich geeigneter als andere. Gleichzeitig entscheiden aber auch Auslastung und Verfügbarkeit der Infrastruktur, also des Straßennetzes, des Parkraums oder des öffentlichen Nahverkehrs, über die Wahl des individuellen Mobilitätsmodus, wobei die Auslastung vom Verhältnis von Angebot zu Nachfrage abhängt. Ob zusätzlichen Lösungen wie private Fahrdienste oder Bikesharing angeboten werden, hängt wiederum in starkem Maße von der lokalen Gesetzgebung ab.

3.1 Geografische und demografische Rahmenbedingungen

3.1.1 Topografie und Klima

Die topografischen und klimatischen Gegebenheiten eines Mobilitätsraums ermöglichen, begünstigen oder verhindern bestimmte Mobilitätsmodi und stellen damit grundsätzliche und fixe Rahmenbedingungen für die darin möglichen Mobilitätssysteme dar.

In Städten mit weitläufigen Siedlungsstrukturen wie etwa Los Angeles scheidet Zufußgehen als Mobilitätsalternative weitestgehend aus. Bergige

Geländeformen wie in San Francisco oder Stuttgart schränken die Nutzung von Fahrrädern zumindest ein und erfordern ähnlich wie Flüsse, Bahntrassen oder Schnellstraßen hohe Aufwände für den Bau von Brücken und Tunnels.

Wetterbedingungen wie niedrige Temperaturen oder Niederschläge verderben nicht nur den Spaß an der Nutzung von offenen Fahrzeugen wie Fahrrädern, Mopeds oder Motorrollern, sie ändern auch von einem zum anderen Tag sowie saisonal das Mobilitätsverhalten eines Großteils der Bewohner dramatisch und stellen damit einen bedeutenden Unsicherheitsfaktor bei der Planung von Mobilitätssystemen dar: Für Pendler beispielsweise müssen dann gleichzeitig sichere Radwege, Parkplätze und zusätzliche Züge vorgehalten werden, je nachdem ob sie sich morgens entscheiden, mit dem Fahrrad, dem Auto oder der U-Bahn zur Arbeit zu fahren. Ein weiterer Effekt anhaltend niedriger Temperaturen ist die Reduzierung der Reichweite von Elektrofahrzeugen – was deren Akzeptanz in kalten Regionen spürbar einschränkt.

Während der (im Detail in Abschn. 6.1 im Kontext der Nachhaltigkeit diskutierte) Beitrag von Fahrzeugemissionen zur Klimaveränderung bereits heute in erheblichem Maße zu einer Veränderung des individuellen Mobilitätsverhaltens führt, tut dies die tatsächliche Größenordnung der Erderwärmung nur in sehr seltenen Fällen. Konkret: Wenn Menschen statt mit dem Auto mit dem Fahrrad zur Arbeit fahren, tun sie dies, um Emissionen zu reduzieren – nicht weil es durch den Treibhauseffekt spürbar wärmer geworden ist.

3.1.2 Raumstruktur

Die *Raumstruktur* eines Mobilitätsraums ist eine weitere grundlegende Rahmenbedingung für darin entstehende Mobilitätssysteme. Wie sich nämlich Wohngebiete und Arbeitsplätze, aber auch Schulen, medizinische Einrichtungen, Einkaufsmöglichkeiten und Freizeitmöglichkeiten innerhalb des Mobilitätsraums verteilen, bestimmt die *durchschnittliche Weglänge* (englisch *average trip distance*) seiner Einwohner sowie deren Verteilung über die verfügbaren Verkehrswege. In klassischen, um eine zentrale Großstadt herum entstandenen monozentrischen Ballungsräu-

men wie etwa den Großräumen Paris oder London konzentriert sich der
Großteil des täglichen Pendlerverkehrs sternförmig auf die Einfallstraßen
und Zugverbindungen in Richtung Stadtmitte, in polyzentrischen Mobilitätsräumen wie beispielsweise im Ruhrgebiet oder in Los Angeles verteilt sich der Verkehrsfluss netzförmig über mehrere Subzentren hinweg.

Eine Dezentralisierung und die damit einhergehende Verkürzung der
durchschnittlichen Weglänge können nur sehr langsam über eine abgestimmte Raumstrukturplanung aller beteiligten Kommunen erfolgen.

3.1.3 Bevölkerungszahl und -dichte

Mobilitätsräume lassen sich – analog Siedlungsräumen – entsprechend
ihrer Einwohnerzahl sowie der Verteilung der Bevölkerungsdichte innerhalb des Mobilitätsraums in *Ballungsräume, städtische Räume* und *ländliche Räume* einteilen. Die formalen Kriterien dieser Einteilung unterschieden sich dabei von Land zu Land. In Deutschland etwa gilt besiedelter
Raum ab 500.000 Einwohnern und einer Bevölkerungsdichte von über
1000 Einwohnern pro Quadratkilometer als Ballungsraum.

Da die Bevölkerungsdichte gewöhnlich aus den Daten der Meldeämter errechnet wird, bezieht sie sich grundsätzlich auf den Wohnort und
gibt damit die Verteilung für den Fall wieder, dass alle Bewohner zu
Hause sind – also vornehmlich nachts. Damit vernachlässigt diese Kennzahl den für die Mobilität nicht gerade unwesentlichen Beitrag von Besuchern und Durchreisenden. Büro- und Geschäftsviertel, in denen es
tagsüber vor Menschen nur so wimmelt (nämlich von Menschen, die
morgens dorthin gekommen sind und abends wieder nach Hause zurückfahren) weisen also formal eine extrem niedrige Bevölkerungsdichte
auf, während den „Schlafstädten" am Rande der Ballungsgebiete auf dem
Papier hier ein hoher Wert zugewiesen wird, obwohl es dort tagsüber vergleichsweise ruhig zugeht.

Der internationale Trend der Urbanisierung, also der Abwanderung
großer Teile der Bevölkerung ländlicher Bereiche in die Städte, führt hier
zu einer Steigerung der Bevölkerungsdichte in den Kernstädten und dadurch dort zur Verknappung und Verteuerung des Wohnraums bei
gleichzeitigem Verlust an Lebensqualität. Dies bringt wiederum immer

mehr Menschen dazu, in die ruhigeren und kostengünstigeren Vorstädte zu ziehen und dafür als Pendler deutlich weitere Wege zur Arbeit oder Ausbildung in Kauf zu nehmen. Werden hier nicht seitens der öffentlichen Hand geeignete Gegenmaßnahmen wie beispielsweise die Schaffung von Arbeits- und Ausbildungsplätzen direkt in den Vorstädten getroffen, steigt der Mobilitätsbedarf noch stärker als die Bevölkerung selbst.

Umgekehrte Beispiele, nämlich Räume extrem hoher Bevölkerungsdichte bei gleichzeitig relativ geringen Mobilitätsbedarfen, stellen etwa die ethnisch gewachsenen Stadtteile amerikanischer Großstädte („Chinatown"), die als Mikrokosmos von einem erheblichen Anteil ihrer Bevölkerung kaum verlassen werden.

3.2 Verkehrstechnische Rahmenbedingungen

Die individuelle Entscheidung darüber, welches Verkehrsmittel man im Einzelfall für die Fahrt zum Arbeitsplatz oder sonstige Wege wählt, erfolgt primär auf Basis der örtlichen, zeitlichen und finanziellen Verfügbarkeit der möglichen Alternativen. Eine Zugverbindung, die zum relevanten Zeitpunkt nicht fährt, ist genauso wenig eine Alternative, wie es die Fahrt mit dem eigenen Pkw für jemanden ist, der sich kein eigenes Auto leisten kann. Sekundäre Kriterien wie Schnelligkeit, Komfort, Sicherheit oder Status werden erst dann relevant, wenn es auch Alternativen gibt, unter denen gewählt werden kann.

Die verkehrspolitischen Stellhebel der Kommunen zur Steuerung der mobilitätsbezogenen Entscheidungsfindung sind hierbei die Verfügbarkeit und die Kosten von Straßen und Wegen, Anlagen und Systemen zur Verkehrssteuerung und Parkflächen sowie des öffentlichen Nahverkehrs und privater Mobilitätsdienstleistungen. Die entsprechenden gesetzgeberischen Möglichkeiten zur Gestaltung werden in Abschn. 6.4 vorgestellt und diskutiert.

3.2.1 Straßen, Radwege, Fußwege

Ob der jeweils anstehende Weg dann mit Auto oder Motorroller, mit dem Fahrrad oder zu Fuß zurückgelegt wird, hängt entscheidend auch von den verfügbaren Straßen oder Radwegen ab. Dabei bestimmen bei gegebenem Verkehrsaufkommen Anzahl, Ausbaugrad und Qualität der Straßen, Vorfahrtsregelung und gegebenenfalls auch Verkehrsregelsysteme den möglichen Fahrzeugdurchsatz (und damit die Häufigkeit von Verkehrsstaus), den Komfort und die Sicherheit – und zwar nicht nur für Fahrzeuge im Eigenbesitz, sondern auch für öffentliche Busse, Taxis oder Fahrzeuge aus Flotten von Mobilitätsdienstleistern, die diese Verkehrswege nutzen. Tunnel und Brücken ermöglichen bei topografischen Hindernissen direkte und damit schnellere Verbindungen, bedürfen aber langer Planungs- und Realisierungszeiten sowie hoher Investitionskosten und im weiteren Verlauf auch Unterhaltsaufwendungen und stellen damit nicht nur verkehrstechnisch sondern bei erforderlichen Erweiterungen auch zeitlich und finanziell den Flaschenhals dar.

3.2.2 Parkflächen

Daneben wird insbesondere in den Stadtzentren die Verfügbarkeit von Parkplätzen immer mehr zum ausschlaggebenden Kriterium bei der Wahl des Mobilitätsmodus. Aufgrund der Flächenknappheit in den Innenstädten ist die Bereitstellung von mehr Parkraum in Form von Parkhäusern oder Tiefgaragen mit hohen Investitionen verbunden. Auch private Parkplätze sind dadurch knapp und teuer, 2016 wurde in den Londoner Hyde Park Gardens ein Stellplatz für den Rekordpreis von 450.000 Euro verkauft. Gleichzeitig führt der Parkplatzmangel dazu, dass in den Großstädten heute der Anteil der für die Parkplatzsuche aufgewendeten Zeit an der gesamten Fahrzeit bei bis zu 70 Prozent liegt. Wer in Tokyo ein Auto zulassen möchte, muss zuvor den Nachweis erbringen, dass er über einen eigenen Parkplatz dafür verfügt – und kaum jemand fährt dort überhaupt mit seinem Auto los, ohne vorher sichergestellt zu haben, wo er es am Zielort parken kann.

3.2.3 Verkehrssteuerung

Die Steuerung des Verkehrsflusses erfolgt heute über fixe oder steuerbare Fahrspuren, Ampeln, Vorfahrtsregelungen und Geschwindigkeitsbeschränkungen. Auf diese Weise lässt sich jedoch nicht nur der Fahrverkehr innerhalb eines Mobilitätsraums optimieren; über die gezielte Steuerung des Verkehrs können auch einzelne Mobilitätsalternativen speziell gefördert (etwa durch separate Fahrspuren für Taxis und öffentliche Busse) oder beeinträchtigt werden (etwa durch lange Rotphasen auf Einfallstraßen), womit dann Alternativen wie öffentlichen Bahnen oder der Benutzung von Fahrrädern zu mehr Attraktivität verholfen wird.

Einen Quantensprung bei der Verkehrssteuerung würde der Übergang von der dezentralen zur zentralen Führung von Fahrzeugen bedeuten, wie er heute bereits in London und anderen Metropolen angedacht wird. Hier würde der Fahrer nicht mehr selbst anhand seines Navigationssystems entscheiden, welche Route er zum Ziel wählt und wo er parkt; ihm würde vielmehr nach Eingabe seines Ziels von einem zentralen Verkehrsmanagementsystem die Fahrtroute und ein Parkplatz bindend vorgegeben. Ähnlich der Materialflusssteuerung in einem Logistikzentrum lastet das zentrale Verkehrsmanagementsystem auf diese Weise die verfügbaren Straßen gleichmäßig aus und sorgt so für einen über den gesamten Mobilitätsraum gesehen optimalen Verkehrsfluss.

3.2.4 Mobilitätsdienstleistungen

Neben Fahrzeugen im Eigenbesitz stellen Mobilitätsdienstleistungen das zweite Kernelement heutiger Mobilitätssysteme dar. Dazu zählen zum einen die Sharingdienste, bei denen Fahrzeuge eines Betreibers wie Autos, Mopeds, Fahrräder oder E-Scooter spontan selbst gefahren werden können, ohne sie dazu selbst besitzen zu müssen. Im Gegensatz zu Mitfahrdiensten sind solche Sharingdienste insbesondere für Nutzer interessant, die auch ohne eigenes Fahrzeug gerne selber fahren.

Zum anderen zählen zu den Mobilitätsdienstleistungen auch sämtliche Möglichkeiten, nicht selbst zu fahren, sondern sich fahren zu lassen. Das sind in der Regel staatliche, kommunale und privat betriebene Bus-,

Bahn-, Schiffs- und Fluglinien sowie alle Arten von privaten Fahrdiensten. Je heterogener sich der Angebotsmix hier innerhalb eines Mobilitätsraums gestaltet, desto flexibler sind die Nutzer bei der Auswahl des passenden Mobilitätsmodus. Für Menschen, die keine Fahrzeuge führen können, dürfen oder wollen – wie etwa Kinder, Senioren oder Behinderte – sind solche Mobilitätsdienstleistungen zudem oft die einzige Möglichkeit, mobil zu sein.

Insbesondere in Ballungszentren mit hochverdichteten Kernen und den daraus resultierenden Erschwernissen bei der Nutzung eigener Fahrzeuge übernimmt der *öffentliche Personennahverkehr (ÖPNV)* einen Großteil der Mobilitätsbedarfe. Vorortzüge oder S-Bahnen bringen die Menschen aus den Vororten ins Stadtzentrum und zurück, U-Bahnen verbinden die Stadtteile der Metropolen untereinander, Straßenbahnen und Busse sorgen mit einem dichten Netz an Haltestellen für eine flächendeckende Anbindung. Mobilitätsdienstleistungen im Fernverkehr, also in der Verbindung der Ballungszentren untereinander, umfassen das Angebot von Fernbussen, Fernzügen und Flügen. Ausschlaggebend für die Akzeptanz dieser Dienste sind zum einen der räumliche und zeitliche Abdeckungsgrad des Streckennetzes und die daraus für den jeweiligen Fall resultierende Fahrtzeit sowie Zuverlässigkeit, Kosten, Sicherheit und Komfort.

Schienengebundene Fahrzeuge haben in diesem Zusammenhang den Vorteil, nicht mit allen anderen Fahrzeugen zusammen auf den Straßen im Stau zu stehen und somit große Fahrgastzahlen schnell und zuverlässig transportieren zu können. Gleichzeitig sind sie aber auch – speziell bei unterirdischen Bauprojekten wie dem Tiefbahnhof Stuttgart 21 oder der Erweiterung von U-Bahn-Linien für die Kommunen mit extrem hohen Investitionen verbunden, weshalb im kleinstädtischen und ländlichen Bereich neben Regionalzügen fast ausschließliche die ohne größere Zusatzinvestitionen flexibel auf bestehenden Verkehrswegen operierenden Busse eingesetzt werden.

Wer sich in der Vergangenheit spontan, ohne andere Fahrgäste und auf individuellen Strecken fahren lassen wollte, für den gab es lange Zeit als einzige und verhältnismäßig teure Alternative zu den öffentlichen Verkehrsmitteln das Taxi. Heute drängen überall auf der Welt unterschiedlichste private Anbieter von Fahrdienstleistungen wie Uber oder Lyft auf den Markt und ergänzen bestehende Mobilitätssysteme. Wie offen eine Kommune dem gegenübersteht, einseitig protektive Regelungen in den entsprechenden Gesetzen aufhebt und damit einen Angebotswettbewerb zugunsten ihrer Bürger zulässt, beeinflusst in hohem Maße die Akzeptanz von Alternativen zum Fahrzeugbesitz und ist damit ein entscheidendes Element bei der Gestaltung von Mobilitätssystemen.

„Die Gestaltung eines sich optimal ergänzenden und aus Nutzersicht nahtlos ineinander übergehenden Angebotsmix aus öffentlichen und privaten Mobilitätsdienstleistungen ist einer der Hauptstellhebel zur Schaffung funktionierender und zukunftsfähiger Mobilitätssysteme."

4

Technologische Trends
Was werden die Fahrzeuge der Zukunft können?

Ob selber fahren oder mitfahren, ob besitzen oder sharen: Die Attraktivität eines Mobilitätsangebots hängt immer auch und in besonderem Maße von den Eigenschaften und Funktionen der dabei eingesetzten Fahrzeuge ab. Wer sich also ein Bild von der Mobilität der Zukunft machen möchte, sollte sich ein Bild von den Fahrzeugen machen können, die dann auf den Straßen unterwegs sein werden. Um das tun zu können, sollte man sich wiederum intensiv mit den technologischen Innovationen auseinandersetzen, an denen die Fahrzeughersteller heute arbeiten. Und darüber, welche Technologien hier relevant sind, herrscht in der Branche heute herstellerübergreifend Einigkeit: Elektrifizierte Antriebe, autonomes Fahren, Vernetzung und Mobilität als Dienstleistung sind die Kernelemente so gut wie aller Strategiepapiere. Bei BMW spricht man von den vier ACES (Autonom, Connected, Elektrisch, Service), bei Mercedes von CASE, und auch in den 16 Konzerninitiativen von Volkswagen sind diese vier Themen deutlich sichtbar.

In den folgenden Abschnitten werden diese vier *strategischen Trends der Automobilindustrie* vorgestellt und diskutiert. Um dabei die für die Zukunft relevanten Mechanismen besser zu verstehen, wird der Blick auch darauf zurückgerichtet, woher die ein oder andere technischen Lösung kam und warum sie sich dann durchsetzen konnte oder nicht. Der Fokus

© Springer Fachmedien Wiesbaden GmbH, ein Teil von Springer Nature 2020
J. Weber, *Bewegende Zeiten*, https://doi.org/10.1007/978-3-658-30311-2_4

liegt dabei auf Pkw, die getroffenen Aussagen lassen sich aber sinngemäß auch auf andere Fahrzeugtypen übertragen.

4.1   Elektromobilität

Es waren einerseits die technischen Fortschritte bei der Entwicklung von Lithium-Ionen-Zellen, andererseits aber auch die immer schärferen Emissionsgrenzen für Pkw, die dazu führten, dass die Automobilhersteller ab Anfang dieses Jahrtausends die Entwicklung von Elektroantrieben wieder aufnahmen. Dabei wurde sehr schnell klar, dass es hier nicht lediglich um den Ersatz von Verbrennungsmotoren durch Elektromotoren gehen kann. Eine nachhaltige Umsetzung der Elektromobilität erfordert nicht nur neue Antriebskonzepte, sondern auch einen tief greifenden Wandel bei Fahrzeugkonzepten, Energiekonzepten und letztendlich Mobilitätskonzepten. Nicht nur Automobilhersteller und ihre Zulieferer, sondern auch Energieversorger und Netzbetreiber prüfen regelmäßig die strategische Relevanz der Elektromobilität für ihre Geschäftsmodelle. Besonders für letztere stellt sie zwar einerseits einen attraktiven neuen Absatzmarkt dar; andererseits fordert sie aber auch die Erzeugung erneuerbarer Energien – denn nur mit diesen fahren Elektrofahrzeuge nicht nur lokal, sondern auch in der Gesamtbetrachtung emissionsfrei.

4.1.1   Die Wiederkehr des Elektroantriebs

Anfang des letzten Jahrhunderts, zu Beginn des automobilen Zeitalters, wurde die überwiegende Anzahl von Kraftwagen elektrisch angetrieben. Größtes Manko des damals durchaus schon verfügbaren Verbrennungsmotors war, dass er mittels einer Handkurbel gestartet werden musste – ein Vorgang, der Kraft und Erfahrung erforderte, und bei dem sich ungeübte Fahrer auch schon mal die Hand brachen. Als Verbrennungsmotoren dann aber mit der Erfindung des elektrischen Anlassers 1911 auch von Laien gestartet werden konnten, setzten sie sich aufgrund der höheren damit erreichbaren Reichweite schlagartig als die vorherrschende Antriebstechnik für Straßenfahrzeuge durch, und sind das bis heute auch geblieben.

Um eine auf jeden Fahrzeugtyp und jede Fahrzeuggröße optimal abgestimmte Mischung aus Fahrverhalten, Platzbedarf und Herstellkosten bieten zu können, haben die Hersteller über die Zeit die unterschiedlichsten Varianten von verbrennungsmotorischen Antriebssystemen entwickelt. Technisch differenzieren diese sich grundsätzlich in den folgenden Kriterien:

- Anzahl und Anordnung der Zylinder (Reihensechszylinder, V8-Motor ...)
- Lage und Orientierung des Motors im Fahrzeug (Front-Quer-, Mittelmotor ...)
- Aufladung (Turbolader ...)
- Angetriebene Achsen (Frontantrieb/Heckantrieb/Allrad)
- Getriebeart (Handschalter/Automatik)
- Verbrennungsverfahren und Kraftstoff (Benzin/Diesel)

Für die Fahrzeugemissionen ist neben der Größe und Leistungsfähigkeit des Motors in erster Linie das gewählte Verbrennungsverfahren ausschlaggebend. Die in der Herstellung teureren Dieselmotoren weisen hier gegenüber Benzinmotoren einen bis zu 15 Prozent geringeren CO_2-Ausstoß auf, erzeugen aber gleichzeitig zusätzliche Schadstoffe wie Kohlenwasserstoffe (HC), Kohlenmonoxid (CO), Stickoxide (NO_x) sowie Partikel wie Ruß oder Feinstaub.

Um langfristig die weltweit immer schärfer werdenden CO_2-Emissionsgrenzwerte einhalten zu können, trafen gegen Ende der 80er-Jahre deshalb die meisten Automobilhersteller die strategische Entscheidung, den Anteil der Dieselfahrzeuge in ihren Fahrzeugflotten deutlich zu erhöhen. Dazu musste der Dieselantrieb zuerst aber noch „salonfähig" gemacht werden: Waren Dieselmotoren zuvor noch eher ruppig und in erster Linie auf Drehmoment und Zuverlässigkeit ausgelegt, wurden sie jetzt laufruhig, leistungsstark und dynamisch und insbesondere für Fahrzeuge mit hohen Laufleistungen wie etwa Firmenwagen der Motor der Wahl. Der Benzinmotor blieb zum einen aufgrund des günstigeren Preises der Antrieb für kleinere Fahrzeuge mit geringer Laufleistung, zum anderen aufgrund seiner Leistungscharakteristik aber auch der Antrieb der sportlichen Modelle.

Um die Emissionen von Verbrennungsmotoren noch weiter zu reduzieren, wurden dann weitere technische Maßnahmen wie etwa die Optimierung von Einspritzverfahren, Wärmemanagement im Motorraum,
Abgasnachbehandlung, Zylinderabschaltung oder die Motor-Start-
Stopp-Funktion umgesetzt. Die hohen Kosten für die Entwicklung der
neuen Antriebstechnologien sowie die Investitionen in die zu deren Herstellung erforderlichen Produktionsanlagen wurden zu diesem Zeitpunkt
von Seiten der Automobilhersteller und ihrer Zulieferer in der Überzeugung getragen, dadurch das Erreichen der gesetzlichen Emissionsgrenzwerte langfristig sicherstellen zu können.

Auch der Einsatz von alternativen Kraftstoffen ist eine Möglichkeit,
die Emissionen von Verbrennungsmotoren zu reduzieren. So entstehen
bei der Verbrennung von Erdgas oder Autogas deutlich weniger Schadstoffe als bei Benzin oder Diesel, bei der Verbrennung von Wasserstoff
entsteht als Abgas sogar nur reiner Wasserdampf. Schon auf der EXPO
2000 fuhr eine Flotte von BMW-7er-Limousinen, deren Motor mit Wasserstoff betrieben wurde. Heute bieten einige Fahrzeughersteller Serienmodelle mit für die Verwendung von Erdgas oder Autogas ausgelegten
Motoren an. Trotzdem aber hat sich die Verwendung von Erdgas, Autogas oder Wasserstoff als Kraftstoff für damit emissionsärmere oder emissionsfreie Verbrennungsmotoren nie durchgesetzt, in Deutschland etwa
lag 2017 der Marktanteil von Fahrzeugen mit Erdgasantrieb bei 0,11 Prozent, der von Fahrzeugen mit Autogasantrieb bei 0,13 Prozent. Grund
hierfür ist die begrenzte Reichweite sowie vor allem die geringe Abdeckung der Mobilitätsräume mit entsprechenden Tankstellen.

Parallel zu all diesen Maßnahmen wurden immer wieder Möglichkeiten untersucht, Fahrzeuge statt mit Verbrennungsmotoren mit Elektromotoren anzutreiben. Eine sinnvolle technische Umsetzung scheiterte
jedoch immer an der Größe und den Kosten eines für eine akzeptable
Reichweite erforderlichen Energiespeichers. Der elektrische BMW 1602e
etwa, der beim olympischen Marathonlauf 1972 in München als Füh-
rungsfahrzeug eingesetzt wurde, verfügte über eine 350 Kilogramm
schwere Blei-Säure-Batterie, mit der er eine Reichweite knapp über der
Marathondistanz von 42,2 Kilometern erzielte.

Spätestens mit Inkrafttreten der Europäischen Verordnung 715/2007/
EG im Juli 2007 war aber klar, dass die darin angekündigten verschärften
Emissionsgrenzwerte Euro 5 und Euro 6 durch eine weitere Optimierung
der Verbrennungsmotoren alleine nicht erfüllt werden können würde.
Gleichzeitig standen zu diesem Zeitpunkt durch die Weiterentwicklung
der Lithium-Ionen-Technologie erstmalig wiederaufladbare Batterien zur
Verfügung, deren Energiedichte und Kosten ein technisch und wirtschaftlich sinnvolles Angebot von Elektrofahrzeugen mit einer für den
Stadtverkehr ausreichender Reichweite möglich erscheinen ließen. Als
erste in Serie produzierte Fahrzeuge dieser neuen Generation von Elektrofahrzeugen mit Lithium-Ionen-Batterie und einer Reichweite über der
magischen Grenze von 100 Meilen oder 160 Kilometern kamen 2008
der Tesla Roadster, 2009 der Mitsubishi i-MiEV und 2010 der NISSAN
Leaf auf den Markt. Der von BMW 2009 hergestellte MINI E wurde
ebenso wie 2011 der BMW ActiveE nicht verkauft, sondern ausschließlich in Pilotprojekten eingesetzt, um damit neue Erkenntnisse bezüglich
der eingesetzten Technik und des Nutzerverhaltens zu gewinnen. Die
Elektromobilität und ihre Potenziale als alternativer Fahrzeugantrieb er-
hielten nun international eine enorme öffentliche und politische Aufmerksamkeit, durch die auch entsprechend hohe Erwartungen geschürt
wurden. Seitdem wachsen die Zulassungszahlen in allen Märkten: Im
Jahr 2018 wurden in China und den USA jeweils etwa 80 Prozent mehr
Elektrofahrzeuge verkauft als im Vorjahr.

4.1.2 Typen von Elektrofahrzeugen

4.1.2.1 Auslegungskriterien

Reichweite war bei Verbrennerfahrzeugen nie ein Problem. Für Stadtfahrzeuge mit eher niedrigem Verbrauch ist eine relativ geringe Menge an
mitgeführtem Kraftstoff ausreichend, typische Businessfahrzeuge, mit
denen auch mehrere hundert Kilometer gefahren werden können, verfügen dann über einen größeren Tank. Dieser kann über ein mehr oder
weniger dichtes Netz von Tankstellen jederzeit und innerhalb weniger
Minuten wieder aufgefüllt werden. Was die Reichweite angeht, ist also

auch eine knapp tausend Kilometer weite Reise von Frankfurt nach Florenz mit ein oder zwei Tankstopps auch im Kleinwagen locker möglich. Anders sieht die Situation beim Elektrofahrzeug aus: In Batterien lässt sich im Vergleich zu Benzin oder Diesel sehr wenig Energie speichern, und je höher die maximal speicherbare Energiemenge sein soll, desto größer, schwerer und teurer ist dann auch die Batterie. Gleichzeitig dauert das Laden der Batterie deutlich länger als das Befüllen eines Kraftstofftanks. Die Reise von Frankfurt nach Florenz im Elektrofahrzeuge wäre völlig inakzeptabel, wenn sie durch sechs Ladestopps mit je zwei bis drei Stunden Dauer unterbrochen werden müsste. Aus dieser Betrachtung lassen sich die drei Faktoren ableiten, welche die Auslegung des Antriebssystems eines Elektrofahrzeugs idealerweise bestimmen sollten:

- Mobilitätsbedarf: Wie weit wird mit dem Fahrzeug täglich üblicherweise gefahren? Nur in der Stadt, zwischen Stadt und Umland oder auch längere Strecken auf der Autobahn? Wie häufig muss diese durchschnittliche Reichweite überschritten werden? Geplant oder spontan? Wie kritisch ist es, wenn sich die geplante Ankunftszeit verzögert?
- Lademöglichkeiten: Stehen ausreichend viele und ausreichend schnelle Lademöglichkeiten zur Verfügung? Kann das Fahrzeug nachts zu Hause vollgeladen werden? Besteht die Möglichkeit, es bei Bedarf auch sehr schnell zu laden?
- Verfügbarkeit von Alternativen: Können gegebenenfalls auch Mobilitätsalternativen wie etwa ein Zweitwagen oder Carsharingangebote genutzt werden, falls für eine Fahrt die Reichweite des Fahrzeugs nicht ausreicht oder das Fahrzeug nicht ausreichend geladen werden konnte?

Alle drei Faktoren hängen sowohl von der individuellen Situation der Fahrzeugnutzer als auch von der Infrastruktur am jeweiligen Fahrzeugstandort ab, weshalb es ein generelles Optimum für elektrische Fahrzeugantriebe nicht gibt. Vielmehr haben sich hier in der Fahrzeugtechnik mehrere Antriebskonzepte etabliert, also unterschiedliche Kombinationen von Elektro- und Verbrennungsmotoren, Energiespeichern und Getrieben.

4.1.2.2 Elektrifizierte Antriebskonzepte

Die Reichweite als die kritische Eigenschaft eines Elektrofahrzeugs schlechthin hängt primär von der Art und Menge der an Bord gespeicherten Energie ab. Zur Versorgung von Verbrennungsmotoren mit Kraftstoff ist ein entsprechender Tank erforderlich, für die Versorgung von Elektromotoren mit elektrischer Energie gibt es dagegen drei grundsätzlich unterschiedliche Möglichkeiten, die sich auch jeweils miteinander kombinieren lassen:

- Die Speicherung der elektrischen Energie in Akkumulatoren, also Batterien, die am Ende der Reichweite wieder aufgeladen werden müssen.
- Die Erzeugung elektrischer Energie direkt an Bord, beispielsweise durch die flamm- und emissionsfreie „Verbrennung" von energiereichen Gasen wie Wasserstoff in einer Brennstoffzelle. Der primäre Energieträger, also eben etwa Wasserstoff, muss dann an Bord gespeichert und mitgeführt werden.
- Die direkte Zuführung elektrischer Energie durch konduktive oder induktive Stromabnehmer, also über eine Zuleitung mit Schleifkontakten (wie bei Straßenbahnen) oder kontaktlose Induktionsspulen (wie bei elektrischen Zahnbürsten oder Smartphones).

Im Gegensatz zum klassischen Fahrzeug mit Verbrennungsmotor, einem *Internal Combustion Engine Vehicle (ICEV)*, das ausschließlich von einem mit Benzin, Diesel oder auch alternativen Kraftstoffen wie Erdgas oder Wasserstoff betriebenem Verbrennungsmotor angetrieben wird, ist allen Elektrofahrzeugen eigen, dass sie zusätzlich oder ausschließlich von einem elektrischen Fahrmotor angetrieben werden. Die dafür erforderlichen Komponenten werden im nächsten Abschn. 4.1.3 näher beschrieben, die darauf basierenden Antriebskonzepte hier vorgestellt:

Hybrid Electric Vehicle (HEV)
Sogenannte *Micro-Hybrid-* und *Mild-Hybrid*-Fahrzeuge sind weniger eigene Antriebstypologien als Verbrennerfahrzeuge mit zusätzlichen

Maßnahmen zur Effizienzsteigerung. Die erforderlichen technischen Veränderungen sind dabei relativ einfach und kostengünstig in bestehende Fahrzeugkonzepte zu integrieren, der Beitrag zur Emissionsreduzierung aber dann eben auch begrenzt. Beim Hybrid wird der Verbrennungsmotor im Stillstand über eine Motor-Start-Stopp-Funktion abgestellt und bei der Weiterfahrt wieder angelassen. Zudem wird mit der Energie, die der beim Bremsen als Dynamo wirkende elektrische Anlasser erzeugt (dann *Kurbelwellen-Starter-Generator* genannt), die Starterbatterie geladen – man spricht von *Rekuperation* der Bremsenergie. Eine elektrische Unterstützung des Fahrzeugantriebs erfolgt hier nicht. Von einem Hybridfahrzeug kann mal allerdings nur sprechen, wenn es von mindestens zwei unterschiedlichen Motorarten angetrieben wird. Ein Micro Hybrid ist damit im eigentlichen Sinne also kein Hybridfahrzeug.

Beim Mild Hybrid dagegen wird der Verbrennungsmotor beim Antrieb des Fahrzeugs kurzzeitig durch einen Elektromotor unterstützt (sogenannter *boost*). Als Elektromotor wird hier – in umgekehrter Wirkungsweise – die Lichtmaschine eingesetzt. Die Lichtmaschine muss dafür deutlich größer als üblich ausgelegt werden und bezieht die erforderliche Energie aus einer kleinen Zusatzbatterie, im Regelfall nicht der Starterbatterie. Diese Batterie wird ähnlich wie beim dem Micro Hybrid durch Bremsenergierekuperation geladen, in diesem Fall aber nicht durch den Anlasser, sondern durch die Lichtmaschine. Aufgrund der relativ geringen Leistung der Lichtmaschine und der ebenfalls geringen Kapazität der Batterie ist rein elektrisches Fahren mit einem Mild Hybrid jedoch nicht möglich.

Im Gegensatz dazu kommen beim *Full Hybrid* ein zusätzlicher Elektromotor und eine zusätzliche Batterie zum Einsatz, die so dimensioniert sind, dass zumindest Teilstrecken auch rein elektrisch gefahren werden können. Das harmonische Zusammenspiel von Verbrennungs- und Elektromotor wird durch die Motor-Getriebesteuerung ermöglicht. Der erste in Großserie hergestellte und klassische Full Hybrid ist der Ende 1997 auf den Markt gekommene Toyota Prius, der zunächst mit einem 35 Kilowatt starken Elektromotor bis zu 75 Kilometer pro Stunde schnell und bis zu etwa 5 Kilometer weit rein elektrisch fahren konnte.

Der beschränkten und auch stark vom individuellen Fahrprofil abhängigen elektrischen Reichweite eines Full-Hybrid-Fahrzeugs stehen als

Nachteile der Platzbedarf, das Zusatzgewicht und die erheblichen Mehrkosten für die zusätzlich erforderlichen Komponenten gegenüber. Wegen
des geringen Beitrags zur Emissionsreduzierung wird zudem in den meisten Ländern die Anschaffung eines HEV (Hybrid Electric Vehicle) im
Gegensatz zur Anschaffung eines PHEV (Plug-in Hybrid Electric Vehicle) oder BEV (Battery Electric Vehicle) nicht finanziell gefördert. Es
ist deshalb zu erwarten, dass das HEV-Antriebskonzept schon mittelfris-
tig keine große Rolle mehr spielen wird.

Plug-in Hybrid Electric Vehicle (PHEV)
Durch den Einsatz einer gegenüber einem HEV deutlich größeren Batterie sowie der Möglichkeit, diese auch extern zu laden, wird beim PHEV
die elektrische Reichweite auf bis zu circa 50 Kilometer vergrößert. Damit können in den meisten Fällen die täglichen Wege rein elektrisch zurückgelegt werden, und die für längere Strecken erforderlichen Reichweiten durch den ebenfalls vorhandenen Verbrennungsmotor ermöglicht.
Im ab 2012 in Serie produzierten Toyota Prius Plug-in Hybrid beispielsweise wird ein Benzinmotor mit 73 Kilowatt Leistung mit einem Elektromotor mit 60 kW Leistung kombiniert, was dann zu einer maximalen
Antriebsleistung von 133 Kilowatt führt. Mit einer Batterie mit 4,4 Kilowattstunden Energieinhalt erreicht der Prius Plug-in Hybrid dann eine
elektrische Reichweite von knapp 50 Kilometern.

Beim synchronem Einsatz von Verbrennungs- und Elektromotor steht
dem Fahrzeug die maximale Leistung mit einer sehr sportlichen Antriebs-
charakteristik zur Verfügung. Wenn die Motoren dann auch noch jeweils
unterschiedliche Achsen antreiben, kann über die Hybridisierung zusätzlich ein elektronisch geregelter, straßengekoppelter Allradantrieb dargestellt werden. Ein Beispiel für solch ein sportliches PHEV-Konzept ist der
seit 2013 hergestellte BMW i8, in dem ein Verbrennungsmotor mit
170 Kilowatt die Hinterachse und ein Elektromotor mit 96 Kilowatt die
Vorderachse antreiben. Die maximale Systemleistung von 266 Kilowatt
ermöglicht hier eine Beschleunigung von 0 auf 100 Kilometer pro Stunde
in 4,4 Sekunden, die Höchstgeschwindigkeit im Elektrobetrieb beträgt
120 Kilometer pro Stunde, im kombinierten Betrieb 250 Kilometer pro
Stunde. Gleichzeitig erlaubt die Kapazität der Batterie mit 5,2 Kilowatt-

stunden eine rein elektrische Reichweite von bis zu 55 Kilometern, die Gesamtreichweite beträgt 440 Kilometer.

Der Verbrauch von elektrischer Energie und Kraftstoff und damit auch die Fahrzeugemissionen eines PHEV hängen maßgeblich davon ab, wann Elektro- oder Verbrennungsmotor jeweils zum Einsatz kommen. Um dies entsprechend den individuellen Anforderungen steuern zu können, stehen dem PHEV-Fahrer unterschiedliche Fahrmodi zur Verfügung:

- Im normalen *Charge Depleting Mode* fährt das Fahrzeug grundsätzlich elektrisch, schaltet aber den Verbrenner dazu, sobald die gewünschte Geschwindigkeit oder Beschleunigung dies erfordern. In diesem Fahrmodus wird die Batterie zwar durch Bremsenergierekuperation zwischendurch geladen, entlädt sich aber über die Fahrzeit insgesamt. Sobald sie leer ist, fährt das Fahrzeug nur noch mit dem Verbrennungsmotor weiter.

- Eine Sonderform des Charge Depleting Mode ist der *E-Mode*, in dem das Fahrzeug grundsätzlich nur elektrisch fährt. Reichweite, Beschleunigungsvermögen und Höchstgeschwindigkeit sind dann entsprechend begrenzt. Nur bei bewusstem Leistungsabruf durch Kick-down (vollständiges durchtreten des Fahrpedals) wird kurzzeitig der Verbrennungsmotor dazugeschaltet.

- Muss der Fahrer zunächst eine längere Strecke auf der Autobahn zurücklegen, möchte oder darf aber beispielsweise am Zielort aufgrund lokaler Emissionsregelungen nur rein elektrisch fahren, wählt er den *Charge Sustain Mode*. Dabei hält das Fahrzeug bei Fahrt mit dem Verbrennungsmotor einen einstellbaren, minimalen *Ladezustand/State of Charge (SOC)* der Batterie aufrecht, beispielsweise 80 Prozent, und behält somit die elektrische Restreichweite aufrecht.

- Im *Recharge* oder *Sport Mode* wird das Fahrzeug grundsätzlich vom Verbrennungsmotor angetrieben, der Elektromotor wird bei erhöhtem Leistungsbedarf zum Boosten dazugeschaltet. In Phasen geringeren Leistungsbedarfs treibt der Verbrennungsmotor den Elektromotor an, der dann am im Generatorbetrieb die Batterie wieder auflädt.

Da die verfügbaren PHEV-Modi direkten Einfluss auf die Fahrzeugemissionen haben, wurde international die Emissionsgesetzgebung daran angepasst. Bei der Emissionsmessung im neuen gesetzlich vorgeschriebenen Fahrzyklus, der *World Harmonized Light Vehicle Test Procedure (WLTP)*, wird für PHEV ein *Utility Factor (UF)* berechnet, der das Verhältnis zwischen den elektrisch und den verbrennungsmotorisch zurückgelegten Fahrtanteilen beschreibt. Ein UF von 100 Prozent entspricht dabei reinem E-Betrieb, ein UF von 0 reinem Verbrennerbetrieb. Besonders in der Kritik der Gesetzgeber steht dabei der Recharge Mode, weil er unter Umständen dazu führt, dass das PHEV gar nicht mehr geladen, sondern als HEV betrieben wird.

Der gegenüber einem HEV erforderliche Mehraufwand, also vor allem der größere Elektromotor, die größere Batterie und das zusätzlich erforderliche Ladegerät, hält sich in Anbetracht der oben genannten, deutlichen Verbesserungen beim elektrischen Fahren in engen Grenzen. Wenn von Anfang an Teil des Fahrzeugkonzepts, lassen sich PHEV-Antriebe auch mit vertretbarem Aufwand in bestehende ICEV-Konzepte integrieren. Der grundsätzliche Nachteil, im Fahrzeug zwei Antriebsaggregate unterbringen zu müssen, wird umso geringer, je häufiger beide Antriebe gemeinsam genutzt werden. Wo vollständige Emissionsfreiheit gefordert ist, werden PHEV sicher nach und nach durch BEV abgelöst, aber für viele Anwendungsbereiche und Regionen werden PHEV aufgrund ihrer Flexibilität und Unabhängigkeit auch langfristig das Antriebskonzept der Wahl bleiben.

Battery Electric Vehicle (BEV)

Mit BEV schließlich werden die reinen Elektrofahrzeuge bezeichnet, in denen gar kein Verbrennungsmotor mehr zum Einsatz kommt. Damit werden zum einen elektrische Motoren mit höherer Leistung, zum anderen aber vor allem auch Batterien mit deutlich höherer Kapazität benötigt. Vorteile des Antriebskonzepts sind in erster Linie seine Einfachheit (im Regelfall wird beispielsweise auch kein Schaltgetriebe mehr benötigt) sowie die vollständige lokale Emissionsfreiheit. Der große Nachteil ist die Beschränkung der Reichweite durch die Größe der Batterie, deren Größe immer ein Kompromiss aus erreichbarer Reichweite auf der einen und Gewicht, Platzbedarf und Kosten auf der anderen Seite ist. Negativ auf die Reichweite wirken sich niedrige Batterietemperaturen sowie leistungsstarke Nebenverbraucher wie Heiz-/Klimageräte oder auch die Fahrzeugbeleuchtung aus. In Korrelation zur Reichweite ist die Verfügbarkeit eines dichten Netzes schneller Lademöglichkeiten für den Nutzwert eines BEV entscheidend.

Das Angebot von BEV war lange Zeit auf nur wenige Modelle beschränkt, inzwischen sind auf dem Markt eine Vielzahl unterschiedlicher Modelle im Basis- und Premiumsegment mit unterschiedlichen Motorleistungen und Reichweiten vorhanden. Mit Model S, Model X und Model 3 ist Tesla dabei bisher der einzige Hersteller, der ausschließlich BEV anbietet und seinen Kunden ein eigenes, proprietäres Schnellladenetz zur kostenfreien Nutzung anbietet.

Gleichzeitig hat sich die Palette der BEV noch in eine ganz andere Richtung entwickelt: Waren die ersten BEV zwar durchaus dynamisch, aber in erster Linie doch eher rational ausgelegte Fahrzeuge, hat die über Elektromotoren mögliche Antriebsleistung in den letzten Jahren auch zu neuen, extrem sportlichen BEV-Konzepten geführt. So stellte im November 2016 die chinesische Firma NextEV mit dem Nio EP9 ein Supersport-BEV mit einer auf vier Elektromotoren mit je 250 Kilowatt verteilten Gesamtleistung von 1 Megawatt vor, mit denen das Fahrzeug in 7,1 Sekunden auf 200 Kilometer pro Stunde beschleunigen kann. Schon die Kommunikation solcher Konzepte führt dazu, dass Elektrofahrzeuge in der Öffentlichkeit noch schneller ihren Ruf als eher langweilige Vernunftlösungen verlieren und auch dynamisch orientierte Autofahrer beginnen, sich für elektrisch angetriebene Fahrzeuge zu interessieren.

> *„BEV zeichnen sich gegenüber allen anderen Antriebstypen durch drei konzeptbedingte Stärken aus: Vollständige lokale Emissionsfreiheit, Laufruhe und Dynamik. Wenn individuelles Fahrprofil, Reichweite und verfügbare Ladeinfrastruktur als Rahmen zusammenpassen, sind BEV sicherlich das Antriebskonzept der Zukunft schlechthin."*

Extended Range Electric Vehicle (EREV)

Für viele, die die Anschaffung eines BEV erwägen, ist die Angst, mit leerer Batterie am Straßenrand liegen zu bleiben, ein wesentlicher Grund dafür, sich am Ende doch gegen den Kauf zu entscheiden. Als Mittel gegen diese *Reichweitenangst* oder *Range Anxiety* werden Elektrofahrzeuge mit einem *Range Extender* angeboten, einer Art im Fahrzeug verbautem Notstromaggregat. Dieser besteht aus einem kompakten Verbrennungsmotor mit angebautem Generator, über den bei Bedarf die Fahrzeugbatterie wieder aufgeladen oder ihr Ladestatus aufrecht erhalten werden kann. Im Gegensatz zum PHEV wird beim EREV also der Verbrennungsmotor nicht direkt zum Fahrzeugantrieb eingesetzt, sondern ausschließlich zum Antrieb des Generators. Dadurch ist es möglich, den Verbrennungsmotor unabhängig von der Fahrzeuggeschwindigkeit konstant mit der aus Verbrauchs- und Emissionssicht optimalen Drehzahl zu betreiben. Elektroantriebe mit Range Extender werden auch als *Serieller Hybrid* oder *Serial Hybrid* bezeichnet.

Analog zum PHEV kann auch beim EREV zwischen Charge Depleting und Charge Sustaining Mode gewählt werden. Bei letzterem schaltet sich der Range Extender ein, sobald der Ladezustand der Batterie den vorgegebenen Grenzwert unterschreitet, und hält diesen dann konstant.

Während PHEV tendenziell Verbrennerfahrzeuge sind, die durch Ergänzung eines vergleichsweise kleinen Elektroantriebs elektrische und damit emissionsfreie Fahrtanteile ermöglichen, stehen EREV für um einen kleinen Verbrennungsmotor erweiterte BEV, mit denen im Falle des Falles ein Liegenbleiben verhindert wird. Unabhängig von den tatsächlichen Leistungs- und Emissionsdaten werden EREV in der öffentlichen Wahrnehmung deutlich näher am Ideal des emissionsfreien Antriebs gesehen als PHEV, was insbesondere auch für die Frage der Förderungswürdigkeit gilt. In der Gesetzgebung einiger Länder wurde etwa erwogen, den Kraftstofftank eines als Elektrofahrzeug geförderten EREV zu verplomben, damit der Range Extender tatsächlich und nachweislich nur im Notfall genutzt wird.

Wie von Seiten der Automobilhersteller erwartet, ist in den letzten Jahren mit zunehmender Verbreitung von Elektrofahrzeugen und dem damit verbundenen Erfahrungswissen bezüglich ihrer Reichweite auf der einen Seite und der steigenden Kapazität ihrer Batterien auf der anderen Seite die Reichweitenangst und damit auch die Nachfrage nach Range Extendern stark zurückgegangen. Wurde beispielsweise beim BMW i3 der ersten Generation, dessen Batterie über eine Kapazität von 22,0 Kilowattstunden verfügte, noch über die Hälfte der Fahrzeuge mit einem

Range Extender bestellt, waren es in der zweiten Generation mit 33,2 Kilowattstunden Batteriekapazität bereits weniger als 10 Prozent. Und für die dritte Generation des BMW i3 mit nunmehr 42,2 Kilowattstunden Batteriekapazität wird gar kein Range Extender mehr angeboten. Aus Kostengründen werden Range Extender deshalb auch nicht neu entwickelt, sondern aus bereits vorhanden Verbrennungsmotoren und Generatoren zusammengestellt – weshalb ihre Gesamteffizienz oft überraschend niedrig ist.

Fuel Cell Electric Vehicles (FCEV)
Ein völlig anderer Ansatz, die Reichweite eines Elektrofahrzeugs zu vergrößern, ist die Erzeugung der elektrischen Energie an Bord des Fahrzeugs mittels einer Brennstoffzelle. In dieser reagiert Wasserstoff, oder in selteneren Fällen auch Methan oder Methanol, mit Luftsauerstoff und erzeugt so elektrische Energie, mit der dann wiederum ein elektrischer Fahrmotor angetrieben wird. Bei einer solchen kalten Verbrennung von Wasserstoff entstehen keinerlei Schadstoffe, sondern lediglich reines Wasser.

Da Wasserstoff über eine deutlich höhere Energiedichte als Lithium-Ionen-Batterien verfügt, lassen sich bei vergleichbarem Systemgewicht beziehungsweise vergleichbarer Systemgröße mit an Bord gespeichertem Wasserstoff und Brennstoffzelle grundsätzlich deutlich höhere Reichweiten erzielen als mit reinen BEV. In Serie hergestellte FCEV wie der Toyota Mirai, der Honda FCX Clarity oder der Hyundai ix35 FCEV verfügen bei einer Motorleistung zwischen 100 und 130 Kilowatt über eine Reichweite zwischen 500 und 650 Kilometer.

Hauptproblem bei der Entwicklung von FCEV sind und bleiben aber Transport und Speicherung des Wasserstoffs. Dabei stehen zwei Themen im Vordergrund: zum einen das Brand- und Explosionsrisiko von mit Sauerstoff vermischtem Wasserstoff, insbesondere im Falle eines Unfalls. Das häufig zitierte, aus dem Begriff „Wasserstoff" und der bombenähnlichen Form des Tanks herrührende Gefühl, eine Art Wasserstoffbombe an Bord zu haben, führt dabei zu irrationalen Ängsten und in vielen Fällen zur Ablehnung von FCEV als möglicher Alternative. Zum anderen erschweren die chemischen Eigenschaften des Wasserstoffs seine

Speicherung an Bord. Aufgrund seiner geringen Molekülgröße diffundiert Wasserstoff durch eine Vielzahl von Materialien, wie beispielsweise auch Stahl, und geht somit verloren. Gleichzeitig werden diese Materialien durch eine dabei entstehende Versprödung geschädigt. Die heute in FCEV verfügbaren Speichersysteme für Wasserstoff sind deshalb relativ groß und schwer und damit schwierig in vorhandene Fahrzeugkonzepte zu integrieren – zumal zusätzlich eine, wenn auch kleine, Batterie benötigt wird, um die Differenz zwischen von der Brennstoffzelle abgegebener und vom Elektromotor aufgenommener Energie zwischenzuspeichern.

Für die On-Board-Speicherung von Wasserstoff in FCEV kommen heute grundsätzlich zwei unterschiedliche Technologien zur Anwendung:

• Druckwasserstoffspeicherung:
  Speicherung von gasförmigem Wasserstoff in Tanks unter Hochdruck, im Toyota Mirai etwa bei 700 bar in einem carbonfaserverstärkten Kunststofftank. Die zur Speicherung erforderliche Kompressionsarbeit wird nicht im Fahrzeug sondern von der entsprechenden Wasserstoff-Zapfsäule verrichtet.
• Flüssigwasserstoffspeicherung:
  Zur Unterbringung größerer Mengen von Wasserstoff, beispielsweise in Bussen oder Lkw, wird dieser verflüssigt und bei Temperaturen um minus 250 Grad Celsius gespeichert. Dies erfordert zum einen hohen Aufwand für die Verflüssigung des Wasserstoffs vor der Betankung, zum anderen aber auch für die Beibehaltung der Tieftemperatur des Wasserstoffs im Fahrzeugtank.

Neben den bereits erwähnten Sicherheitsbedenken ist die Verfügbarkeit von Wasserstofftankstellen das größte Hindernis für ein Ausbreitung von FCEV. Der Aufwand für den Aufbau oder Ausbau einer Wasserstoffinfrastruktur, von der industriellen Erzeugung über die Verteilung durch Leitungen oder Tankwagen bis zur Abgabe an Tankstellen, ist unter den gegebenen Rahmenbedingungen wie Sicherheitsanforderungen, Wasserstoffdiffusion, Kompressionsarbeit oder Tieftemperaturerhaltung immens.

Die Zukunft von FCEV ist deshalb differenziert zu bewerten. Der Einsatz von wasserstoffgespeisten Brennstoffzellen ist beispielsweise für Busse im öffentlichen Nah- und Fernverkehr, die hohe Energiemengen benötigen, genügend Platz für entsprechende Speichersysteme haben und zentral auf dem Betriebshof des Betreibers betankt und gewartet werden können, sicherlich auch langfristig eine höchst sinnvolle Alternative. Da aber gleichzeitig die Leistungsfähigkeit und der Abdeckungsgrad der elektrischen Ladeinfrastruktur sowie die Kapazität von Fahrzeugbatterien steigen, verschlechtert sich das Verhältnis von Reichweite zu Kosten von FCEV gegenüber BEV oder PHEV kontinuierlich. Ob Brennstoffzellen langfristig eine Alternative für privat genutzte Pkw darstellen, ist deshalb mehr als fraglich. Das Brennstoffzellenfahrzeug GFC F-Cell von Daimler beispielsweise kommt nach mehreren Verschiebungen nun doch nicht wie ursprünglich angekündigt in den freien Verkauf, sondern kann im Sinne eines kontrollierten Betriebs nur von einem beschränkten Personenkreis gemietet werden.

„Weil die Kapazität der Batterien zunimmt und die Ladeinfrastruktur kontinuierlich ausgebaut wird, schwinden die Vorteile von FCEV-Konzepten gegenüber BEV oder PHEV kontinuierlich. So geeignet Brennstoffzellen für Busse und Lkw sein mögen: Ob sie in privaten Pkw eine Zukunft haben, ist für mich mehr als fraglich."

4.1.2.3 Architekturen von Elektrofahrzeugen

Neben der Frage, welches Antriebskonzept für ein gegebenes Anforderungsprofil nun das richtige ist, ist aus Sicht der Fahrzeughersteller vor allem relevant, wie dieses Antriebskonzept optimal in ein Gesamtfahrzeugkonzept integriert werden kann. Dabei spielen sowohl technische als auch wirtschaftliche Gesichtspunkte eine Rolle und stehen – wie so oft – miteinander im Konflikt. Je nachdem, ob bei der Systemauslegung die Priorität eher auf der Steigerung der technischen Leistungsfähigkeit oder der Reduzierung von Kosten und wirtschaftlichen Risiken liegt, gibt es für die gemeinsame Gestaltung von Antriebs- und Fahrzeugarchitektur zwei Alternativen:

Anpassungskonstruktion/Conversion

Wer mit möglichst geringem Entwicklungsaufwand und damit auch möglichst schnell ein Elektrofahrzeug anbieten möchte, integriert üblicherweise die für das Antriebskonzept der Wahl erforderlichen Komponenten in ein bestehendes Fahrzeugkonzept. Dabei sind zwar auch am Fahrzeug kleine Änderungen unvermeidbar, in erster Linie müssen aber nur die Antriebskomponenten an die im Fahrzeug gegebenen Verhältnisse angepasst werden.

Technisch gesehen stellt eine solche *Conversion* immer einen Kompromiss dar. So war zum Beispiel der BMW ActiveE, der nicht für die Serienproduktion, sondern nur in geringer Stückzahl für eine frühe Erprobung der E-Mobilität gebaut wurde, eine BEV-Conversion. Bei der Konstruktion des zugrunde liegenden Basisfahrzeugs BMW 1er Coupé viele Jahre vorher war der ActiveE noch lange nicht geplant und somit als Variante auch nicht berücksichtigt. Das Batteriesystem des BMW ActiveE musste deshalb in drei Teile aufgeteilt und im Fahrzeug verteilt werden: Unter der hinteren Sitzbank, wo vorher der Kraftstofftank seinen Platz hatte; im Getriebetunnel, wo vorher Getriebe, Gelenkwelle und Abgasanlage untergebracht waren; unter der Frontklappe, wo vorher der Verbrennungsmotor war und nun die Motorträger funktionslos in den ansonsten leeren Raum ragten. Der Elektromotor hingegen ließ sich relativ einfach in die Hinterachse integrieren.

Der Einmalaufwand für die Änderungen der Gesamtfahrzeugkonstruktion und zusätzliche Absicherungstests hält sich bei einer Conversion also in Grenzen: Insbesondere Karosserie- und Fahrwerksumfänge sowie bei PHEV auch der Grundmotor können übernommen werden. Die Herstellkosten pro Fahrzeug dagegen steigen durch die erforderliche Anpassung von Komponenten stark an. Eine Conversion als Elektrofahrzeugkonzept, also die Darstellung eines BEV oder PHEV auf Basis eines vorhandenen Verbrennerfahrzeugs, wird deshalb häufig dann gewählt, wenn große Unsicherheit bezüglich der mit diesem Fahrzeug erzielbaren Absatzzahlen bestehen und das damit verbundene Risiko hoher Investitionen minimiert werden soll. Selbst der einzige „BEV-only Manufacturer" Tesla hat in diesem Sinne gehandelt und 2008 als erstes Fahrzeug eine Conversion auf den Markt gebracht, den auf Basis des Lotus Elise entwickelten rein elektrischen Tesla Roadster.

Ein aus Vertriebssicht nicht zu unterschätzender Aspekt ist, dass eine Conversion in der Wahrnehmung des Kunden kein neues Fahrzeug, sondern lediglich eine Antriebsvariante darstellt. Der e-Golf beispielsweise wurde bei seinem Verkaufsstart am Markt in erster Linie als Golf wahrgenommen, für den es neben den bekannten Benzin- und Dieselmotoren nun eben auch einen Elektromotor als Antrieb gab. Dies führt zum einen zu Kannibalisierungseffekten: Hätte es keinen e-Golf gegeben, hätten dessen Käufer vermutlich kein Wettbewerbsfahrzeug, sondern einen Golf mit anderer Antriebsvariante gekauft – etwa einen GTD, mit deutlich höherer Modellrendite. Zum anderen erlaubt es der preisliche Quervergleich über die unterschiedlichen Antriebsvarianten eines Modells kaum, die aus dem elektrischen Antrieb resultierenden höheren Herstellkosten der BEV-Variante auch entsprechend auf den Kaufpreis umzulegen, die Mehrpreisbereitschaft der Kunden für ein BEV ist hier begrenzt.

Neukonstruktion/Purpose Design

Im Gegensatz zur Conversion wird das Fahrzeug beim *Purpose Design* um vorhandene, funktionsoptimierte Antriebskomponenten herum konstruiert, wodurch sich die gewünschten Fahrzeugeigenschaften wie Dynamik, Raumangebot oder Verbrauch bestmöglich umsetzen lassen. Dieser Ansatz bietet sich insbesondere für BEV an, da sich hier die geometrischen Verhältnisse deutlich von denen eines Verbrennerfahrzeugs unterscheiden: Der im Gegensatz zum Verbrennungsmotor deutlich kleinere Elektromotor, der Entfall von Kraftstofftank, Getriebe, Wellen und Abgasanlage sowie die große und schwere Fahrzeugbatterie mit Temperierung und Ladegerät lassen sich im Rahmen einer solchen Neukonstruktion deutlich besser im Fahrzeug unterbringen.

Beispiele für frühe Purpose Design BEV sind etwa der Nissan Leaf oder der BMW i3 (Werbeslogan „Born Electric"). Nachdem es inzwischen deutlich mehr Erfahrung mit Elektrofahrzeugen gibt und damit geringere wirtschaftliche Risiken gesehen werden, bieten aber inzwischen immer mehr Hersteller Purpose Design BEV an. Eine Sonderrolle kommt hier der Firma Tesla zu, die – mit Ausnahme des oben genannten Tesla Roadster von 2008 – ausschließlich BEV anbietet, die damit keinerlei Übernahmeteile aus vorhandenen, konventionellen Fahrzeugen verwenden. Andere Hersteller dagegen setzen verständlicherweise auch in Purpose-Design-Konzepten Komponenten und Lösungen aus vorhandenen Baukästen ein. Dass dies mitunter zu Inkonsistenzen führen kann zeigt das Beispiel des Audi e-tron: ein in sich stimmiges Purpose Design BEV, in dem Teile eines vorhandenen Bordnetzes verwendet wurden – mit dem Effekt, dass der Fahrer nach etwa 30.000 Kilometern durch eine Warnlampe zum für einen Elektromotor nicht wirklich erforderlichen Ölwechsel aufgefordert wird.

Speziell bei PHEV bringt eine von Anfang an als gemeinsame Plattform zur wahlweisen Darstellung von ICEV oder PHEV entwickelte Fahrzeugarchitektur technische und wirtschaftliche Vorteile, die spätere Integration eines elektrischen Antriebsstrangs in ein bestehendes ICEV-Konzept ist deutlich aufwendiger. Beispiele für solche Purpose Design PHEV sind die heute angebotenen PHEV-Varianten der Mercedes C-, E- und S-Klasse oder der BMW 3er-, 5er- und 7er-Reihe. Wo auf der Skala zwischen „optimiert für ICEV" und „optimiert für BEV" der Sweet Spot für eine solche Plattform dann liegt, muss anhand des zu erwartenden Verhältnisses der Stückzahlen der beiden Antriebsvarianten vom Produktmanagement bestimmt werden.

Den technischen Vorteilen steht beim Purpose Design immer der für die Neukonstruktion erforderliche hohe Entwicklungsaufwand gegenüber. Gleichzeitig werden auch die Risiken der mit Purpose Design verbundenen langfristigen Produktplanung geringer, je mehr Erfahrungen mit Elektrofahrzeugen vorliegen. Da sie zudem technisch den kompromissbehafteten Conversions immer überlegen sind, werden Purpose-Design-Konzepte auf Basis speziell entwickelter Plattformen in absehbarer Zeit sowohl bei BEV als auch bei PHEV die Conversion-Architekturen verdrängen. Dies belegen unter anderem die entsprechenden Strategiewechsel von Volkswagen und Toyota. Der 2020 anlaufende VW ID 3 etwa basiert im Gegensatz zum e-Golf auf einer für alle Marken des Volkswagen-Konzerns entwickelten reinen BEV-Plattform.

4.1.2.4 Elektrifizierte Zweiräder

Zwei Trends haben in den letzten Jahren zu einem deutlichen Anstieg von Angebot und Nachfrage nach elektrifizierten Zweirädern geführt: Zum einen die mit dem zunehmendem Umweltbewusstsein einhergehende Ablehnung der von Motorrädern, Motorrollern und Mopeds verursachten Geräusch- und Schadstoffemissionen, und zum anderen die Möglichkeit, durch kompakte, in Fahrräder integrierte Elektromotoren die erforderliche körperliche Anstrengung so zu reduzieren, dass Fahrradfahren auch über längere Strecken und Steigungen eine mühelose Mobilitätsalternative wird. In den weltweiten Märkten bestehen hier deutlich verschiedene Präferenzen, es lassen sich aber drei Haupttypen von elektrifizierten Zweirädern unterscheiden: elektrische Motorräder und Motorroller, E-Bikes und Pedelecs sowie kleine elektrische Fahrzeugkonzepte wie E-Scooter oder E-Boards.

Elektrische Motorroller und Motorräder

Motorroller als typisch urbane Fortbewegungsmittel waren die ersten Zweiräder, von denen es ein breites Angebot mit elektrischem Antrieb gab. Für die vergleichsweise kurzen Wege in der Stadt sind sie eine echte Alternative für den üblicherweise eingesetzten Zweitaktmotor ohne Abgasnachbehandlung, der sich durch hohe Geräusch- und Schadstoffemissionen bei gleichzeitig hohen Kraftstoffkosten auszeichnet.

Während Angebot und Nachfrage in der zulassungspflichtigen Klasse zwischen 4 und 11 Kilowatt Motorleistung (dazu zählen etwa der BMW C Evolution oder die Modelle von iO Scooter und Trinity) heute noch eher begrenzt sind, hat sich im klassischen Moped-Segment bis 4 Kilowatt beziehungsweise 45 Kilometer pro Stunde Höchstgeschwindigkeit weltweit bereits ein gewaltiger Markt entwickelt. In chinesischen Städten, wo Motorroller nach wie vor eine wichtige persönliche Mobilitäts- und Statusstufe zwischen Fahrrad und Auto darstellen, wurden Roller mit Verbrennungsmotor wegen ihrer hohen Abgasemissionen bereits 2006 per Gesetz verboten, was dann der Entwicklung und dem Angebot von preisgünstigen Elektrorollern enormen Vortrieb gegeben hat. International reicht das Angebotsspektrum heute von den einfachen und preisgünstigen Modellen der chinesischen Hersteller mit zumeist sehr modernem Design auf der einen Seite bis zu den um ein vielfaches teureren, in Deutschland oder Italien gefertigten Retro-Style-Modellen wie dem Kumpan 1953, dem Unu oder der Vespa Elettrica auf der anderen Seite. Sie alle werden – speziell in den Städten – von immer mehr Menschen als nicht nur nachhaltige, sondern oft auch schnellere Alternative zum Pkw oder öffentlichen Nahverkehr genutzt. Aufgrund ihrer Emissionsfreiheit und technischen Robustheit und weil zu ihrer Nutzung ein normaler Autoführerschein ausreicht, eignen sich kleine Elektroroller auch ideal für urbane Sharingangebote, wie sie in Abschn. 5.2.4 beschrieben werden.

Im Gegensatz zu Motorrollern werden Motorräder in der Regel nicht zweckgebunden, sondern im Rahmen von Wochenend- oder Urlaubsfahrten zum Selbstzweck genutzt. Hier steht die Fahrt und nicht das Erreichen des Ziels im Vordergrund. Das Angebot von „richtigen" Motorrädern mit Elektroantrieb ist dementsprechend heute noch sehr begrenzt und kommt auch nicht von den etablierten Herstellern (die noch mehr als Pkw-Hersteller den Verbrennungsmotor als unverzichtbaren Bestandteil des emotionalen Erlebnisses ihrer Produkte wahrnehmen), sondern von neuen Marken wie Zero, Victory oder Lightning Motorcycles. Showbikes wie die Harley Davidson Live Wire zeigen aber, dass selbst Marken, die sich traditionell massiv über die Technik und vor allem die Akustik ihrer Verbrennungsmotoren definiert haben, um das Thema Elektroantrieb nicht herumkommen. Und die Leistungsdaten elektrischer Motorräder liegen ähnlich wie bei Pkw weit über dem, was Motorräder mit Verbrennungsmotor erreichen können: Eine Lightning LS-218 etwa verfügt über eine Leistung von 149 Kilowatt, ein Drehmoment von 227 Newtonmeter und eine Höchstgeschwindigkeit von 350 Kilometern pro Stunde.

Die Fahrzeugkonzepte ähneln dabei denen der konventionellen Zweiräder, als wesentliche Akzeptanzhemmnisse bleiben deshalb auch die eingeschränkte Sicherheit und der fehlende Schutz vor Witterungseinflüssen bestehen. Potenzial in puncto aktiver Sicherheit bieten die von einigen Herstellern untersuchten elektrischen Radnabenmotoren, durch deren Verwendung im Vorderrad auch bei Zweirädern ein Allradantrieb ermöglicht wird.

Pedelecs und E-Bikes

Die Möglichkeit, unterstützt durch einen kleinen Elektromotor auf dem Fahrrad auch ohne größere Anstrengung weitere Strecken sowie Steigungen zurücklegen zu können, ist sowohl im Freizeit- als auch im Mobilitätsbereich hochattraktiv und hat den Markt für Pedelecs in den letzten Jahren geradezu explodieren lassen. Wie ein normales Fahrrad braucht ein Pedelec kein Versicherungskennzeichen, der Motor wird allerdings auch nur während des Tretens als Unterstützung zugeschaltet und darf eine Maximalleistung von 250 Watt nicht überschreiten. Die erforderlichen Akkus sind normalerweise so handlich, dass sie zum Laden einfach demontiert und mitgenommen werden können. Attraktiv ist das Pedelec-Konzept vor allem auch für Fahrradvarianten zur Lasten- und Personenbeförderung, mit denen etwa Kinder in den Kindergarten gebracht oder Läden in Fußgängerzonen beliefert werden. Eine bisher einmalige Sonderform des Pedelecs ist der X2City von BMW, ein elektrisch unterstützter faltbarer Tretroller für die Stadt.

Im Gegensatz zu Pedelecs werden S-Pedelecs und E-Bikes dauerhaft elektrisch angetrieben, man kann treten – muss aber nicht. Damit gelten diese Fahrzeuge allerdings nicht mehr als Fahrräder, sondern als Mofa oder Moped und erfordern dementsprechend ein Versicherungskennzeichen sowie vom Fahrer eine entsprechende Fahrerlaubnis (und damit ein Mindestalter) und einen Helm. Die gesetzlich zulässige Höchstgeschwindigkeit von 45 Kilometern pro Stunde kann beim E-Bike durch den Motor alleine erreicht werden, beim S-Pedelec nur durch Motor und Treten. Die maximale Motorleistung eines S-Pedelecs liegt bei 500 Watt, die eines E-Bikes bei 4 Kilowatt. Ein nicht zu unterschätzendes Sicherheitsrisiko besteht allerdings darin, dass E-Bikes die Antriebsleistung und Höchstgeschwindigkeit eines Mopeds mit dem Fahrverhalten und der aktiven Sicherheit eines Fahrrads verbinden – und damit von anderen Verkehrsteilnehmern, aber auch vom Fahrer selbst eher als Fahrrad wahrgenommen und damit unterschätzt werden.

E-Scooter und andere Elektrokleinstfahrzeuge

Die Verfügbarkeit von kleinen Elektromotoren mit hoher Leistungsdichte sowie von schnellen Lagerregelungen zur Ausbalancierung hat über die letzten Jahre zum Angebot immer neuer, innovativer Fahrgeräte geführt: Segways, E-Boards, elektrische Ein- und Doppelräder sowie E-Scooter, E-Kickboards und E-Skateboards verwischen dabei die Grenzen zwischen Fortbewegungsmittel, Funsport-Artikel und Spielzeug.

Als Elemente urbaner Mobilitätssysteme spielen hier fast ausschließlich E-Scooter eine Rolle, Tretroller mit Elektroantrieb, die speziell zur Fortbewegung in den Innenstädten handlich und praktisch sind. Sie sind meist klappbar, dadurch leicht zu transportieren und somit eine ideale Ergänzung zu Pkw oder öffentlichem Nahverkehr – was mit ein Grund für die starke Zunahme von E-Scooter-Sharingsystemen in den Städten ist. Außerdem können die zum Teil ja durchaus teuren Fahrzeuge dadurch auch mit in die Wohnung genommen und dort nicht nur sicher aufbewahrt, sondern auch geladen werden.

Was der Akzeptanz und einer größeren Verbreitung dieser alternativen Fahrzeugkonzepte aber in manchen Ländern im Wege steht, ist die teilweise noch unsichere verkehrsrechtliche Grundlage. Vielerorts wurden die nationalen und lokalen Gesetzgeber hier von der technischen Entwicklung und ihrer schnellen Verbreitung im Markt überholt und sind seitdem damit beschäftigt zu klären, ob überhaupt und wenn ja, auf welchen öffentlichen Wegen und unter welchen Voraussetzungen wie Mindestalter oder Helmpflicht mit diesen Fahrzeugen jeweils gefahren werden darf. Die Gesetzeslage ist somit denkbar uneinheitlich: In vielen US-amerikanischen und europäischen Städten sind E-Scooter heute bereits ganz legal im Straßenverkehr unterwegs. In Deutschland erlaubt seit 2019 die Elektrokleinstfahrzeuge-Verordnung das Fahren von E-Scootern mit einer Höchstgeschwindigkeit von bis zu 20 Kilometern pro Stunde analog zur Nutzung von Fahrrädern – also auf der Straße beziehungsweise auf dem Radweg. Voraussetzung ist ein Versicherungskennzeichen sowie das Mindestalter von 14 Jahren. Fahrzeugkonzepte ohne Lenkstange wie E-Boards dürfen jedoch weiterhin im öffentlichen Raum nicht betrieben werden. In vielen chinesischen Großstädten wurde 2016 der Betrieb der zu diesem Zeitpunkt bereits weit verbreiteten E-Scooter aus Gründen der Verkehrssicherheit auf öffentlichen Straßen verboten.

4.1.3 Kernkomponenten des Elektroantriebs

Aus technischer Sicht ist ein elektrischer Antrieb in erster Linie weit weniger komplex als ein verbrennungsmotorischer Antrieb. Um ein Fahrzeug elektrisch anzutreiben, sind die in der Branche als *Big Three* bezeichneten Komponenten erforderlich: der Elektromotor, der über sein Drehmoment die Antriebskraft auf die Straße bringt, das Batteriesystem, das die dafür erforderliche Energie an Bord speichert, und die Leistungselektronik, die den Stromfluss und das Zusammenspiel mit der Bordelektrik und -elektronik regelt. Zusätzlich wird noch ein Ladegerät zum Laden des Batteriesystems benötigt.

Einige klassische Automobilzulieferer wie Bosch, Continental oder Siemens haben sich strategisch auf die Entwicklung und Herstellung von aufeinander abgestimmten Komponenten für elektrische Antriebe ausgerichtet. Zukünftige Potenziale liegen hier in einer weiteren Integration der einzelnen Komponenten, in der bereits erwähnten Verwendung von Radnabenmotoren (wodurch keine Wellen, Getriebe und Differenziale mehr benötigt werden) sowie in der Entwicklung von niedrigdrehenden Elektromotoren, deren Verwendung den Einsatz eines Getriebes überflüssig macht.

4.1.3.1 Elektromotoren

Elektromotoren zeichnen sich gegenüber Verbrennungsmotoren durch ihre deutlich einfachere Bauart, deutlich geringeres Leistungsgewicht und deutliche geringeren Kühlungsbedarf aus, weshalb sie bei vergleichbarer Leistung kleiner, leichter und auch billiger sind. Dies bietet bei Elektrofahrzeugen grundsätzlich die Möglichkeit, mehrere kleine, in die Räder integrierte Motoren einzusetzen, sogenannte Radnabenmotoren. In den meisten der heute angebotenen Elektrofahrzeuge kommt aber – wie in konventionellen Fahrzeugen auch – ein vorne oder hinten im Fahrzeug positionierter zentraler Fahrmotor zum Einsatz, dessen Antriebsmoment über Wellen und Zwischengetriebe auf die Antriebsräder verteilt wird. Gerade aber, wenn Dynamik bei der Fahrzeugauslegung nicht mehr die oberste Priorität hat, haben Radnabenmotoren das Potenzial, die Antriebstechnik der Zukunft zu sein.

Rekuperation
Eine spezifische Besonderheit elektrischer Antriebe ist die bereits erwähnte Fähigkeit zur Bremsenergierekuperation im Schubbetrieb:

Nimmt der Fahrer den Fuß vom Fahrpedal, geht der Elektromotor vom Antriebs- in den Generatorbetrieb über und verzögert das Fahrzeug dadurch ohne Bremseingriff. Die dabei entstehende elektrische Energie wird in der Fahrzeugbatterie gespeichert, womit dann ein Teil der vorher zur Beschleunigung des Fahrzeugs aufgewendeten Energie zurückgewonnen wird. Die verlustleistungsbehaftete Nutzung der Fahrzeugbremsen ist nur noch dann erforderlich, wenn das Fahrzeug besonders stark verzögert werden muss, etwa im Falle einer Notbremsung. Die Bremsenergierekuperation verbessert somit die an sich schon gute Energiebilanz des elektrischen Motors nochmals deutlich. Wer also beispielsweise im Stadtverkehr, nachdem die Ampel auf Grün umgeschaltet hat, stark beschleunigt und an der nächsten roten Ampel gleich wieder anhalten muss, bekommt im Gegensatz zum Verbrennerfahrzeug einen Großteil der zur Beschleunigung aufgewandten Energie wieder zurück.

Bauarten von Elektromotoren
In Elektrofahrzeugen werden heute drei unterschiedliche Bauarten von Elektromotoren als Fahrmotoren eingesetzt:

* In *permanenterregten Synchronmaschinen,* wie sie beispielsweise bei BMW und VW eingesetzt werden, wird das Magnetfeld des Motors durch Permanentmagnete erzeugt. Diese Motoren zeichnen sich durch ihren hohen Wirkungsgrad sowie ihr niedriges Leistungsgewicht von circa 0,7 Kilogramm pro Kilowatt aus und sind dadurch leicht und kompakt. Drehzahlregelung, Drehzahlumkehr für Rückwärtsfahrt und Rekuperation sind einfach zu realisieren. Einen nicht unbedeutenden strategischen Risikofaktor stellt hier der Umstand dar, dass zur Herstellung der Permanentmagneten sogenannte seltene Erden wie beispielsweise Neodym erforderlich sind, deren Gewinnung aus ökologischer Sicht kritisch sein kann und deren Verfügbarkeit und Preis sich heute nicht langfristig absichern lässt.
* *Fremderregte Synchronmaschinen,* wie sie unter anderem bei Renault eingesetzt werden, verwenden für den Aufbau des das Magnetfelds im Rotor keine Permanent-, sondern Elektromagnete. Die zu deren Anschluss erforderlichen Schleifkontakte unterliegen mechanischem

Verschleiß und müssen im Rahmen einer regelmäßigen Wartung ausgetauscht werden.

- *Asynchronmaschinen* wie bei Tesla eingesetzt sind größer und schwerer als die permanenterregten Synchronmaschinen, aber dafür auch kostengünstiger und robuster. Sie ermöglichen zudem für kurze Zeiträume die Abgabe eines Vielfachen ihrer Nennleistung und damit extreme Kurzfrist-Beschleunigungswerte. Im Gegenzug ist ein vergleichsweise hoher Regelungsaufwand erforderlich. Da das Magnetfeld im Rotor durch Induktion entsteht, sind hier weder Permanentmagneten noch Schleifkontakte erforderlich.

4.1.3.2 Energiespeicher

So vorteilhaft die Eigenschaften des Elektromotors bei der Umwandlung von Energie in Antriebskraft im Vergleich zum Verbrennungsmotor auch sein mögen, bei der Energieversorgung des Motors verhält es sich genau umgekehrt: Während Benzin- oder Dieselkraftstoff relativ problemlos in ausreichender Menge im Fahrzeugtank bereitgestellt werden kann, ist die Bereitstellung von elektrischer Energie nach wie vor das technische Hauptproblem bei der Auslegung von Elektrofahrzeugen.

Batteriesystem
Grundsätzlich stellt die Speicherung der benötigten elektrischen Energie in einem *Batteriesystem* (in Abhängigkeit von der Spannungslage speziell bei BEV auch *Hochvoltspeicher* oder kurz HVS genannt) die technisch einfachste Möglichkeit dar, den Motor eines Elektrofahrzeugs während der Fahrt mit Strom zu versorgen. Die Herausforderung bei der praktischen Umsetzung jedoch ist, den Zielkonflikt zwischen Platzbedarf, Gewicht, Ladedauer und Preis der Batterie auf der einen und ihrer Kapazität auf der anderen Seite aufzulösen. Die durch die Batteriekapazität begrenzte Fahrzeugreichweite sowie der für das Laden der Batterie erforderliche Aufwand sind für die Akzeptanz von Elektrofahrzeugen nach wie vor das größte Hindernis.

Diese Problematik wird für Elektrofahrzeuge insbesondere im Vergleich zu den Eigenschaften konventioneller Fahrzeuge mit Verbrennungsmotor zum Nachteil. Relevante Eigenschaft eines Energiespeichers ist hier seine Energiedichte – also die maximale Energiemenge, die er speichern und somit auch wieder abgeben kann, geteilt durch sein Gewicht. Während die Energiedichte von Benzin bei 12,8 Kilowattstunden pro Kilogramm liegt, weisen die üblicherweise in den Batteriesystemen von Elektrofahrzeugen eingesetzten Lithium-Ionen-Zellen eine Energiedichte von nur 0,2 Kilowattstunden pro Kilogramm auf. Damit wiegt das Batteriesystem eines solchen Fahrzeugs mehr als das Hundertfache eines für die gleiche Reichweite ausgelegten, vollen Benzintanks. Umgekehrt betrachtet beträgt bei gleich schwerem Energiespeicher die Reichweite eines Fahrzeugs mit Verbrennungsmotor mehr als das Hundertfache der Reichweite eines Elektrofahrzeugs.

Mit zunehmender Reichweite wird dadurch das Gewicht eines Batteriespeichers extrem hoch, beim Tesla S mit 85 Kilowatt etwa wiegt er bei einer Nenn-Reichweite von 430 Kilometern im amerikanischen EPA-Fahrzyklus satte 540 Kilogramm. Im Gegensatz zum Kraftstofftank, der mit abnehmender Füllmenge leichter wird, ist das Gewicht eines Batteriesystems dabei vom Ladezustand unabhängig, eine leere Batterie wiegt genau so viel wie eine volle. Ein weiterer Nachteil ist die im Vergleich zur freien Formgebung eine Kraftstofftanks stark eingeschränkte Möglichkeit, Batteriesysteme in verfügbare Fahrzeughohlräume einzupassen. Jede Batterie stellt somit am Ende einen technischen Kompromiss dar, der wesentliche Fahrzeugeigenschaften einschränkt.

Technisch besteht ein Fahrzeugbatteriesystem aus mehreren miteinander verbundenen Batteriezellen, einer Vorrichtung zur Zelltemperierung (Kühlung oder Heizung), der Steuerelektronik und einem Gehäuse, das alle diese Komponenten zusammenhält und schützt. Batteriesysteme müssen funktional und – insbesondere bei Conversions – geometrisch optimal in das entsprechende Elektrofahrzeug integriert werden. Sie werden deshalb für gewöhnlich vom Fahrzeughersteller entwickelt und hergestellt, unter Verwendung zugekaufter, standardisierter Batteriezellen.

Batteriezellen

Die eigentliche Energiespeicherung erfolgt in den Batteriezellen. Stand der Technik sind hier Lithium-Ionen-Zellen – also Zellen, bei denen die

Kathode, der Minuspol der Zelle, aus einem Materialmix aus Lithium und anderen aktiven Substanzen wie etwa Kobalt, Eisenphosphat, Nickel oder Mangan besteht. Die Anode, der Pluspol der Zelle, besteht in den meisten Fällen aus Grafit. Diese Zellchemie bestimmt mit Reichweite, Sicherheit, Leistung, Größe und Gewicht die relevanten technischen Eigenschaften, aber auch die Kosten der Zelle – und damit auch des übergeordneten Batteriesystems. Für den Einsatz in Elektrofahrzeugen hat sich aufgrund seines Eigenschaftsprofils als Kathodenmaterial Lithium-Nickel-Mangan-Kobalt (NMC) etabliert, eine ebenfalls verbreitete, kostengünstige Alternative ist Lithium-Eisenphosphat (LFP).

Über ihre Nutzungsdauer hinweg unterliegen Lithium-Ionen-Batterien einem chemischen Verschleiß, der sogenannten *Degradation*, durch die sich wesentliche Eigenschaften der Zelle wie ihre Kapazität, ihre Spannungslage und ihre Selbstentladung kontinuierlich und irreversibel verschlechtern. Da sich mit der Batteriekapazität auch die Reichweite des Fahrzeugs verringert, beeinträchtigt die Degradation direkt seinen Nutzwert. Durch Maßnahmen wie die optimierte Steuerung von Lade- und Entladestrom inklusive der gleichmäßigen Lastverteilung auf alle Zellen einer Batterie (sogenanntes *Cell Balancing*) oder die Einhaltung eines optimalen Temperaturbereichs der Zelle beim Laden und Entladen durch aktive Erwärmung oder Abkühlung der Zelle kann dieser Effekt zwar verlangsamt, aber nicht aufgehalten werden. Ab Unterschreitung einer bestimmten Restkapazität (typischerweise 80 Prozent) werden deshalb die gesamte Batterie oder – wenn wie etwa beim BMW i3 konstruktiv möglich – betroffene Batteriemodule ausgetauscht. Ausgetauschte Batterien und Module können dann im Rahmen des „Second Life" im stationären Betrieb beispielsweise als Pufferspeicher oder zur Frequenzstabilisation im Stromnetz weiterverwendet werden, wo die Energiedichte keine große Rolle spielt. Dadurch lassen sich nicht nur Recyclingkosten für gebrauchte Hochvoltspeicher vermeiden, sondern unter Umständen sogar in begrenztem Rahmen durch ihren Verkauf Erlöse erzielen. Die Firmen Audi und Umicore etwa haben im Rahmen eines gemeinsamen Forschungsprojekts zum Recycling von Elektrofahrzeugbatterien nachgewiesen, dass sich über 90 Prozent der Wertstoffe wie Kobalt und Nickel aus den Zellen zurückgewinnen lassen.

Neben der Zellchemie sind vor allem auch Form und Größe der Zelle relevant. Am meisten verbreitet sind heute zylinderförmige Rundzellen des Typs 18650, wie sie auch in Laptops oder mobilen Elektrowerkzeugen eingesetzt werden. Die Typbezeichnung 18650 beschreibt dabei die Abmessungen der Zelle: 18 Millimeter Durchmesser und 65 Millimeter Länge. Solche Zellen werden unter anderem in den Fahrzeugen von Tesla eingesetzt. Daneben gibt es – beispielsweise im BMW i3 – speziell für den Automobilbau entwickelte, prismatische Automotive-Zellen sowie kissenförmige Pouch-Zellen, wie sie unter anderem im Chevrolet Volt zum Einsatz kommen. Aus Sicht der Fahrzeugentwicklung ist hier neben Preis und Energiedichte vor allem auch relevant, welche Flexibilität die Zellform bei der geometrischen Gestaltung des Batteriesystems erlaubt. So lässt sich eine besonders flache, in den Fahrzeugboden integrierte Batterie – wie sie etwa für sportliche, flache Fahrzeuge benötigt wird – kaum mit den relativ großen Automotive-Zellen realisieren. Form und Größe der Batteriezellen schränken also die möglichen Fahrzeugproportionen und damit auch den Gestaltungsraum des Fahrzeugdesigns ein und haben damit einen hohen, häufig unterschätzten Einfluss auf Akzeptanz und wirtschaftlichen Erfolg des Fahrzeugs.

Lithium-Ionen-Zellen haben sich heute als die Lösung für Traktionsbatterien in Elektrofahrzeugen etabliert. Die erforderlichen Rohstoffe sind auf absehbare Zeit verfügbar, die Zellen vollständig rezyklierbar. Aufgrund des hohen Einmalaufwands für Forschung, Entwicklung und Fertigungsanlagen sowie der erforderlichen Stückzahl ist eine wirtschaftliche Herstellung von Batteriezellen selbst für große Automobilhersteller kaum möglich. Die Zellen werden vielmehr als Standardkomponenten von hoch spezialisierten Herstellern wie BYD, CATL, LG Chem, Panasonic oder Samsung SDI an die Automobilhersteller geliefert. Kam lange Zeit die Mehrzahl der Lithium-Ionen-Zellen aus Japan und Südkorea, zeichnet sich inzwischen ab, dass in Zukunft mit Abstand der größte Anteil der weltweit produzierten Batteriezellen aus China kommen wird. Dem strategischen Risiko der Abhängigkeit von einer zu hundert Prozent in asiatischer Hand befindlichen Zellindustrie begegnen westliche Hersteller von Elektrofahrzeugen durch strategische Partnerschaften mit Zellherstellern wie beispielsweise Tesla mit Panasonic oder den Aufbau eigenen Knowhows wie bei BMW.

Gleichzeitig ist die Entwicklung neuer Zelltypen mit höherer Leistungsdichte bei sinkenden Kosten Voraussetzung für eine höhere Reichweite und geringere Kosten von Elektrofahrzeugen – und damit ausschlaggebend für deren Marktakzeptanz. Die Entwicklung und Herstellung von Batteriezellen stellt damit die primäre Schlüsseltechnologie der Elektromobilität dar, weshalb die Hersteller Milliardensummen in die Erforschung neuer Zelltypen stecken. Im Fokus der Forschung stehen dabei heute Lithium-Luft-Zellen, Lithium-Schwefel-Zellen sowie Festkörperzellen, die alle eine im Vergleich zu heutigen Lösungen um das bis zu 20-fach höhere Zellkapazität versprechen. Eine mögliche Serienreife dieser Technologien, die neben der höheren Energiedichte auch den Nachweis von Brand- und Explosionssicherheit, Lebensdauer sowie Unempfindlichkeit gegenüber Temperaturschwankungen und mechanischen Belastungen beinhaltet, wird jedoch nicht vor 2025 erwartet.

„Angesichts vielversprechender Konzepte wie Festkörperzellen und der riesigen Investitionen, die heute weltweit in die Zellforschung fließen, erwarte ich für die Zukunft in der der Zelltechnologie durchaus noch echte Quantensprünge."

4.1.3.3 Leistungselektronik

Zur Ansteuerung des Elektromotors mit der Batteriespannung, zur Regelung der Bremsenergierekuperation sowie zur Verbindung des 12-Volt-Bordnetzes mit der Fahrzeugbatterie kommt im Elektrofahrzeug eine Leistungselektronikkomponente zum Einsatz. Für viele überraschend ist, dass diese üblicherweise den Motor in puncto Größe, Gewicht und Kosten übersteigt. Zusätzlich wird ein nicht schaltbares ein- oder zweistufiges mechanische Getriebe verwendet, um die Drehzahl des Elektromotors auf Raddrehzahl zu reduzieren und das Drehmoment im gleichen Verhältnis zu steigern. Werden keine Radnabenmotoren eingesetzt, verteilt beim Elektroantrieb analog zum ICEV ein Differenzial das Drehmoment des Motors auf die Räder der angetriebenen Achsen. Elektromotor, Leistungselektronik, Getriebe und Differenzial werden üblicherweise kompakt in einem gemeinsamen Gehäuse integriert.

4.1.4 Laden

4.1.4.1 Anforderungen an die Ladeinfrastruktur

Zumindest in den Mobilitätsräumen, um deren Problematik und Zukunft es in diesem Buch primär geht, muss sich heute kein Fahrer eines Verbrennerfahrzeugs ernsthaft Sorgen machen, mit leerem Tank auf der Straße stehen zu bleiben. Im Gegenteil: In Deutschland und anderen Ländern gilt das Liegenbleiben wegen Kraftstoffmangels auf Autobahnen und Kraftfahrstraßen sogar als Ordnungswidrigkeit und kann mit Bußgeld belegt werden. Wenn die Tankfüllung zur Neige geht, sind selbst mit einem Bruchteil der Kraftstoffreserve noch genügend Tankstellen erreichbar, an denen zu jeder Tages- und Nachtzeit der Kraftstoffvorrat in wenigen Minuten wieder komplett aufgefüllt werden kann. Und auch auf längeren Reisen kann man getrost darauf vertrauen, immer eine Möglichkeit zum Nachtanken zu finden und so die Reise fortsetzen zu können. Allerdings musste dieses Vertrauen in die Verfügbarkeit der Kraftstoffinfrastruktur auch erst über lange Zeit wachsen. Noch vor etwa 30 Jahren lag auch in Europa im Kofferraum von Pkw neben Verbandskasten und Warndreieck üblicherweise ein gefüllter Reservekanister.

Die technischen Voraussetzungen für das Laden von Elektrofahrzeugen unterscheiden sich dagegen deutlich von denen für das Betanken von Verbrennerfahrzeugen. Nachteilig beim Laden wirkt sich aus, dass die während einer bestimmten Zeitdauer übertragbare Energiemenge (die sogenannte *Ladeleistung*) um ein Vielfaches geringer ist als beim Tanken. Bedingt durch die bereits beschriebenen Restriktionen der Batterie ist außerdem die Reichweite von Elektrofahrzeugen in den meisten Fällen wesentlich kürzer als die von Verbrennerfahrzeugen. Ein Ladevorgang dauert also nicht nur deutlich länger als eine vergleichbare Betankung, es muss auch deutlich öfter geladen als getankt werden. Grundsätzliche Vorteile liegen dagegen in der Energieversorgung. So ist die Erzeugung und Verteilung elektrischer Energie generell viel einfacher darzustellen als die von Benzin, Diesel oder gar Wasserstoff. Elektrische Energie kann nicht nur in Kraftwerken, sondern auch relativ einfach dezentral erzeugt werden. Zu ihrer Verteilung bedarf es keiner Tankwagen oder Pipelines, sondern lediglich technisch um ein vielfaches einfacherer Stromkabel. Die heute zum Thema Kabeltrassen geführten intensiven politischen Diskussionen würden sicherlich anders verlaufen, wenn die Alternative zu „Kabel verläuft durch mein Dorf" nicht „Kabel verläuft woanders", sondern „Tanklastzüge rollen durch mein Dorf" oder „Wasserstoffleitungen verlaufen durch mein Dorf" wären. Steckdosen, wenn auch mit begrenzter Leistung, sind in jedem privaten Haushalt oder gewerblichen Betrieb verfügbar, wodurch eine Basisladeinfrastruktur bereits flächendecken verfügbar ist. Gleichzeitig verbessern sich Leistungsfähigkeit und Preis von Ladestationen kontinuierlich, selbst Hochleistungs-Schnellladesäulen sind in Anschaffung und Betrieb tendenziell günstiger als eine Zapfsäule für Benzin oder Diesel.

Öffentliches Laden

Schon vor Jahren haben sowohl die Fahrzeughersteller als auch die Politik (der ja an einer schnellen Verbreitung von Elektrofahrzeugen sehr gelegen ist) erkannt, dass nur eine flächendeckende und leistungsstarke *öffentliche Ladeinfrastruktur* eine Elektromobilität ohne unzumutbare Einschränkungen ermöglicht, und dass deren Verfügbarkeit somit zwingende Voraussetzung für eine breite Akzeptanz von Elektrofahrzeugen ist. Die Möglichkeit, Elektrofahrzeuge mit einfachen Ladekabeln zu Hause oder am Arbeitsplatz an der Schukosteckdose laden zu können, war sicherlich ein wichtiger Enabler der beschrieben Renaissance der Elektromobilität. Sie eröffnet sich allerdings nur einer Minderheit, nämlich Fahrern, die in der eigenen Garage oder am Arbeitsplatz Zugang zu privaten Lademöglichkeiten haben und dann eher kurze, stadttypische Wegstrecken zurücklegen – maximal so weit, dass sie eben wieder zu ihrer persönlichen Lademöglichkeit zurückkommen. Um Elektrofahrzeuge aber nicht nur als Zweitwagen, nicht nur in der Stadt und nicht nur für Nutzer mit eigener Lademöglichkeit attraktiv zu machen, müssen also zusätzliche, für alle zugängliche Lademöglichkeiten geschaffen werden, die die folgenden Kriterien erfüllen:

• Bekannt:
  Im Elektrofahrzeug oder über eine Smartphone-App sollte eine Liste der nächstgelegenen oder entlang einer geplanten Route befindlichen Lademöglichkeiten abrufbar sein.

- Nah:
Lademöglichkeiten sollten so dicht verteilt sein, dass zum Laden keine weiten Wege zurückgelegt werden müssen.
- Schnell:
Der Ladevorgang sollte in möglichst kurzer Zeit abgeschlossen werden können. Wenn die erforderliche Dauer keine Rolle spielt, sollten aber Kosten und Batterielebensdauer im Vordergrund stehen.
- Verfügbar:
Es sollte möglichst vorab sichergestellt werden können, dass die angefahrene Lademöglichkeit auch genutzt werden kann – also nicht in einem zufahrtsbeschränkten Bereich gelegen, defekt oder durch einen anderes Fahrzeug belegt ist.
- Kompatibel:
Die Ladestation sollte über die für das jeweilige Fahrzeug gewünschte Ladetechnologie verfügen. Wichtig in diesem Zusammenhang ist die Standardisierung von Spannungslagen, Ladeprozessen und Steckertypen. Auch sollte die gewünschte Ladeleistung realisierbar sein.
- Komfortabel:
Die Nutzung der Ladestation sollte möglichst einfach sein, sowohl was die Bedienung als auch was die Handhabung von Kabeln und Steckern etc. angeht. Auch eine Überdachung trägt bei schlechtem Wetter zum Ladekomfort bei.
- Nachhaltig:
Die von der Ladestation bezogene elektrische Energie sollte „grün" sein, also möglichst ohne Emissionen und Risiken für Bevölkerung und Umwelt erzeugt worden sein.
- Sicher:
Die Ladestation sollte auch für ungeübte Personen einfach und sicher zu bedienen sein.

Zu unterscheiden sind hierbei noch die unterschiedlichen Anforderungen von Fahrzeugen im Eigenbesitz und Flottenfahrzeugen. Fahrzeuge im Eigenbesitz werden am Tag durchschnittlich etwa 2 Stunden gefahren und bleiben die restlichen 22 Stunden geparkt. Eine Zeit, die ideal zum langsamen Laden benutzt werden kann. Ein Flottenfahrzeug hingegen, ob im Fuhrpark oder im Carsharing, wird von vielen unterschiedlichen Fahrern genutzt, die Standzeit ist hier deutlich kürzer. Im Vordergrund steht dann die schnelle Wiederverfügbarkeit des Fahrzeugs und damit das schnelle Laden.

Privates Laden
Nach wie vor gibt es aber auch viele der oben beschriebenen Nutzer, die zu Hause über eine eigene Lademöglichkeit verfügen, an der sie ihr Elektrofahrzeug regelmäßig laden. Hier ist das Fahrzeug gewöhnlich von der Ankunft am Abend bis zur Abfahrt am Morgen über viele Stunden mit dem Stromnetz verbunden, somit kann im Normalfall mit relativ niedrigen Leistungen geladen werden. Ein im Fahrzeug oder im Ladegerät integrierter Timer erlaubt dabei gegebenenfalls die Nutzung von günstigem Nachtstrom sowie die Vermeidung von Überlast durch Laden in Zeiträumen niedriger Lastabnahme.

Da für viele private Nutzer das Streben nach Nachhaltigkeit der primäre Grund für die Nutzung von Elektrofahrzeugen ist, ist dieser Aspekt auch bei der Herkunft der zum Laden verwendeten elektrischen Energie von großer Bedeutung. Während aber Nachhaltigkeit beim Abschluss eines Grünstromvertrags nur sehr abstrakt spürbar ist, ist sie bei der Nutzung privater Anlagen zur Stromerzeugung aus Sonne, Wind oder Wasser direkt erlebbar. Viele Nutzer von Elektrofahrzeugen wollen deshalb gerne mit ihrem „eigenen", selbst hergestellten regenerativen Strom fahren und ergänzen ihre Ladestation beispielsweise um eine Photovoltaikanlage und einen Zwischenspeicher. Hierbei steht meist weniger eine Wirtschaftlichkeitsrechnung im Vordergrund als eben besagtes Streben nach einem nachhaltigen Lebensstil.

4.1.4.2 Abrechnung

Nicht zuletzt aufgrund der Mineralölsteuer ist elektrische Energie heute deutlich günstiger als Benzin- oder Dieselkraftstoff. Für 100 Kilometer Reichweite werden je nach Fahrzeugtyp grob 10 Kilowattstunden an elektrischer Energie benötigt, die bei einem Strompreis von 20 Cent pro Kilowattstunde dann mit 2 Euro zu Buche schlagen. Die an einer Ladesäule abzurechnenden Beträge liegen also im niedrigen Eurobereich, der Aufwand für eine Abrechnung einzelner Ladevorgänge etwa über Kreditkarte wie an Pay-at-the-Pump-Zapfsäulen steht dazu in keinem Verhältnis. Der im Vergleich zum Umsatzbetrag hohe Abrechnungsaufwand führt dazu, dass Geschäfte, Banken oder Restaurants ihren Kunden häufig die kostenfreie Nutzung ihrer Ladesäulen anbieten, sich damit den Aufwand für die Abrechnung sparen und die anfallenden Stromkosten dann als Ausgaben zur Kundenbindung behandeln.

Im Regelfall soll der Nutzer eines Elektrofahrzeugs aber natürlich die an der Ladesäule bezogene Energie bezahlen. Dazu ist eine Identifikation des Nutzers sowie die Messung der abgegebenen Energiemenge erforderlich. Flatrates für das Laden von Elektrofahrzeugen machen diese Messung überflüssig und werden deshalb häufig innerhalb von Firmen und Organisationen vereinbart. Bei öffentlichen Ladesäulen konnten sie sich aber nicht durchsetzen – nicht zuletzt weil Flatrates grundsätzlich dem Nachhaltigkeitsgedanken widersprechen, der Teil der Lebenseinstellung vieler Fahrer von Elektrofahrzeugen ist.

Die Nutzeridentifikation zum Zwecke des Zugangs zu einer Ladesäule erfolgt heute üblicherweise über eine Kundenkarte, für die man vorher beim Betreiber ein Konto eröffnet und eine Bankverbindung hinterlegt haben muss. Die ermittelte Energieabgabemenge wird dem Kunden dann monatlich in Rechnung gestellt. Damit ein Elektrofahrzeugbesitzer nicht bei jedem Ladesäulenbetreiber ein Konto eröffnen muss, haben sich diese zu Netzwerken zusammengeschlossen, die den Kunden analog dem Mobilfunk ein Roaming ermöglichen, also die Nutzung aller Ladestationen des Netzwerks mit nur einer Kundenkarte. Die Abrechnung zwischen den Betreibern machen diese unter sich aus, der Kunde bekommt davon nichts mit. Beispiele für solche Ladenetzwerke sind ChargeNOW oder Intercharge in Europa, sowie ChargePoint in den USA.

4.1.4.3 Intelligentes Laden

Bevor ein Fahrzeug an einer Ladestation geladen werden kann, muss sich der Fahrer beziehungsweise das Fahrzeug daran anmelden und authentifizieren. Die Ladestation verbindet sich dazu mit dem zentralen Server des Betreibers, auf dem die Daten aller autorisierten Nutzer abgelegt sind, überprüft die Berechtigung und gibt dann gegebenenfalls den Ladestrom frei. Nach Abschluss des Ladevorgangs meldet die Ladesäule über die gleiche Schnittstelle die abgegebene Energiemenge an den Server zurück, wo das Kundenkonto des Nutzers belastet wird. Auch Reservierungsfunktionen oder Störungsmeldungen laufen über die Datenverbindung zwischen Ladestation und Betreiberserver.

Als Übertragungstechnik kommen dafür heute Mobilfunk/GSM, LAN/Ethernet oder WLAN zum Einsatz. Da ein WLAN- oder LAN-Anschluss nicht überall verfügbar ist und gleichzeitig die zuverlässige Funktionsfähigkeit von Mobilfunkverbindungen beispielsweise in Tiefgaragen oder Funklöchern nicht gewährleistet werden kann, ist der Datenaustausch über das vorhandene Kabel zur Stromversorgung, die sogenannte *Power Line Communication (PLC)*, eine kostengünstige und zukunftsträchtige Lösung. Die Verbindung zum Internet kann in diesem Fall an beliebiger Stelle der Stromleitung zwischen Ladesäule und Energieerzeuger realisiert werden, beispielsweise in der Hausverteilung.

Neben der Sicherstellung der eigentlichen Funktion muss beim Datenaustausch zwischen Ladesäule und Betreiberserver auch die Datensicherheit gewährleistet werden. Hier gilt es insbesondere zu verhindern, dass sich nicht berechtigte Nutzer über fremde Identitäten an einer Ladestation anmelden und illegal auf deren Kosten Energie beziehen, aber auch der unbefugte Zugriff auf Fahrzeugdaten und deren Manipulation mit dem Ziel der Schädigung müssen ausgeschlossen werden.

Damit ein Elektrofahrzeug beziehungsweise dessen Besitzer auch weiß, wo Ladestationen stehen und ob diese kompatibel und momentan verfügbar sind, muss neben der Datenverbindung zwischen Ladestation und Betreiberserver auch eine Verbindung zwischen Fahrzeug oder Lade-App und Betreiberserver bestehen. Über diese Verbindung kann der Nutzer auf die Liste der öffentlichen Lademöglichkeiten zugreifen, sich zu ihnen die relevanten Informationen anzeigen lassen und – falls diese Option verfügbar ist – die gewünschte Ladestation auch reservieren. Bei privaten Ladestationen kann über diese Verbindung auch festgelegt werden, wann der Ladevorgang beginnen soll – beispielsweise sobald günstige Nachtstromtarife gelten oder wenn im Netz ein Überschuss an regenerativer

Energie vorhanden ist. Der Datenaustausch zwischen Fahrzeug und Betreiberserver läuft über eine Mobilfunkverbindung, die entweder über eine fahrzeugeigene SIM-Card oder über die Kopplung des Fahrzeugs mit einem Smartphone hergestellt wird.

Einen anderen, interessanten Ansatz verfolgt hier die Firma Ubitricity. Sie bietet einerseits Kommunen, Firmen und Flottenbetreibern relativ einfache und damit günstige Ladestationen an, die weder über einen eingebauten Stromzähler noch über irgendeine Art von Datenschnittstelle verfügen und sich somit insbesondere für einen flächendeckenden Einsatz im städtischen Bereich eignen – beispielsweise zum Einbau von Ladestationen in Straßenlaternen. Zum anderen werden den Nutzern von Elektrofahrzeugen Energieverträge angeboten, mit denen (und nur mit denen) an diesen Ladestationen geladen werden kann. Dazu ist ein spezielles, intelligentes Ladekabel erforderlich, das im Rahmen des Energievertrags von Ubitricity bereitgestellt wird. Beim Einstecken des Ladekabels in die Ladestation wird der Kunde automatisch identifiziert und autorisiert, das Ladekabel misst dann die abgegebene Energiemenge und meldet diese über eine Mobilfunkverbindung direkt an Ubitricity zur Abrechnung zurück. Diese Lösung eignet sich damit auch besonders gut für Fahrer, die auf eine Rechnung unterschiedliche Elektrofahrzeuge laden möchten.

4.1.4.4   Finanzierung der Ladeinfrastruktur

1880 musste Bertha Benz auf ihrer legendären Fahrt von Mannheim nach Pforzheim das Benzin zur Weiterfahrt noch in einer Apotheke kaufen. Seitdem hat sich die heute bestehende Infrastruktur für den Vertrieb von Kraftstoffen über Tankstellen entwickelt. Das zugehörige Geschäftsmodell aber hat sich über die letzten Jahrzehnte deutlich verändert: Haben Tankstellen früher ihr Geld eben hauptsächlich mit dem Verkauf von Kraftstoff verdient und über Reisebedarf und Fahrzeugzubehör noch zusätzliche Einnahmen verbucht, erwirtschaften sie heute nicht zuletzt auch wegen des bei Benzin bis auf fast 65 Prozent und bei Diesel auf fast 55 Prozent angewachsenen Steueranteils den Großteil ihres Profits über den Absatz von Lebensmitteln und Getränken. Der Wettbewerbsvorteil

der in die Tankstellen integrierte Märkte und Cafés wie AGIP Ciao oder
TOTAL bon jour gegenüber normalen Supermärkten liegt dabei nicht
nur in den längeren Öffnungszeiten. Auch die günstige Kostensituation
(Raum und Personal werden für den Verkauf von Kraftstoff ja sowieso
benötigt) spielt eine Rolle. Drittens ist der Umstand nicht zu unterschät-
zen, dass Kunden, die kommen, weil sie tanken müssen, die Gelegenheit
nutzen, um auch Lebensmittel, Getränke und Süßwaren mitzunehmen –
selbst wenn sie dort zu vergleichsweise hohen Preisen angeboten werden.
Mittlerweile arbeiten die Tankstellen hier auch mit Supermarktketten zusammen, wie etwa bei den REWE-to-go-Märkten in ARAL-Tankstellen.
Das Geschäftsmodell Tankstelle ist dabei ein profitables und unterliegt
einem gesunden Wettbewerb. Die Hersteller von Kraftfahrzeugen mussten sich also nie sorgen, ob ihre Kunden wohl genügend Tankstellen finden, an denen sie ihre Fahrzeuge tanken können.

Davon ist die Ladeinfrastruktur für Elektrofahrzeuge heute noch weit
entfernt. Öffentliche Ladestationen stehen normalerweise am Straßenrand oder auf öffentlichen Parkplätzen, so dass die Betriebskosten ausschließlich über den Verkauf von Ladestrom finanziert werden können.
Die geringen Gewinnaussichten dieses wenig attraktiven Geschäftsmodells sind der Hauptgrund dafür, dass sich die Energieversorger eben
nicht wie die Mineralölhersteller von sich aus um den schnellen Aufbau
einer flächendeckenden Ladeinfrastruktur kümmern. Der flächendeckende Aufbau von Ladeinfrastruktur, wie er für den politisch gewünschten, schnellen Hochlauf der Elektromobilität erforderlich ist, wird nach
Schätzungen der Schweizer Bank UBS allerdings weltweit in den nächsten acht Jahren bis zu 360 Milliarden US-Dollar kosten. Aus diesem
Grund finden sich immer mehr Konsortien aus Automobilherstellern,
Energieversorgern sowie Ländern und Kommunen, die die Kosten für
den Aufbau gemeinsam tragen. Langfristig ist aber eine ohne öffentliche
Unterstützung finanziell nicht tragfähige Ladeinfrastruktur sicherlich
kein stabiles Geschäftsmodell.

Für die Zukunft muss der Betrieb von Ladeinfrastruktur analog zum
Tankstellenmodell in tragfähige Geschäftsmodelle integriert werden. Bei
einer strategischen Positionierung der Ladestationen in der Nähe von
Restaurants oder Geschäften verfügt das Laden auch Vorteile gegenüber
dem Tanken: Während der Tankkunde wenige Minuten buchstäblich mit

der Hand an der Zapfpistole an seinem Fahrzeug steht, dann bezahlt und die Zapfsäule für den nächsten Kunden freigibt, hat der Fahrer eines Elektrofahrzeugs bis zu 20 Minuten oder länger Zeit, in der er sich unbesorgt von Fahrzeug und Ladesäule entfernen und sich in dieser Zeit anderen Angeboten widmen kann – ein für die Betreiber der entsprechenden Geschäfte und Restaurants erfolgversprechende Situation. Beispielsweise bieten McDonald's an seinen Autobahnrestaurants oder Aldi auf den Parkplätzen ihrer Stadtfilialen die Nutzung von Ladestationen sogar unentgeltlich an. In beiden Fällen zeigt sich, dass Kunden, die ihr Fahrzeug laden, sich tendenziell länger im Restaurant oder Geschäft aufhalten und dabei auch mehr konsumieren beziehungsweise kaufen.

Der Preis des Ladevorgangs wird neben der bezogenen Energiemenge auch von der dafür erforderlichen Zeit und somit von der Ladeleistung bestimmt. Wer Zeit hat, lädt günstiger, als wenn es beim Laden auf jede Minute ankommt. Die Mehrkosten für die Installation von Schnellladesäulen lassen sich so zumindest teilweise auf die Nutzer umlegen.

4.1.4.5 Vehicle to Grid (V2G)

Eine nachhaltiger Ansatz, den Betrieb von Ladesäulen betriebswirtschaftlich interessanter zu gestalten, ist der als *Vehicle to Grid (V2G)* bezeichnete Zusammenschluss vieler Elektrofahrzeugbatterien, die zum gleichen Zeitpunkt über Ladestationen mit dem Energienetz verbunden sind, zu einem großen, verteilten Energiespeicher. Ein solches dynamisches Speichernetzwerk kann mehrere hundert oder tausend Elektrofahrzeuge beinhalten. Welche Fahrzeuge dabei tatsächlich Bestandteil des Speichernetzwerks sind, ändert sich ständig: Fahrzeuge die mit einer Ladestation verbunden werden, kommen hinzu; Fahrzeuge, deren Ladevorgang beendet wird, verlassen das Netzwerk. Diesen dynamischen V2G-Speicher stellt der Ladesäulenbetreiber dann gegen Gebühr einem Energieversorger oder Netzbetreiber zur Verfügung, während er den Besitzern der ladenden Elektrofahrzeuge beispielsweise einen Preisnachlass auf die bezogene Energie gewährt.

In der Praxis bedeutet das, dass die teilnehmenden Fahrer von Elektrofahrzeugen dem Betreiber der V2G-Ladestationen das Recht einräumen, die Batterie ihres Fahrzeugs während des Ladevorgangs innerhalb eines bestimmten Ladezustandsbereichs (beispielsweise zwischen 45 und 55 Prozent) kurzfristig auch wieder zu entladen. Dies ist natürlich in erster Linie dann sinnvoll, wenn das Fahrzeug länger mit der Ladestation verbunden ist als der eigentliche Ladevorgang dauern würde – beispielsweise wenn es nachts zu Hause oder tagsüber am Arbeitsplatz laden kann. Der geplante Abfahrtszeitpunkt, zu dem die Fahrzeugbatterie vollgeladen sein muss, wird dem Betreiber beim Anstecken mitgeteilt, damit er weiß, wie lange er sie als Pufferspeicher nutzen kann und ab wann er spätestens mit dem verbleibenden Ladevorgang beginnen muss. Befürchtungen, dass die Batterie beim V2G durch das mehrfache Laden und Entladen geschädigt werden könnte, wurden in den bisherigen V2G-Anwendungen nicht bestätigt.

Das Interesse von Energieversorgern und Netzbetreibern an solchen Speichern ist groß. Mit Batteriespeichern können im Stromnetz kritische Abweichungen zwischen eingespeister und abgenommener Leistung in Sekundenschnelle ausgeglichen, die Spannungsfrequenz stabilisiert oder auch Leistungsspitzen im Netz abgefedert werden, die beim Verwender zu höheren Stromtarifen oder beim Netzbetreiber zu Überlastung führen würden. Durch die zunehmende Einspeisung von Solar- und Windenergie steigt bei den Energieversorgern insbesondere der Bedarf für den als erstes genannten kurzfristigen Lastausgleich rasant an. Diese sogenannte *Primärregelleistung* (Verfügbarkeit innerhalb von maximal 30 Sekunden) wird ansonsten bei spezialisierten Dienstleistern eingekauft. Der Preis für die Bereitstellung von einem Megawatt Primärregelleistung liegt heute zwischen 10.000 und 15.000 Euro im Monat, was das wirtschaftliche Potenzial von V2G-Anwendungen verdeutlicht.

4.1.4.6   Ladetechnik

Technische Rahmenbedingungen
Eine Ladestation, technisch korrekt *Versorgungsanlage für Elektrofahrzeuge* oder *Electric Vehicle Supply Equipment (EVSE)* genannt, hat die grundsätzliche Funktion, die im lokalen Stromnetz verfügbare Wechsel-

spannung (AC) auf die Spannungslage der Fahrzeugbatterie umzuwandeln, also in der Regel auf eine Gleichspannung (DC) zwischen 350 und 400 Volt. Um dabei den vielfältigen, individuellen Anforderungen wie Schnelligkeit, Verfügbarkeit oder Kosten gerecht werden zu können, werden beim Auf- und Ausbau der Ladeinfrastruktur zwei parallele, sich gegenseitig ergänzende Ansätze verfolgt:

- Die flächendeckende Installation von kostengünstigen, aber dafür auch leistungsbeschränkten Ladestationen für das Laden ohne Zeitdruck wie etwa nachts zu Hause, tagsüber am Arbeitsplatz oder während des Einkaufs. Diese Ladestationen nutzen das vorhandene Wechselspannungsnetz, die Umwandlung auf die Gleichspannung der Fahrzeugbatterie erfolgt durch ein im Fahrzeug verbautes Ladegerät.
- Die punktuelle Installation von Hochleistungsladestationen, die bei Bedarf ein schnelles, dem Betanken eines Verbrennerfahrzeugs vergleichbares Aufladen der Fahrzeugbatterie ermöglichen. Die Wandlung der Netzspannung in die erforderliche Gleichspannung erfolgt hier nicht im Fahrzeug, sondern in der Ladestation, die dadurch technisch deutlich aufwendiger und in der Anschaffung teurer wird.

Eine der technischen Herausforderungen bei der Umsetzung stellen dabei die unterschiedlichen nationalen Niederspannungsnetze dar. So ist etwa in Europa, China und Indien flächendeckend ein dreiphasiges Wechselstromnetz (ein sogenanntes *Drehstromnetz*) mit einer Spannung von 230 beziehungsweise 400 Volt und einer Frequenz von 50 Hertz verfügbar, wobei die drei Phasen gleichmäßig zueinander versetzt verlaufen. Das Wechselstromnetz in den USA und Kanada hingegen hat eine Frequenz von 60 Hertz und ist gleichphasig, hier können Spannungen von 120 oder 240 Volt abgegriffen werden. In Südamerika, Afrika und Asien wiederum gibt es viele unterschiedliche nationale Netze mit Spannungslagen zwischen 100 und 127 Volt bei 50 oder 60 Hertz sowie zwischen 200 und 240 Volt bei 50 Hertz. In Japan existieren sogar zwei nach Frequenz und Spannungslage unterschiedliche Netze parallel.

Um die netzseitige Varianz auf der einen und die unterschiedlichen fahrzeugseitigen Anschlusslösungen auf der anderen Seite beherrschbar zu machen, haben Automobilhersteller und Ladeinfrastrukturbetreiber zusammen mit den Steckverbindungen auch die *Ladearten* standardisiert. Aus Nutzersicht lassen sich hier die folgenden Arten unterscheiden:

Wechselstromladen/AC-Laden

Am einfachsten – aber eben auch langsamsten – lassen sich Elektrofahrzeuge an gewöhnlichen Haushaltssteckdosen laden. Bei diesem deshalb auch als *Oma-Laden* bezeichneten Ladeverfahren wird das Fahrzeug über ein *Mode-2-Ladekabel* mit der Steckdose verbunden. Eine in das Kabel integrierte *In Cable Control Box (ICCB)* signalisiert dem Ladegerät des Fahrzeugs die maximal erlaubte Ladestromstärke.

In Wohn- und Geschäftsgebäuden gehen üblicherweise von einem Wechselspannungshausanschluss mehrere Stromkreise ab (umgangssprachlich *Phasen* genannt), an denen dann über Verteilerkästen fest installierte Verbraucher wie Deckenlampen oder elektrische Herde und eben auch Steckdosen angeschlossen sind. In jedem dieser Stromkreise wird die Stromstärke nach oben durch eine Sicherung begrenzt, in der Regel auf 16 Ampere. Somit wird auch die maximal mögliche Ladeleistung begrenzt, zum Beispiel bei 230 Volt Netzspannung auf maximal 3,7 Kilowatt.

Die Hausinstallation ist aber speziell bei älteren Gebäuden oft nicht für die dauerhafte Nutzung dieser maximalen Stromstärke ausgelegt. Netzstecker und Steckdosen, Kabel mit geringem Querschnitt oder Klemmverbindungen in Verteilerdosen können sich bei Dauerbelastung stark erhitzen. Zur Vermeidung von Brandgefahr muss die Ladestromstärke deshalb zum Laden eines Elektrofahrzeugs nochmals auf bis zu 10 Ampere reduziert werden, wodurch dann die tatsächlich verfügbare Ladeleistung im 230-Volt-Netz auf 2,3 Kilowatt und im 120-Volt-Netz sogar auf 1,2 Kilowatt absinkt. Um eine komplett leergefahrene Batterie mit einer Nennkapazität von 24 Kilowattstunden wieder voll aufzuladen, werden im 230-Volt-Netz dann circa 8 Stunden benötigt, im 110-Volt-Netz circa 17 Stunden. Auf diese Weise konnten die ersten Elektrofahrzeuge der neuen Generation mit ihren relativ kleinen Batteriekapazitäten durch einphasiges AC-Laden noch über Nacht vollgeladen werden, was ihre Akzeptanz bei Käufern förderte, die über einen eigenen Stellplatz oder eine eigene Garage mit Steckdose verfügten. Für Fahrzeuge mit größeren Reichweiten ist diese einfache Art des Ladens aber nur noch für den Notfall geeignet.

Höhere Ladeleistungen lassen sich beim Wechselstromladen durch die Verwendung einer EVSE erzielen, die im Gegensatz zum Anschluss an einer Steckdose einen eigenen Stromkreis nutzt, der keine weiteren Verbraucher speist, für den dauerhaften Betrieb bei maximaler Stromstärke ausgelegt ist und vor Inbetriebnahme von einer Elektrofachkraft auf Sicherheit im Dauerbetrieb hin überprüft und freigegeben wurde. Das Fahrzeug wird dann über ein *Mode-3-Ladekabel* mit der Ladestation verbunden, das entweder fest mit der Ladestation verdrahtet ist oder mit dieser durch eine *IEC-Typ-2-Steckverbindung* verbunden wird. Das Mode-3-Ladekabel überträgt dabei nicht nur den Ladestrom, sondern ermöglicht auch eine bidirektionale Datenübertragung zwischen Ladestation und fahrzeugseitigem Ladegerät.

Im privaten Bereich sind Ladestationen üblicherweise in Form einer an die Haus- oder Garagenwand montierten und an die Hausinstallation angeschlossene *Wallbox* ausgeführt. Diese ermöglicht schon bei einphasigem Betrieb eine Verdopplung der erlaubten Ladestromstärke auf 32 Ampere, wodurch sich die maximale Ladeleistung im 230-Volt-Netz auf 7,4 Kilowatt und im 120-Volt-Netz auf 3,8 Kilowatt erhöht. Eine weitere Steigerung der Ladeleistung ist dann durch die gemeinsame Nutzung mehrerer Phasen des jeweiligen Wechselspannungsnetzes möglich: Beim in Europa üblichen Drehstromnetz mit drei Phasen à 230 Volt kann die Ladeleistung dadurch bei Hausinstallationen auf bis zu 22 Kilowatt erhöht werden, bei der im nordamerikanischen Raum üblichen additiven Nutzung zweier 120-Volt-Phasen auf bis zu 7,4 Kilowatt.

Ladestationen im öffentlichen Bereich werden dagegen meist als freistehende Ladesäulen auf Parkplätzen oder am Straßenrand aufgestellt und können somit direkt mit dem elektrischen Versorgungsnetz verbunden werden. Hier sind deshalb deutlich höhere Stromstärken von bis zu 64 Ampere möglich, wodurch dann im 3 × 230-Volt-Drehstromnetz eine maximale Ladeleistung von 43 Kilowatt und im doppelphasigen 2 × 120-Volt-Netz von bis zu 15 Kilowatt erreicht werden können.

Zur Verbindung von Fahrzeug und Ladekabel haben sich beim AC-Laden international zwei Standards etabliert:

- Der *IEC 62196 Typ 1* (sogenannter *YAZAKI-Stecker*) für einphasiges Laden mit bis zu 7,2 Kilowatt Ladeleistung. Dieser Steckertyp ist im nordamerikanischen und asiatischen Raum üblich und wird unter anderem von Citroën, Chevrolet, Ford, Kia, Mitsubishi, Nissan, Opel, Peugeot und Toyota verwendet.
- Der *IEC 62196 Typ 2* (sogenannter *MENNEKES-Stecker*) für ein- und dreiphasiges Laden mit bis zu 43 Kilowatt Ladeleistung. Dieser Typ wird standardmäßig im europäischen Raum und vielen weiteren Märkten eingesetzt und wird unter anderem von Audi, BMW, BYD, Mercedes-Benz, Renault, Smart, Tesla, VW und Volvo verwendet. Typ-2-Stecker werden für die Kommunikation zwischen Fahrzeug und Ladestation im Rahmen des Mode-3-Ladens benötigt.

Bis vor wenigen Jahren wurde von italienischen und französischen Fahrzeugherstellern noch als dritte Alternative eine Steckverbindung *IEC 62196 Typ 3* (sogenannter *EV-Plug-Alliance-Stecker*) angeboten. Diese ist aber heute vollständig durch Typ-2-Verbindungen abgelöst worden.

Gleichstromschnellladen/DC-Schnelladen

Um BEV – und in Ausnahmefällen PHEV mit hoher Batteriekapazität – so schnell aufladen zu können, dass man nach relativ kurzer Wartezeit die Fahrt wieder fortsetzen kann, sind deutlich höhere Ladeleistungen von über 50 Kilowatt erforderlich. Diese werden durch die Gleichstromladung möglich, bei der die Ladestation die Versorgungsspannung in eine Gleichspannung mit der Spannungslage der Fahrzeugbatterie wandelt, mit der diese dann direkt geladen werden kann.

Neben der Spannungswandlung steuert die Ladestation auch über die Dauer des Ladevorgangs den optimalen Verlauf von Ladestromstärke und Ladespannung. Um eine Schädigung der Batteriezellen zu vermeiden, wird dabei mit zunehmendem *Ladegrad* oder *State of Charge (SOC)* die Ladestromstärke entsprechend einer vorgegebenen Ladestromkurve reduziert. Die Ladestromkurve stellt dabei immer einen Kompromiss aus einer möglichst schnellen, aber auch möglichst schädigungsfreien Ladung der Batterie dar. Dies bedeutet zum einen, dass die maximale Ladeleistung oder Nennleistung der Ladestation nur bei niedrigem SOC und auch nur für wenige Minuten genutzt wird; zum anderen, dass bei hohem SOC nur noch eine relativ geringe Ladeleistung zur Verfügung steht, weshalb Ladezeiten für das DC-Schnellladen häufig für die Ladung von 0 auf 80 Prozent SOC angegeben werden. Die restliche Ladung von 80 Prozent auf 100 Prozent SOC dauert dann oft länger, als die Ladung von 0 auf 80 Prozent SOC gedauert hat. Wie viel Zeit der Ladevorgang tatsächlich benötigt, hängt dabei zum einen von der Gesamtkapazität und dem aktuellen SOC der Fahrzeugbatterie ab, zum anderen von der Nennleistung (maximalen Ladeleistung) der Ladestation. Diese wird gegebenenfalls noch durch die Zuleitung der Ladestation begrenzt, speziell wenn daran mehrere DC-Ladestationen angeschlossen sind.

Aus den zunächst regionalen Entwicklungen der Automobilhersteller und Ladeinfrastrukturbetreiber haben sich bis heute weltweit vier Standards etabliert, nach denen Elektrofahrzeuge mit Gleichstrom geladen werden können:

- *CHAdeMO* war der erste verfügbare Standard für das DC-Schnellladen und wurde gemeinsam von japanischen Fahrzeugherstellern und Energieversorgern als leistungsstarke Ergänzung zur vergleichsweise schwachen AC-Verbindung über den Typ-1-Stecker entwickelt. Damit erfordert CHAdeMO fahrzeugseitig auch immer eine zweite Ladekupplung. Der zugehörige Stecker ist durch Größe und Gewicht vergleichsweise unhandlich. CHAdeMO-Ladestationen verfügen heute in der Regel über eine maximale Ladeleistung von 50 Kilowatt, teilweise auch bis zu 150 Kilowatt. Für die Zukunft geplant sind Ladestationen mit bis zu 400 Kilowatt. Der CHAdeMO-Standard erlaubt bidirektionales Laden und ist damit für V2G-Anwendungen geeignet. CHAdeMO-Ladestationen sind vor allem in Japan, aber auch in Europa und Nordamerika verfügbar. Elektrofahrzeuge mit CHAdeMO-Anschluss werden unter anderem von Citroën, Honda, Kia, Mitsubishi und Nissan angeboten, einige Hersteller wie BMW, Honda und VW bieten den CHAdeMO-Standard nur in BEV für den japanischen Markt an. Tesla-Fahrzeuge verfügen über einen Adapter, mit dessen Hilfe sie an CHAdeMO-Ladestationen laden können.
- Die sogenannten *Tesla Supercharger* verwenden den gleichnamigen, von Tesla für seine ab 2012 angebotenen Elektrofahrzeuge entwickel-

ten DC-Schnellladestandard. Die erforderlichen DC-Leitungen wurden zu diesem Zweck in den vorhandenen Typ-2-Stecker integriert, wodurch die Normkonformität des Steckers bewusst aufgegeben wurde. An den von Tesla selbst weltweit installierten Superchargern können ausschließlich Tesla-Fahrzeuge laden, die maximale Ladeleistung beträgt dort 135 Kilowatt.

- Das *Combined Charging System (CCS)* wurde als neuer Ladestandard von europäischen und nordamerikanischen Fahrzeugherstellern entwickelt und wird seit 2011 angeboten. Im Gegensatz zu CHAdeMO wurde bei CCS die DC-Ladeoption mit der bestehenden AC-Ladeverbindung IEC Typ 1 (*Variante CCS 1*) beziehungsweise IEC Typ 2 (*Variante CCS 2*) in ein gemeinsames Steckerbild integriert, so dass am Fahrzeug immer nur ein Ladeanschluss erforderlich ist. CCS-Ladestationen verfügen heute über eine maximale Ladeleistung von 50 Kilowatt, geplant ist aber die Realisierung von Stationen mit 350 Kilowatt und bis zu 1000 Kilowatt. CCS Ladestationen sind in der Variante CCS 1 vor allem in Nordamerika und als CCS 2 in Europa verbreitet. In Europa muss seit 2017 jede Schnellladesäule über einen CCS-2-Anschluss verfügen. Ein CCS-Anschluss wird in den Elektrofahrzeugen europäischer und amerikanischer Hersteller wie Audi, BMW, Chevrolet, Daimler, Ford, Opel oder VW angeboten (zumeist als kostenpflichtige Sonderausstattung), aber auch asiatische Hersteller wie Honda oder Hyundai bieten ihre Fahrzeuge inzwischen mit dieser Option an.
- Als Teil der staatlichen Standardisierungsroadmap für Elektrofahrzeuge in China wurde dort der DC-Schnellladestandard *GB/T 20234* entwickelt. GB/T 20234 orientiert sich am IEC-Typ-2-Stecker, ist aber mit anderen Standards nicht kompatibel. DC-Schnellladeanschlüsse sowohl von chinesischen als auch von nach China importierten Elektrofahrzeugen müssen diesem Standard entsprechen.

Mit der Weiterentwicklung und regulatorischen Vereinbarung von DC-Ladestandards wird dabei nicht nur die Umsetzbarkeit technischer Fortschritte in der Ladetechnik verfolgt, sondern vor allem auch die Sicherung von Marktvorteilen. Hat sich in einem Markt ein Ladestandard etabliert, lassen sich dort in erster Linie Elektrofahrzeuge absetzen, die mit diesem Standard geladen werden können. Die Vereinbarung der an der Entwicklung von CCS beteiligten Hersteller, in ihren Fahrzeugen CCS als alleinigen Lademöglichkeit anzubieten, zeugt davon genauso wie die Macht von CHAdeMO in Japan und Südkorea oder die Vereinbarung eines zusätzlichen, aus technischer Sicht sicherlich nicht zwingend notwendigen DC-Ladestandards durch die chinesischen Behörden. Aus Sicht der Fahrzeughersteller besteht das klare Ziel darin, sich international auf einen Standard zu einigen und somit alle Elektrofahrzeuge und Ladestationen mit der gleichen Lösung ausstatten zu können. Aus Sicht der Fahrzeugnutzer (und der Ladeinfrastrukturbetreiber) wäre es dagegen ausreichend, wenn sich innerhalb eines zusammenhängenden Verkehrsraums, also etwa Europa, Nordamerika, Japan oder China, jeweils ein Standard durchsetzt, sodass jedes auf dem Markt verfügbare Elektrofahrzeug an jeder Ladestation laden könnte.

Welches in Zukunft der vorherrschende Ladestandard sein wird, wird sich in erster Linie auf dem europäischen und nordamerikanischen Markt entscheiden, wo heute sowohl CHAdeMO als auch CCS verfügbar ist. Dass langfristig beide Standards parallel bestehen bleiben, ist vor dem Hintergrund der damit verbundenen Kosten für die Hersteller und Nachteile für die Nutzer höchst unwahrscheinlich. Und obwohl dort heute deutlich mehr CHAdeMO- als CCS-Ladestationen installiert sind, scheint sich doch CCS als die Lösung der Zukunft zu etablieren, nicht zuletzt wegen dessen technisch überlegener Kommunikationsmöglichkeiten. Ob sich dann CHAdeMO noch als Standard für den japanischen Markt halten würde, ist fraglich. Ebenso unwahrscheinlich ist, dass Tesla sein proprietäres Schnellladesystem aufrechterhalten wird, wenn es in absehbarer Zeit in puncto Ladeleistung sowohl von CHAdeMO als auch von CSS überholt wird. Auf dem chinesischen Markt hingegen ist GB/T 20234 heute bereits mit etwa 150.000 installierten Ladestationen und regulatorischem Schutz unangefochten die Nummer eins.

Ein möglicher flächendeckender Ausbau von DC-Schnellladeinfrastruktur würde für die Hersteller und Nutzer von Elektrofahrzeuge zudem die strategisch hochinteressante Option *DC Only* eröffnen. Damit wird der Ansatz bezeichnet, sich ausschließlich auf die Verfügbarkeit von DC-Ladestationen zu verlassen, damit gänzlich auf das fahrzeugseitige Ladegerät zu verzichten und dementsprechend Gewicht und Kosten einsparen zu können. So wie ein Verbrennerfahrzeug nur an der Tankstelle getankt werden kann könnte also ein DC-Only-Elektrofahrzeug nur an DC-Ladegeräten geladen werden.

Batteriewechselsysteme
Eine weitere Möglichkeit, hohe Mengen elektrischer Energie schnell ins Elektrofahrzeug zu bringen, ist der Tausch von leergefahrenen Batterien gegen vollgeladene – analog zur Vorgehensweise bei batteriebetriebenen Werkzeugen oder Gabelstaplern. Rechnerisch wird dieser Ansatz speziell bei Batterien mit hoher Kapazität interessant: Der innerhalb von fünf Minuten vollzogene Tausch einer bis auf 10 Prozent SOC leergefahrenen 100-Kilowattstunden-Batterie entspricht einer durchschnittlichen Ladeleistung von 1,1 Megawatt, also dem über 20-fachen Wert heutiger Schnellladesysteme. Somit verwundert es nicht, dass die ersten Batteriewechselsysteme in elektrischen Nahverkehrsbussen in China zum Einsatz kamen. In den auf Elektroantrieb umgebauten Stadtbussen sind mehrere Batteriemodule von der Größe einer Europalette und einer Kapazität von circa 100 Kilowattstunden im Stauraum im unteren Teil des Busses untergebracht und werden nach Lösen der Befestigungselemente und elektrischen Verbindungen ganz einfach mit Hilfe von Gabelstaplern ausgetauscht.

Dieses Konzept technisch und wirtschaftlich sinnvoll für elektrische Pkw umzusetzen, war das Ziel der israelischen Firma Better Place, die schon 2009 in Dänemark und Israel funktionsfähige Wechselstationen aufgebaut und zum Nachweis der Konzepttauglichkeit mit Renault Zoe und Nissan Qashqai Pilotflotten betrieben hat. An den dort installierten Wechselstationen wurden zunächst die Strom- und Kühlmittelleitungen der leeren Batterie über spezielle Kupplungen automatisch vom Fahrzeug getrennt, dann die Halteclips der Batterie geöffnet, woraufhin die Batterie nach unten abgenommen und an eine Ladestation verbracht werden konnte. Zeitgleich wurde aus einem Lager eine baugleiche, vollgeladene Batterie entnommen, zum Fahrzeug gebracht, dort befestigt und elektrisch angeschlossen. Der ganze Vorgang dauerte vom Einfahren in die Wechselstation bis zum Verlassen weniger als fünf Minuten.

Dass sich das technisch durchaus überzeugende Konzept am Ende nicht durchsetzen konnte und Better Place bereits 2013 Insolvenz anmelden musste, hatte zwei Hauptgründe: Zum einen wollten sich die Elektrofahrzeughersteller aus nachvollziehbaren Gründen nicht auf eine Standardbatterie festlegen, dies hätte zu diesem frühen Zeitpunkt der hochlaufenden Elektromobilität die Gestaltungsfreiheit neuer Elektrofahrzeugkonzepte und die Flexibilität bezüglich einer Übernahme möglicher innovativer Zell- und Batterietechnologien massiv eingeschränkt. Zum anderen konnte Better Place vor dem Hintergrund der hohen Investitionskosten für die Wechselanlagen und Batterien nie die Wirtschaftlichkeit des Wechselkonzepts nachweisen und somit auch nicht genügend Investoren zur Finanzierung des geplanten weltweiten Ausbaus gewinnen. Als dann absehbar wurde, dass mit den immer leistungsfähigeren Ladesystemen auch Batterien mit hoher Kapazität immer schneller geladen werden konnten, war auch das Ende von Better Place besiegelt.

Die Idee des Batteriewechsels selbst wird zwar immer wieder aufgegriffen, wie momentan von Start-ups wie Nio in China oder Atmo in Kalifornien, die genannten Nachteile bleiben jedoch bestehen. Batteriewechselsysteme könnten sich zwar beispielsweise für regional betriebene Elektrofahrzeugflotten durchsetzen, deren Geschäftsmodell eine extrem schnelle Wiederaufladung erfordert, für die individuelle Mobilität aber sicherlich nicht.

Induktives Laden
Spätestens seit an Smartphones und elektrischen Zahnbürsten erlebbar ist, wie praktisch und sicher induktives Laden ist, ist auch bei den Nutzern von Elektrofahrzeugen der Wunsch gewachsen, ihr Fahrzeug laden zu können, ohne dafür mit unter Umständen schmutzigen oder nassen Kabeln und unhandlichen Steckern hantieren zu müssen.

Marktgängige Induktivladesysteme für Elektrofahrzeuge bestehen aus zwei flachen Spulen, eine davon im Fußboden oder einer Art Fußmatte integriert und mit der Ladestation verbunden, die andere in den Fahrzeugboden eingelassen und mit dem fahrzeugseitigen Ladegerät verbunden. Mit den heute verfügbaren induktiven Systemen sind Ladeleistungen von 3,8 Kilowatt üblich und bis zu 11 Kilowatt möglich. Voraussetzung dafür ist, dass beide Spulen korrekt zueinander positioniert sind, was so viel bedeutet wie dass die Mittelpunkte der beiden Spulen von oben gesehen möglichst weniger als 10 Zentimeter Entfernung haben sollten und der Luftspalt zwischen den beiden Spulen von vorne oder von der Seite gesehen zwischen 10 und 14 Zentimetern liegen sollte. Bei der korrekten Positionierung des Fahrzeugs über der Bodenspule wird der Fahrer durch Anzeigen und akustische Signale unterstützt. Gleichzeitig muss verhindert werden, dass etwa metallische Gegenstände oder Kleintiere in das Magnetfeld zwischen den Spulen gelangen.

Induktives Laden wird heute in erster Linie als Komfortfunktion für PHEV im privaten Bereich angeboten, beispielsweise beim BMW 530e iPerformance. Eine Nachrüstung ist bei vielen anderen Modellen auch erhältlich. Gegen den Einsatz des induktiven Ladens im öffentlichen Bereich sprechen die begrenzte Ladeleistung, die hohen Investitionskosten für die witterungs- und vandalismusgeschützte Integration der Bodenspule samt Zuleitungen in die Fahrbahndecke sowie die noch fehlende Vereinbarung eines von allen Herstellern getragenen Industriestandards. Neben dem Komfortaspekt bietet das induktive Laden speziell beim autonomen Parken von Elektrofahrzeugen an einer Ladestation den Vorteil, dass dabei keine Steckverbindung mehr geschlossen werden muss.

Dynamisches Laden

Im Gegensatz zum stationären Laden an einer Ladestation wird das Elektrofahrzeug beim dynamischen Laden nicht während des Parkens, sondern während der Fahrt geladen. Dafür ist grundsätzlich eine wie auch immer geartete entlang der Straße verlaufende und damit aufwendige Ladeinfrastruktur erforderlich.

Wie bei Straßenbahnen oder Oberleitungsbussen wird beim *konduktiven dynamischen Laden* die elektrische Verbindung zwischen Fahrzeug und Ladeinfrastruktur über in der Fahrbahn versenkte oder in sicherem Abstand über der Fahrbahn und dem Fahrzeug positionierte Leitungen oder Stromschienen sowie fahrzeugseitige Schleifkontakte oder Stromabnehmer hergestellt. Aus offensichtlichen Sicherheits- und Praktikabilitätsgründen kann diese Lösung für individuell genutzte Pkw ausgeschlossen werden.

Im Gegensatz dazu basiert das *induktive dynamische Laden* auf in der Fahrbahnoberfläche eingelassenen Induktionsspulen, über die sich das Fahrzeug mit seiner in den Fahrzeugboden integrierten Spule hinwegbewegt. Entsprechende Systeme werden heute unter anderem von Qualcomm und Renault erprobt. Die Idee ist dabei sicherlich elegant und komfortabel, ihrer flächendeckenden Umsetzung stehen aber zwei entscheidende Hindernisse im Weg:

- Die begrenzte Ladeleistung:
  Mit den heute dargestellten Pilotanwendungen lässt sich eine Ladeleistung von bis zu 3,6 Kilowatt realisieren, als langfristiges Ziel werden 20 Kilowatt genannt. Allerdings steht diese Ladeleistung natürlich nur auf den Abschnitten der Fahrstrecke zur Verfügung, die eben über die integrierte Ladeinfrastruktur verfügen. Zusätzlich ist die maximale Ladeleistung pro Fahrzeug durch Anzahl der auf einem unterstützten Streckenabschnitt ladenden Fahrzeuge im Verhältnis zur maximale Anschlussleistung der Ladeinfrastruktur für diesen Streckenabschnitt begrenzt. Dem gegenüber steht der Energieverbrauch: Im realen Betrieb liegt der Verbrauch eines Elektrofahrzeugs im Stadtverkehr typischerweise in der Größenordnung von etwa 15 Kilowattstunden pro 100 Kilometer. Bei einer im städtischen Bereich üblichen mittleren Geschwindigkeit von 30 Kilometern pro Stunde entspricht das einer mittleren Leistungsaufnahme von 4,5 Kilowatt. Die für eine Stadtfahrt von der Batterie abgegebene Leistung liegt also deutlich über der während dieser Fahrt aufgenommenen Leistung, mit zunehmender Durchschnittsgeschwindigkeit wird diese Lücke noch größer. Induktives dynamisches Laden kann also bestenfalls die Entladung der Batterie während der Fahrt verzögern, eine Option zum Laden stellt es nicht dar.
- Der erforderliche Installationsaufwand:
  Die flächendeckende Verlegung von Spulen im Belag von neuen, aber auch bestehenden Straßen, der elektrische Anschluss der Spulen an das Stromnetz sowie die Umsetzung der Abrechnung (ladende Fahrzeuge müssen sich bei der ersten Verbindungsaufnahme sowie nach jedem Verbindungsabbruch an der Ladeinfrastruktur identifizieren) erfordern Investitionen in einer Größenordnung, die angesichts der weiter oben diskutierten Frage, wer denn die Kosten des Ausbaus der öffentlichen Ladeinfrastruktur übernehme, sicherlich keine der betroffenen Parteien tragen wird.

Zum Themenfeld des dynamischen Ladens zählen auch durchaus exotische Ideen wie die in Fachkreisen diskutierten mobilen Ladegeräte: Wie bei der Luftbetankung von Flugzeugen sollen hier Ladefahrzeuge mit großen Batterien dem zu ladenden Fahrzeug folgen, sich mit ihm verbinden und während des Fahrens eine Schnellladung durchführen. Auch hier ist ganz abgesehen von der technischen Realisierbarkeit die Wirtschaftlichkeit des Ansatzes höchst fraglich.

4.1.5 Zusammenfassung: Vorteile der Elektromobilität

Auch wenn in allen Medien zu lesen ist, dass dem Elektroantrieb die Zukunft gehört, und man vor allem auf den Straßen der Metropolen immer mehr BEV und PHEV sieht: Die überwiegende Mehrzahl auch der neu zugelassenen Fahrzeuge fährt noch mit Verbrennungsmotor. Und es ist nicht nur die Nostalgie, die Neuwagenkäufer davon abhält, auf Elektrofahrzeuge zu setzen. Der primäre Nachteil von elektrifizierten Fahrzeugen gegenüber konventionellen Verbrennerfahrzeugen ist nach wie vor die Kombination aus der begrenzten Reichweite, dem Zeitbedarf für das Wiederaufladen der Batterie und der begrenzten Verfügbarkeit öffentlicher Lademöglichkeiten. Allerdings wird an allen drei Themen intensiv gearbeitet, und es ist davon auszugehen, dass sich die Rahmenbedingungen weiter zugunsten der E-Mobilität verbessern.

Auf der anderen Seite ist der wesentliche Vorteil – und Haupttreiber der Renaissance von Elektrofahrzeugen gegen Ende der Nullerjahre – ihre lokale Emissionsfreiheit. Doch Elektrofahrzeuge weisen gegenüber Fahrzeugen mit Verbrennungsmotor noch einige weitere Vorteile auf, die im Zusammenspiel mit dem Abbau der oben genannten Nachteile das Potenzial haben, der Elektromobilität zum langfristigen Durchbruch zu verhelfen: die kompakte Bauweise, das Plus an Fahrdynamik und Fahrkomfort sowie die niedrigeren Betriebskosten.

4.1.5.1 Lokale Emissionsfreiheit

Die Thematik der Emissionen von Elektrofahrzeugen wurde in der Öffentlichkeit und den Medien viel diskutiert. Richtig ist: Nur BEV haben gar keine lokalen Emissionen, bei PHEV hängen sie stark vom persönlichen Nutzungsprofil und Ladeverhalten ab. Ein PHEV mit geringer elektrischer Reichweite, das überwiegend auf der Langstrecke und im Sportmodus mit hohen Boost-Anteilen betrieben und dementsprechend nur sporadisch geladen wird, unterscheidet sich bezüglich seiner Emissionen von einem normalen Verbrennerfahrzeug nur geringfügig. Dagegen kann ein PHEV mit einer elektrischen Reichweite von 50 Kilometern, das jeden Morgen vollgeladen und hauptsächlich im Stadtverkehr verwendet wird, dauerhaft rein elektrisch und somit emissionsfrei betrieben werden.

Schon alleine wegen der beanspruchten Nachhaltigkeit ist es bei der Messung und Bewertung der Emissionen von Elektrofahrzeugen sicherlich richtig, das Gesamtsystem zu betrachten und auch die bei der Stromerzeugung und -verteilung anfallenden Anteile zu berücksichtigen. Es macht hier natürlich einen deutlichen Unterschied, ob die zum Fahren verwendete Energie aus einem alten Kohlekraftwerk, einem Kernkraftwerk oder etwa einer Windkraftanlage kommt. Fakt ist jedoch auch: Beim objektiven Vergleich mit Verbrennerfahrzeugen muss dann auch dort das Gesamtsystem und damit die gesamte Wertschöpfungskette von der Rohölförderung bis zum Betankung des Fahrzeugs betrachtet werden. Bei einer solchen *Well-to-Wheel*-Betrachtung der Emissionen wird der Vorteil der Elektrofahrzeuge dann überdeutlich.

Unterm Strich ist das Emissionsverhalten der primäre und entscheidende Vorteil von Elektroantrieben. Nur mit ihnen werden sich die weltweit immer strengeren Emissionsgesetze nachhaltig erfüllen lassen. Außerdem ist die Emissionsfreiheit vom Nutzer und seiner Umgebung ganz einfach direkt am Fahrzeug erlebbar: Ein Auto ohne Verbrennungsmotor und ohne Auspuff stinkt nicht und lärmt nicht.

4.1.5.2 Kompakte Fahrzeugkonzepte

Mehrere Faktoren führen dazu, dass BEV wesentlich weniger Komponenten benötigen als Verbrennerfahrzeuge und somit auch trotz der relativ großen Batterie deutlich kompakter gebaut werden können als Fahrzeuge mit Verbrennungsmotor:

• Elektromotoren verfügen über eine deutlich höhere spezifische Leistung als Verbrennungsmotoren, sie sind also bei gleicher Motorleistung wesentlich leichter und auch kleiner. An Zuleitungen benötigen Elektromotoren lediglich eine Kabelverbindung zum Motorsteuergerät und keine Kraftstoff- und Kühlmittelleitungen, wodurch sich die gewünschte Antriebsleistung auch sehr einfach auf mehrere kleine Motoren verteilen lässt, die dann in den Rädern untergebracht werden können. Mit solchen *Radnabenmotoren* ist eine einfache und flexible Darstellung von Vorderrad-, Hinterrad- oder Allradantrieben auch ohne Differenzial, Verteilergetriebe und Abtriebswellen möglich.

• Da die Drehzahl des Elektromotors stufenlos vom Stillstand bis zur maximalen Drehzahl geregelt werden kann (die deutlich höher liegt als bei Verbrennungsmotoren, beim BMW i3 beispielsweise bei 11 400 Umdrehungen pro Minute), entfällt die Notwendigkeit eines Schaltgetriebes. Rückwärtsfahrt wird durch einfaches Umpolen der Motorspannung ermöglicht – wobei natürlich die dann erreichbare Höchstgeschwindigkeit begrenzt wird.

• Da im Elektromotor keine Verbrennung stattfindet, gibt es weder Abgase noch hitzeführende Komponenten. Auf Abgasanlage, Frontkühler oder Hitzeschutzbleche kann also ebenso verzichtet werden. Insbesondere müssen bei der Fahrzeuggestaltung auch keine Sicherheitsabstände zu heißen Teilen vorgehalten werden.

• Last but not least erlaubt eine flach im Unterboden angeordnete Batterie die Realisierung eines ebenen Fahrzeugbodens ohne Tunnel für Kardanwellen oder Abgasrohre – was wiederum eine großzügige und komfortable Gestaltung des Innenraums ermöglicht.

Dass sich dadurch in einem Elektrofahrzeug ein deutlich größerer Innenraum realisieren lässt als in einem gleich großen Verbrennerfahrzeug, führt beim erstmaligen Einsteigen in das Fahrzeug häufig zu einem überraschten „Der ist ja viel geräumiger, als ich dachte!". Ein BMW i3 BEV beispielsweise ist von den äußeren Abmessungen her deutlich kleiner als der Kompakt-SUV BMW X1, vom Platzangebot im Innenraum aber mit dem größeren Mittelklassemodell BMW X3 vergleichbar.

Ganz anders sieht die Situation bei den PHEV aus. Hier muss sowohl ein elektrischer als auch ein verbrennungsmotorischer Antriebsstrang untergebracht werden, also Elektromotor und Verbrenner sowie Batterie und Kraftstofftank, was zwangsweise zur Verkleinerung des verfügbaren Raums führt. Häufig ist deshalb bei PHEV gegenüber einer reinen Verbrennervariante das Platzangebot auf der hinteren Sitzreihe oder das Kofferraumvolumen reduziert.

4.1.5.3 Fahrdynamik und Agilität

Beim Verbrennungsmotor steht das maximale Drehmoment nur innerhalb eines engen Drehzahlbereichs zur Verfügung, weshalb zur Beschleunigung ein mehrgängiges Schaltgetriebe sowie eine – je nachdem, ob dieses Getriebe manuell oder automatisch geschaltet wird – mechanische oder hydraulische Kupplung zwischen Motor und Rädern erforderlich sind. Um beim Start eine möglichst hohe Beschleunigungsleistung zu erreichen, muss der Motor vorab lautstark „auf Touren" gebracht werden, die über den Beschleunigungsprozess hinweg erforderlichen Schaltvorgänge sorgen dann für eine kurzfristige Zurücknahme der Motorleistung und das spürbare Rucken.

Wer im Vergleich dazu zum ersten Mal mit einem Elektrofahrzeug fährt, den begeistert dort in erster Linie die mühelos wirkende Beschleunigung. Diese rührt zum einen von der bereits erwähnten höheren spezifischen Leistung von Elektromotoren, zum anderen aber auch daher, wie sie diese entfalten: Im Gegensatz zum Verbrenner steht dem Elektromotor beim Losfahren vom Stand weg bis zum Erreichen der maximalen Motorleistung das volle Drehmoment zur Verfügung, wodurch eine besonders starke und gleichmäßige Geschwindigkeitszunahme erreicht wird. Wurden insbesondere kleine Elektrofahrzeuge lange Zeit hinsichtlich ihrer Fahrleistungen belächelt, haben sie heute beim Beschleunigungsverhalten die Konkurrenz der Verbrennerfahrzeuge weit hinter sich gelassen. Ein Tesla Model S P90D etwa, also weniger ein Sportwagen als eine Oberklasselimousine, verfügt über eine maximale Leistung von 396 Kilowatt und beschleunigt damit trotz seines Leergewichts von 2200 Kilogramm von 0 auf 100 Kilometer pro Stunde in circa 3 Sekunden.

Auch bei der Agilität kann der Elektroantrieb punkten. Zum einen wird die Batterie als schwerstes Bauteil bei der Konstruktion gewöhnlich im Unterflur des Fahrzeugs positioniert, wodurch Elektrofahrzeuge einen vergleichsweise tiefen Schwerpunkt haben. Dies verringert auch bei höheren Fahrzeugen die Relativbewegungen der Karosserie gegenüber den Rädern und führt so zu einer spürbar guten Straßenlage. Zum anderen kann bei Elektrofahrzeugen eine sehr große Einlenkung der Vorderräder und damit ein sehr kleiner Wendekreis dargestellt werden (beim BMW i3 sind es 9,8 Meter), was Park- und Wendevorgänge auf beengtem Raum spürbar erleichtert und in vielen Fällen auch erst ermöglicht. Beim Verbrennerfahrzeug hingegen ist der Einlenkwinkel in der Regel durch die zur Befestigung der Motor-Getriebe-Einheit erforderlichen Motorträger beschränkt, die als Teil der Karosseriestruktur in Fahrtrichtung durch den Motorraum laufen und so die Tiefe der Radhäuser und damit den möglichen Einschlagwinkel der Vorderräder begrenzen.

Im Flottenbetrieb, wo Fahrzeuge oft über kurze Strecken gefahren und dann wieder für einige Zeit abgestellt werden, kommt ein weiterer Vorteil zum Tragen: Elektrofahrzeuge benötigen keine Betriebstemperatur, sie sind auch nach längerem Stillstand sofort betriebsbereit, auch bis zur Volllast. Und auch die Heizung muss nicht warten, bis der Motor warm wird.

4.1.5.4 Fahr- und Innenraumkomfort

Ein weiterer Vorteil von Elektrofahrzeugen ist der von Fahrer und Mitfahrern gleichermaßen direkt erlebbare Quantensprung im Fahrkomfort. Da im elektrischen Antriebsstrang keine Verbrennungsprozesse ablaufen, keine Schalt- und Kupplungsvorgänge erforderlich und auch keine schwingenden Massen vorhanden sind (wie beim Verbrennungsmotor etwa die Kolben), werden insbesondere bei niedrigen Geschwindigkeiten von diesem kaum Schwingungen auf das Fahrzeug übertragen. Dies führt zum einen zu einem deutlich höherem Akustikkomfort. Fragt man Besitzer von Elektrofahrzeugen heute, was sie am meisten vermissen würden, wenn sie reichweitenbedingt wieder auf ein Auto mit Verbrennungsmotor umsteigen müssten, steht das Erlebnis des ruhigen Fahrens meist an erster Stelle und wird häufig mit dem Dahingleiten in einem Raumschiff verglichen. Zum anderen trägt auch die Schwingungsfreiheit zu diesem Gefühl bei, durch die sich obendrein auch das vibrationsbedingte Lockern beispielsweise von geclipsten Verkleidungsteilen verzögert, das ansonsten mit zunehmender Laufleistung zu Störgeräuschen wie Klappern und Knarzen im Innenraum führt.

In Verbrennerfahrzeugen ist für die Darstellung einer Standheizung ein zusätzliches kraftstoffbetriebenes Heizgerät erforderlich, das in die Heiz-/Klimaanlage des Fahrzeugs integriert wird und üblicherweise als Sonderausstattung oder Zubehör bestellt werden muss. Eine Standklimatisierung gibt es hier mangels technischer Lösungen noch nicht einmal in der Oberklasse. Im Elektrofahrzeug hingegen steht beides ohne Zusatzaufwand und -kosten zur Verfügung: Sowohl Heizung als auch Klimaanlage des Fahrzeugs werden elektrisch betrieben. Den Strom dazu liefert die Fahrzeugbatterie, geheizt und gekühlt werden kann damit also auch im Stand. Idealerweise ist die Batterie dabei mit einer Ladestation verbunden, so dass die erforderliche Energie nicht zu Lasten der Reichweite geht. So wird erreicht, dass zum Zeitpunkt der Abfahrt das Fahrzeug vollgeladen ist, im Innenraum über eine angenehme Temperatur verfügt und auch die Fahrzeugbatterie optimal temperiert ist.

Wer geschäftlich viel mit dem Auto unterwegs ist, würde häufig gerne auch kurz darin arbeiten oder sich ausruhen. Was dies heute neben der Gestaltung des Innenraums unattraktiv macht, sind die Temperaturen im Fahrzeug. Im Sommer ist es zu heiß, im Winter zu kalt, die Standheizung oder gar den Motor zum Heizen oder Kühlen laufen zu lassen, ist keine Option. Auch hier bietet der Elektroantrieb Vorteile: Indem der Fahrzeuginnenraum geräuschlos und emissionsfrei geheizt und gekühlt werden kann, ist auch unabhängig von den herrschenden Außentemperaturen ein längerer Aufenthalt im stehenden Fahrzeug bei angenehmen Temperaturen möglich.

4.1.5.5   Betriebskosten

Im Gegensatz zu den genannten Vorteilen hinsichtlich Emission, Fahrzeuggestaltung, Dynamik und Innenraumkomfort sind die gegenüber einem Verbrennerfahrzeug wesentlich niedrigeren Betriebskosten eines Elektrofahrzeugs zwar weniger direkt erlebbar – aber für den Nutzer deshalb nicht weniger attraktiv.

Nimmt man die in Deutschland 2019 üblichen Marktpreise, liegt bei einem Abgabepreis von 1,35 Euro pro Liter der Energiepreis von Superbenzin bei 0,16 Euro je Kilowattstunde und bei einem Abgabepreis von 1,25 Euro pro Liter der von Diesel bei 0,13 Euro – und ist damit immer noch grob um die Hälfte günstiger als der Energiepreis von Strom, der bei 0,30 Euro je Kilowattstunde liegt. Was den Elektroantrieb aber hinsichtlich der Energiekosten günstiger macht als den Verbrenner, ist der deutlich höhere Wirkungsgrad, der beim Benzinmotor bei etwa 30 Prozent, beim Dieselmotor bei etwa 40 Prozent und beim Elektromotor bei über 90 Prozent liegt. Dazu kommt die Möglichkeit, speziell im Stadtverkehr beim Bremsen durch Rekuperation bis zu 20 Prozent der Energie wieder zurückzugewinnen, die beim Verbrenner von der Bremse in Wärme verwandelt und damit vernichtet wird.

Zusätzlich können die Stromkosten wie beschrieben durch Integration des Fahrzeugs in ein V2G-Netzwerk weiter gesenkt oder durch die Nutzung von etwa in Fotovoltaikanlagen selbst erzeugtem Strom gänzlich vermieden werden. Und selbst wenn – was absehbar ist – eines Tages Ladestrom ähnlich Benzin- und Dieselkraftstoff höher besteuert wird, werden bei deren ebenfalls absehbarem weiterem Preisanstieg die Energiekosten von Elektrofahrzeugen günstiger bleiben.

Günstig auf die Betriebskosten wirkt sich auch der deutlich geringere Servicebedarf des elektrischen Antriebsstrangs aus: Typische Verschleißteile wie Kupplungsbeläge, Kolbenringe, Zahnriemen, Zündkerzen, Wasserpumpen oder alle Arten von Filtern gibt es nicht, die oft kostspieligen mit deren Austausch verbundenen Servicemaßnahmen sind ebenso wenig erforderlich wie ein Ölwechsel. Die Möglichkeit, das Fahrzeug im normalen Fahrbetrieb ausschließlich über die Rekuperation abzubremsen, verzögert außerdem den Abrieb der Bremsbeläge erheblich. Zusätzlich wirkt sich die weiter oben bereits erwähnte Laufruhe positiv auf die Lebensdauer von mechanischen und elektronischen Fahrzeugkomponenten aus. Die Fahrzeugbatterien, anfangs oft als Risikofaktor gesehen, weisen eine deutlich höhere Lebensdauer auf als ursprünglich angenommen und spielen bei der Betrachtung der Betriebskosten in den ersten Jahren keine Rolle.

„Elektrofahrzeuge sind Fahrzeugen mit Verbrennungsmotor natürlich primär durch ihre lokale Emissionsfreiheit überlegen – aber eben auch durch ihre kompakte Bauweise und ihr deutliches Plus an Fahrdynamik und Fahrkomfort. Wer sich von den Vorteilen eines Elektrofahrzeugs überzeugen möchte, muss sie er-fahren."

4.2 Autonomes Fahren

Von den Prinzen aus dem Morgenland, die sich in den Geschichten aus tausendundeiner Nacht elegant auf fliegenden Teppichen an ihr Ziel fliegen lassen, bis zu den glücklich im Auto kartenspielenden Familien, deren Fahrzeuge sich in den Zukunftsbildern der 60er-Jahre auf Hochstraßen ganz von alleine durch futuristische Städte bewegen: Die Vision vom autonomen, also fahrerlosen Fahrzeug hat die Menschen schon immer fasziniert. Was aber damals noch Märchen und Traum war, steht inzwischen kurz davor, Wirklichkeit zu werden. Die erforderlichen Technologien haben heute einen Reifegrad erreicht, der eine Umsetzung des autonomen Fahrens in greifbare Nähe rücken lässt. Gleichzeitig führt aber genau die Faszination, die dem Thema anhängt, zum Hype, es vergeht kein Tag, an dem nicht in den Medien über weitere Fortschritte, den unmittelbar bevorstehenden Durchbruch und vor allem das enorme Geschäftspotenzial berichtet und spekuliert wird.

Um realistisch einschätzen zu können, welche Rolle autonome Fahrzeuge in Zukunft tatsächlich spielen werden, kommt man nicht umhin, sich zunächst mit den technischen Grundlagen auseinanderzusetzen: Was muss ein solches Fahrzeug denn alles können, wo stehen die zur Umsetzung erforderlichen Technologien, welche noch so seltenen Fahrsituationen müssen in der Entwicklung berücksichtigt und abgesichert werden? Darüber hinaus muss der rechtliche Rahmen betrachtet werden: Welche Technik ist in welchem Markt zulassungsfähig? Welche rechtlichen und damit finanziellen Risiken gehen Firmen oder Personen ein, die autonome Fahrzeuge herstellen, betreiben oder nutzen? Und last but not

least: So faszinierend die Vorstellung und die Technik auch sein mögen –
wer möchte denn dann am Ende wirklich von einem autonomen Fahrzeug gefahren werden?

4.2.1 Technik

4.2.1.1 Stufen der Automatisierung

Im täglichen Sprachgebrauch wird von assistiertem, autonomen, auto-
matisiertem oder auch pilotiertem Fahren gesprochen, von selbstfahren-
den Fahrzeugen oder Robo-Cars. Um hier Klarheit zu schaffen, hat in
Deutschland die Bundesanstalt für Straßenwesen (BASt) bereits im Ja-
nuar 2012 als Nomenklatur fünf unterschiedliche Automatisierungs-
grade vorgeschlagen. Daran angelehnt hat das amerikanische Normungs-
institut SAE International 2014 die Norm SAE J 3016 verabschiedet, an
der sich die meisten Automobilhersteller heute orientieren. Gegenüber
den fünf Stufen des BASt-Vorschlags definiert die SAE J 3016 sechs Stufen der Automatisierung von Kraftfahrzeugen, zwischen dem *teilautoma-
tisierten Fahren* und dem *hochautomatisierten Fahren* wird hier noch das
bedingt automatisierte Fahren einführt:

- Stufe/Level 0: Keine Automatisierung (*„driver only"*):
  Der Fahrer bewegt das Fahrzeug komplett selbstständig. Supportsysteme
  wie ABS, Fernlichtassistent oder auch eine Spurverlassenswarnung
  unterstützen ihn dabei, greifen aber zu keinem Zeitpunkt aktiv in die
  Fahrzeugführung ein.
- Stufe/Level 1: Assistiertes Fahren (*„feet or hands off"*):
  Assistenzsysteme wie eine Abstandsregelung (ACC) oder ein Lane
  Centering Assistant (LCA) unterstützen den Fahrer bei der Längs-
  oder Querführung des Fahrzeugs durch aktiven Eingriff in die
  Geschwindigkeitsregelung oder Lenkung. Der Fahrer behält aber zu
  jedem Zeitpunkt die volle Kontrolle.
- Stufe/Level 2: Teilautomatisiertes / teilautonomes Fahren (*„feet and
  hands off"*)

Sowohl Längs- als auch Querführung des Fahrzeugs können in bestimmten Fahrsituationen von Assistenzsystemen übernommen werden – etwa im Stau von einem Stauassistenten oder beim Einparken von einem Parkassistenten. Auch hier muss der Fahrer aber zu jedem Zeitpunkt die volle Kontrolle über die Fahrzeugführung haben.

- Stufe/Level 3: Bedingt automatisiertes / bedingt autonomes Fahren (*„eyes off"*)
  Längs- und Querführung des Fahrzeugs können über längere Zeiträume vollständig von Assistenzsystemen übernommen werden – etwa im Stau durch einen Traffic-Jam-Chauffeur. Das Fahrzeug überwacht dazu mit Hilfe seiner Sensorik kontinuierlich die Fahrzeugumgebung. Der Fahrer muss nach Aufforderung die Fahrzeugführung innerhalb von 10 Sekunden wieder übernehmen können.

- Stufe/Level 4: Hochautomatisiertes / autonomes Fahren (*„brain off"*)
  Das Fahrzeug wird vollständig automatisiert geführt und kann beispielsweise alleine in einem Parkhaus einparken. Ein Fahrer ist zwar erforderlich, damit er auf Anforderung oder auf eigenen Wunsch die Fahrzeugführung wieder übernehmen kann, ist aber nicht mehr in der Verantwortung. Level-4-Fahren kann auch nur für Teilbereiche freigeschaltet sein, etwa für die Autobahn oder den Stadtverkehr.

- Stufe/Level 5: Vollautomatisiertes / vollautonomes Fahren (*„driver off"*)
  Das Fahrzeug wird unter allen Fahr- und Umgebungsbedingungen vollständig automatisiert geführt, der Eingriff durch einen Fahrer ist weder vorgesehen noch möglich. Ein Level-5-Fahrzeug unterscheidet sich von einem Level-4-Fahrzeug damit in erster Linie darin, dass ein Fahrerarbeitsplatz mit den zugehörigen Möglichkeiten zur Steuerung und Bedienung gar nicht mehr vorhanden ist.

Level 0 bis 2 ist gemein, dass der Fahrer hier trotz Unterstützung zu jedem Zeitpunkt die Kontrolle über das Fahrzeug haben und dazu die Fahrzeugumgebung beobachten muss. Erst ab Level 3 überwacht das Fahrzeug seine Umgebung selbstständig und kann somit für einen bestimmten und je nach Stufe unterschiedlichen Zeitraum die Fahrzeugführung selbst übernehmen.

Level-1-Systeme sind heute bereits weit verbreitet, Level-2-Systeme in den neuesten Modellen der Premiumhersteller verfügbar. Die Einführung von Level-3-Fahrzeugen, die dann beispielsweise selbstständig einen Spurwechsel durchführen können, war für Ende 2018 angekündigt, wurde aber aus rechtlichen Gründen mehrfach verschoben. Hoch- und voll automatisierte Fahrzeuge sollen dann ab 2021 respektive 2025 verfügbar sein.

4.2.1.2 Systemanforderungen

Funktion
Primäre Aufgabe eines Systems zur autonomen Fahrzeugsteuerung ist die Umsetzung von Fahraufträgen: Dazu gibt zunächst der Nutzer das Ziel seiner Fahrt ein, beispielsweise per Spracherkennung oder App. Als erstes überprüft das Fahrzeug dann, ob es die gewünschte Fahrt überhaupt durchführen kann oder ob nicht etwa zu viele Personen mitfahren sollen oder der Ladezustand der Batterie für die Fahrt nicht ausreicht. Ausgehend von seiner aktuellen Position ermittelt das Fahrzeug dann mittels einer hochgenauen digitalen Karte sowie zusätzlicher Informationen wie etwa der aktuellen sowie der prognostizierten Verkehrslage die optimale Route zum Ziel. Diese Soll-Route wird dann vom System über die entsprechende Ansteuerung der Aktoren umgesetzt, das sind in erster Linie Motor, Bremse und Lenkung, aber auch Licht oder Blinker. Während der Fahrt wird die Position des Fahrzeugs über GPS, kamerabasierte Erkennung von Straßenmarkierungen, spezielle Positionierungsschilder am Straßenrand oder Messung der Fahrzeugbewegung erfasst und erforderlichenfalls korrigiert.

Weitaus komplexer als die reine Umsetzung der Fahraufgabe stellt sich die zweite Aufgabe der autonomen Fahrzeugsteuerung dar, nämlich jederzeit adäquat auf die Fahrzeugumgebung zu reagieren und somit die Sicherheit der Fahrzeugpassagiere und der Umgebung zu gewährleisten. Das System muss dazu kontinuierlich die Fahrzeugumgebung überwachen und zuverlässig Situationen erkennen, die eine Reaktion des Fahrzeugs erfordern. Dabei kann es sich um das Verhalten anderer Verkehrsteilnehmer handeln, um Signale wie Ampeln, Verkehrszeichen oder Straßenmarkierungen, oder auch um besondere Verkehrssituationen wie

Baustellen oder Glatteis. In jedem Fall muss das System die Situation ganzheitlich erfassen, die richtige Entscheidung treffen und diese dann unverzüglich umsetzen – und zwar jederzeit und extrem schnell: Ein System zur autonomen Fahrzeugsteuerung muss echtzeitfähig sein und den Gesamtprozess vom Auftreten eines Ereignisses über dessen Detektion durch einen Sensor, die Auswertung der Sensordaten und die Entscheidungsfindung hinweg bis hin zur physischen Reaktion des Fahrzeugs innerhalb von wenigen Millisekunden ermöglichen.

Gebrauchssicherheit
Die mit *Gebrauchssicherheit* bezeichnete „Beherrschung und Reduzierung der Risiken und Gefährdungen bei bestimmungsgemäßer Verwendung und vorhersehbarem Fehlgebrauch" ist bei der Entwicklung von autonomen Fahrzeugen die technische Herausforderung schlechthin. Grundsätzlich müssen die den Fahrzeugfunktionen zugrunde liegenden mechatronischen Systeme wie bei konventionellen Fahrzeugen unter allen zu erwartenden Bedingungen funktionieren, also etwa auch auf allen erdenklichen Untergründen, bei unterschiedlichsten Witterungsverhältnissen oder unter der Einwirkung unterschiedlicher externer elektromagnetischer Felder. Insbesondere zählt auch der Schutz des Systems gegen unbefugten Zugriff auf Fahrzeugdaten oder gegen deren Manipulation zur grundlegenden Gebrauchssicherheit.

Die besondere Herausforderung bei einer autonomen Fahrzeugsteuerung ist, dass aus der Situationsanalyse und der darauf folgenden Entscheidungsfindung keine unzumutbaren Risiken für die Fahrzeugnutzer und andere Verkehrsteilnehmer entstehen dürfen. Die zugrunde liegenden Algorithmen und Wissensbasen müssen hier also ein Höchstmaß an Sicherheit bieten. Gleichzeitig liegt darin aber auch das größte Potenzial von autonomen Fahrzeugen: Hat ein System zur Steuerung eines autonomen Fahrzeugs erst einmal gelernt, das Verhalten seiner Umgebung richtig zu deuten und daraus die richtigen Schlüsse zu ziehen, kann es aufgrund seiner ständigen uneingeschränkten Aufmerksamkeit, seines 360°-Rundumblicks sowie der Möglichkeit, für Menschen noch nicht wahrnehmbare Umstände zu erfassen (etwa eine in einer schlecht einsehbaren Kurve gelegene, aber von einem anderen Fahrzeug gemeldete

Ölpfütze) deutlich sicherer operieren als ein menschlicher Fahrer, dessen Aufmerksamkeit und Wahrnehmungsvermögen Schwankungen unterliegt und immer in einer gewissen Art und Weise beschränkt ist.

Zusätzlich gehört zur Gebrauchssicherheit eines autonomen Fahrzeugs die Kenntnis der eigenen funktionalen Grenzen, wie etwa beim Durchfahren einer komplexen Baustelle oder beim Fahren bei starkem Schneefall. Solche Sondersituationen, die vom System alleine unter Umständen nicht bewältigt werden können, muss das Fahrzeug so rechtzeitig erkennen, so dass es sich entweder von alleine in einen sicheren Zustand bringen kann oder – bei Level-3- und -4-Systemen – die Fahraufgabe beizeiten an den sich bereithaltenden Fahrer übergeben kann.

Funktionale Sicherheit

In Ergänzung zur oben beschriebenen Gebrauchssicherheit umfasst die *funktionale Sicherheit* eines Systems die Abwehr von Risiken und Gefährdungen, die aus einem Fehlverhalten dieses Systems resultieren. Da bei der autonomen Steuerung von Kraftfahrzeugen ein Systemfehler ganz offensichtlich direkt zu einer gravierenden Gefährdung der Fahrzeugnutzer oder weiterer Verkehrsteilnehmer führt, sind die Anforderungen hinsichtlich der funktionalen Sicherheit bei autonomen Fahrzeugen dementsprechend extrem hoch. Die von technischen Systemen ausgehenden Risiken werden in der Automobilindustrie anhand ihres *Automotive Safety Integrity Level (ASIL)* bewertet und klassifiziert. In die Berechnung des ASIL fließen dabei drei Kriterien ein:

• Die Schwere der Folgen eines möglichen Fehlers:
  Diese ist bei einem autonomen Fahrzeugsteuerungssystem extrem hoch, eine unbeabsichtigte Lenkbewegung etwa kann das Fahrzeug in den Gegenverkehr steuern und damit schnell zu schwersten Verletzungen oder zum Tod einer oder mehrerer Personen führen.
• Die Häufigkeit der Nutzung des Systems:
  Ein System zur autonomen Fahrzeugsteuerung ist nicht nur ab und zu, sondern dauerhaft im Einsatz, ein Fehler kann also zu jedem Zeitpunkt der Fahrzeugnutzung auftreten und zur Gefährdung führen.

- Die Möglichkeit, die Auswirkung des Fehlers durch externen Eingriff zu mindern:
Diese sind beim autonomen Fahren sehr beschränkt, gerade bei Level-4- und Level-5-Fahrzeugen haben der oder die Passagiere kaum noch die Möglichkeit, korrigierend einzugreifen, falls das System einen Fehler macht.

Systeme zur autonomen Fahrzeugsteuerung erreichen deshalb ein sehr hohes ASIL und werden dementsprechend in die höchste Risikogruppe *ASIL D* eingestuft. Für ASIL-D-Systeme wird ein Höchstmaß an Ausfallsicherheit gefordert, hier wird in 100 Millionen Betriebsstunden maximal ein Fehler zugelassen. Wenn also zehntausend autonome Fahrzeuge jeweils zehntausend Stunden fahren, darf dabei insgesamt höchstens ein Fehler auftreten.

4.2.1.3 Systemarchitektur und -komponenten

Ein System zur autonomen Fahrzeugsteuerung, das die oben genannten Funktions- und Sicherheitsanforderungen erfüllen soll, benötigt zunächst entsprechend sichere Teilsysteme und Komponenten wie beispielsweise Sensoren zur Umgebungserfassung, Antriebs-, Brems- und Lenksysteme oder auch digitale Straßenkarten. Darüber hinaus kommt es jedoch auf seine übergeordnete Struktur und deren Integration in die *Systemarchitektur* des Gesamtfahrzeugs an, also in die Gesamtstruktur aller zum Fahrzeug gehörigen elektrischen und elektronischen Teilsysteme – von der Motor- und Getriebesteuerung über das gesamte Infotainment bis hin zu Scheibenwischer, Hupe und Beleuchtung.

Systemarchitektur
Fahrzeugfunktionen werden über *Steuergeräte* gesteuert, also im Fahrzeug verbaute „Minicomputer" unterschiedlicher Größe und unterschiedlichen Funktions- und Leistungsumfangs. Dabei übernimmt jedes Steuergerät die Steuerung der Funktionen einer oder mehrerer Fahrzeugkomponenten – vom Scheibenwischer bis zum Motor. Heutige Pkw weisen

üblicherweise eine stark dezentrale Systemarchitektur mit vielen kleinen, über das Fahrzeug hinweg verteilten Steuergeräten auf.

Im Gegensatz dazu verfügt die Systemarchitektur von autonomen Fahrzeugen über ein großes, zentrales Steuergerät, welches die sensiblen Fahr- und Überwachungsaufgaben übernimmt. An ein solches Steuergerät werden deshalb extreme Anforderungen hinsichtlich Leistungsfähigkeit und Zuverlässigkeit gestellt, der Entwicklungs- und Herstellungsaufwand dafür ist beträchtlich. Gleichzeitig werden aus Gewichts- und Kostengründen auch in den anderen, klassischen Funktionsdomänen wie Infotainment (Navigation, Telefonie, Unterhaltung …), Karosserieelektronik (Beleuchtung, Scheibenreinigung, Fensterheber …) oder Sicherheit (Airbags, Gurtstraffer …) die vielen kleinen Steuergeräte durch leistungsfähigere zentrale Domänensteuergeräte ersetzt. Bei der Systemarchitekturentwicklung gibt es einen klaren Trend zur Zentralisierung.

Die für das autonome Fahren erforderlichen Komponenten wie Sensoren (Kameras, Bewegungssensoren …), Aktoren (Motor, Lenkgetriebe, Bremse …) sind mit diesem Zentralsteuergerät über ein *fahrzeuginternes Netzwerk* verbunden. Zusätzlich sind an dieses fahrzeuginterne Netzwerk auch die anderen Domänensteuergeräte sowie eine oder mehrere Antennen zum dauerhaften Datenaustausch mit dem *Backend* angeschlossen, einem zentralen Server, der Rechenvorgänge mit hohem Leistungsbedarf durchführt und den Datenaustausch zwischen Fahrzeugen und ihrer digitalen Umgebung realisiert. Die hohen Funktions- und Sicherheitsanforderungen an das autonome Fahren erfordern hier den Einsatz einer extrem schnellen und zuverlässigen Netzwerktechnologie. Die heute in der Fahrzeugtechnik zur Datenübertragung eingesetzten Lösungen wie CAN, LIN oder FlexRay sind hierfür nicht geeignet, es kommt deshalb der im Home und Office Computing erprobte und etablierte Ethernetstandard zum Einsatz. Ethernet bietet heute bereits eine Datenrate von 10 Megabit pro Sekunde, in Zukunft sollen damit bis zu 100 Gigabit pro Sekunde möglich sein.

Connectivity

Zusätzlich zur Vernetzung der fahrzeuginternen Komponenten ist für das autonome Fahren sowie für die Realisierung weiterer Fahrzeugfunktionen und Dienstleistungen auch die entsprechende *Connectivity* erforderlich, also der schnelle und sichere Datenaustausch zwischen dem Fahrzeug und seiner digitalen Umgebung. An erster Stelle steht hier die mit *Vehicle to Backend (V2B)* bezeichnete Verbindung zum bereits erwähnten Backend. Das Backend ist ein zentraler Server, der vom für die Funktion und Sicherheit des Fahrzeugs verantwortlichen Dienstleister betrieben wird, in der Regel also dem Fahrzeughersteller. Eine zuverlässige und sichere Verbindung des Fahrzeugs zum Internet über das Backend ist die Grundlage wesentlicher Fahrzeugfunktionen:

- Die Übertragung relevanter Umgebungsinformationen wie Klimadaten, Straßenzustand oder die Position freier Parkplätze zur Nutzung in *Location Based Services (LBS)*. Jegliche Kommunikation mit Servern externer Serviceanbieter in diesem Kontext läuft aus Sicherheitsgründen ebenfalls über das Backend.
- Das Aufspielen neuer Software-Releases *Remote Software Updates (RSU)* zur Verbesserung oder Erweiterung der Funktionsfähigkeit von Fahrzeugen.
- Durch die Möglichkeit, hardwareseitig im Fahrzeug vorgehaltene Funktionen remote zu aktivieren oder auch zu deaktivieren, entstehen für den Betreiber neue Pay-on-Demand-Geschäftsmodelle. Beispielsweise können Schiebedächer in allen Fahrzeugen einer Carsharingflotte verbaut sein, die Möglichkeit, sie zu nutzen, aber an die Zahlung einer Gebühr gekoppelt sein.
- Durch die Sammlung von Nutzungsdaten werden Informationen zum Kundenverhalten sowie zum Fahrzeugzustand generiert, aus denen kundenorientierte Produkte und Serviceangebote abgeleitet werden können.

Technische Voraussetzung für den V2B-Datenaustausch sind eine oder mehrere fahrzeugseitig mit dem Zentralsteuergerät verbundene Antennen sowie eine schnelle und zuverlässige mobile Internetverbindung. Dies gilt in besonderem Maße für autonome Fahrzeuge, die beispielsweise Videodaten der Fahrzeugumgebung sicher und in Echtzeit mit dem Backend austauschen können müssen. Datenübertragungsrate, Zuverlässigkeit und Abdeckungsgrad des heute verfügbaren Mobilfunkstandards 4G/LTE erfüllen hier die notwendigen Voraussetzungen nicht; das autonome Fahren erfordert den zukünftigen Standard 5G, der eine Bandbreite von bis zu 10 Gigabit pro Sekunde sowie eine Latenzzeit von unter einer Millisekunde aufweist. Doch die flächendeckende Verfügbarkeit von 5G wird noch Jahre dauern, in Deutschland ist sie bis 2025 geplant. Wenn also autonome Fahrzeuge nur dort fahren können, wo 5G sicher verfügbar ist, ist die Einführung von 5G einer der limitierenden Faktoren für die Einführung des autonomen Fahrens.

Über die Verbindung zum Fahrzeug-Backend hinaus unterhält ein autonomes Fahrzeug noch weitere drahtlose Kommunikationsverbindungen mit seiner digitalen Umgebung:

- Vehicle to Infrastructure (V2I):
  Durch den Datenaustausch mit intelligenter Verkehrsinfrastruktur kann dem Fahrzeug beispielsweise von einer Ampel die bis zum nächsten Signalwechsel verbleibende Zeit mitgeteilt werden, was ein vorausschauendes, sicheres und energiesparendes Fahren ermöglicht. Auf die gleiche Art kann der Bezahlvorgang für Straßennutzungsgebühren, Parken, Tanken oder Laden direkt mit der Infrastruktur des Providers abgewickelt werden.
- Vehicle to Vehicle (V2V):
  Durch den direkten Datenaustausch mit Fahrzeugen, die sich in der unmittelbaren Umgebung befinden, können Gefährdungspotenziale erkannt oder auch nützliche Informationen wie etwa zum Fahrbahnzustand oder zu Hindernissen auf der Fahrbahn weitergegeben werden.
- Vehicle to User (V2U):
  Der Datenaustausch mit Nutzern innerhalb und außerhalb des Fahrzeugs ermöglicht beispielsweise die Verwendung von auf einem Smartphone vorhandenen Adressen als Zielort, den Zugriff auf persönliche Musikbibliotheken oder die schnelle Öffnung des Fahrzeugs per Smartphone ohne den Umweg über das Backend.

Sensorik

Auch konventionelle Fahrzeuge verfügen heute schon über eine ganze Reihe von Sensoren, die die Eingangsinformationen für die Assistenzsysteme bereitstellen:

* Raddrehzahlsensoren, beispielsweise für das Antiblockiersystem (ABS)
* Positionssensoren, zum Beispiel für die Fahrdynamikregelung (ESP)
* Abstandssensoren für den Nahbereich, insbesondere für die Park Distance Control (PDC)
* Kamerasysteme, etwa als Rückfahrkamera, für die Verkehrszeichenerkennung oder die Erkennung von Fahrbahnmarkierungen
* Radarsysteme zur Abstandsmessung im Fernbereich, wie sie beispielsweise für die die aktive Geschwindigkeitsregelung (ACC) erforderlich ist

Für das automatisierte Fahren ab Level 3 reicht das Leistungsspektrum dieser Sensoren aber nicht mehr aus, hier ist eine umfassende Erkennung der Fahrzeugumgebung bis zu einer Entfernung von 300 Metern erforderlich. Erkannt werden müssen hier sowohl stehende als auch sich bewegende Objekte wie Fußgänger, Radfahrer, Fahrzeuge, Fahrbahnmarkierungen, Bordsteinkanten oder Brückenpfeiler – und zwar unter allen möglichen Umgebungsbedingungen wie Regen, Nebel oder Schneefall. Für diesen Zweck kommen heute sogenannte *Light-Detection-and-Ranging (Lidar)*-Systeme zum Einsatz, die in Hochgeschwindigkeit die Fahrzeugumgebung als 3D-Punktewolke abbilden, aus der dann in Echtzeit 3D-Objekte erstellt und über hinterlegtes, gelerntes Wissen identifiziert werden können.

Heute eingesetzte autonome Testfahrzeuge – etwa von BMW, Tesla oder Waymo – sind schon von weitem an den großen, auf dem Dach angebrachten Lidar-Systemen deutlich als solche erkennbar. Diese funktionieren über Laser und schnell rotierende Spiegel, deren Licht von den Objekten in der Umgebung reflektiert und dann von einem Sensor im Lidar aufgenommen wird. Solche Rotationslasersysteme können heute bis zu 1000 Bilder pro Sekunde aufnehmen, kosten aber bis zu 70.000 Euro und mehr – was in vielen Fällen dem Doppelten des Preises des Fahrzeugs darunter entspricht und für eine Verbreitung des autonomen Fahrens somit ganz offensichtlich ein Killerkriterium wäre.

Ein vielversprechender Ansatz für in der Herstellung deutlich günstigere und gleichzeitig im Einsatz robustere Systeme sind *Festkörper-Lidar*. Deren Beobachtungswinkel ist zwar auf etwa 120 Grad begrenzt, dafür kommen sie aber ohne die teure und verschleißanfällige Rotationsmechanik aus.

Gleichzeitig müssen die Sensorsysteme mehrfach redundant ausgelegt werden, also immer mehrere gleiche Systeme gleichzeitig verfügbar sein – um den genannten ASIL-D-Anforderungen an die funktionale Sicherheit zu entsprechen. Um trotz solch hoher Ansprüche in der Entwicklung dieser für das autonome Fahren essenziellen Schlüsseltechnologie schnell voranzukommen, kooperieren hier die klassischen Tier-1-Lieferanten der Automobilindustrie mit den Lidar-Systemspezialisten, etwa Continental mit ASC, ZF mit Ibeo, Infineon mit Innoluce, Magna mit Innoviz, oder DENSO mit Trillumina. Aufgrund dieser intensiven und breit angelegten Entwicklungsaktivitäten wird erwartet, dass bis 2025 Lidar-Systeme zu einem Preis von unter 100 Euro am Markt verfügbar sein werden.

Aktorik

Die primären Steuerungsaufgaben eines Fahrzeugs beinhalten das Lenken, Beschleunigen und Verzögern, die sekundären Aufgaben umfassen das Setzen von Signalen oder Öffnen und Verriegeln von Fenstern, Klappen oder Türen. Die zur Ausführung dieser Steuerungsaufgaben erforderlichen Aktoren sind heute grundsätzlich verfügbar und entsprechen auch weitestgehend den Anforderungen an Echtzeitfähigkeit und Zuverlässigkeit: Elektronisch gesteuerte Lenkungsantriebe aus Steer-by-Wire-Systemen, elektronisch gesteuerte Bremsbetätigung aus ABS und elektronische Motoransteuerung aus aktiven Geschwindigkeitsregelungssystemen.

Bei den Fahrmotoren von autonomen Fahrzeugen haben elektrische Antriebe gegenüber verbrennungsmotorischen den großen Vorteil, dass sich die für einen sicheren und komfortablen Betrieb erforderliche feinfühlige elektronische Steuerung von Drehzahl und Drehmoment bei Elektromotoren technisch deutlich einfacher realisieren lässt als bei Verbrennungsmotoren.

Digitale Karten

Heute verfügbare digitale Karten wurden für den Einsatz in Navigations-systemen entwickelt und sind dafür ausreichend; den hohen Anforderun-gen des autonomen Fahrens hinsichtlich Genauigkeit, Aktualität und Abdeckungsgrad genügen sie aber nicht. Erforderlich sind hier soge-nannte *High-Definition (HD)-Karten*, die das Straßennetz und die Ver-kehrsinfrastruktur in einem hochgenauen 3D-Modell abbilden. Damit ein autonomes Fahrzeug sich anhand der HD-Karte sicher bewegen kann, müssen auf HD-Karten etwa einzelne Fahrspuren unterscheidbar sein. Gleichzeitig muss auch die dritte Dimension berücksichtigt werden, damit das Fahrzeug beispielsweise genau weiß, im wievielten Stockwerk eines Parkhauses es sich gerade befindet.

Hauptherausforderung neben der Genauigkeit ist dabei die geforderte Echtzeitaktualität: So muss beispielsweise eine Straße in der Karte mehr oder minder in dem Augenblick als gesperrt gekennzeichnet werden, in dem der Arbeiter das Absperrband über die Straße spannt. Die geforderte Genauigkeit und Aktualität von HD-Karten wird erreicht durch *Mobile Mapping*, also die fortwährende Erfassung von Straßen durch mit speziel-len Kameras ausgerüstete Fahrzeuge, Flugzeuge oder Drohnen, sowie durch die permanente Aktualisierung der Karten auf Basis von Bildern der Fahrzeugumgebung, die mit den fahrzeugeigenen Kameras aufge-nommen und via Backend in die HD-Karte eingespeist werden. Erfasst werden dabei unter anderem auch relevante Maße wie die Fahrbahn-breite oder die Durchfahrthöhe einer Unterführung.

Auch die *Lokalisierung*, also die Bestimmung des genauen Fahrzeug-standorts, erfolgt auf Basis der HD-Karte. Hierzu wird das über die Fahr-zeugsensorik erfasste Abbild der Umgebung kontinuierlich mit der HD-Karte abgeglichen, was die Positionsbestimmung mit einer Genauigkeit von weniger als 50 Zentimetern in Fahrtrichtung und weniger als 15 Zen-timetern nach rechts und links erlaubt.

Über diese geometrischen Informationen hinaus enthalten digitale Karten eine Reihe weiterer für die autonome Fahrzeugführung erforder-liche Angaben. Dazu gehören in erster Linie aktuelle Geschwindigkeits-begrenzungen, Abbiegeverbote oder Parkregeln.

Erstellung und Pflege genauer und aktueller digitaler Karten sind mit extrem hohem und dauerhaften Aufwand verbunden, gleichzeitig stellt ihre flächendeckende Verfügbarkeit eine notwendige Voraussetzung für die Realisierbarkeit des autonomen Fahrens dar. Um die Finanzierung dieser Kosten auf mehrere Schultern zu verteilen und gleichzeitig bei den HD-Karten gemeinsame Standards umzusetzen, haben sich schon früh Konsortien aus Vertretern der Automobilindustrie und digitalen Playern gebildet. Führende Anbieter digitaler HD-Karten in Europa und Nordamerika sind heute Google, HERE (im Besitz von Audi, BMW, Bosch, GIC, Intel, Continental, Mercedes, NavInfo und Tencent) und TomTom sowie Baidu/ZF in China.

Erlerntes Verhalten und künstliche Intelligenz (KI)

Um sein Fahrzeug für alle Verkehrsteilnehmer sicher und für die Fahrzeuginsassen zudem so komfortabel und gleichzeitig aber auch so schnell wie möglich zu führen, erstellt ein Autofahrer aus den von ihm aufgenommenen Umgebungsdaten im Abgleich mit dem aktuellen Bewegungszustand seines Fahrzeugs unbewusst Prognosen für das Verhalten der anderen Verkehrsteilnehmer, leitet daraus seine eigenen Handlungsoptionen ab, trifft entsprechende Entscheidungen und setzt diese in entsprechende Aktionen um. Bei erfahrenen Autofahrern erfolgt dies in der Regel vorausschauend, kontinuierlich und unbewusst.

Genau so sollte auch ein autonomes Fahrzeug agieren. Ein solches Systemverhalten kann allerdings nicht in klassischer Weise als Programm geschrieben und im Steuergerät abgelegt werden, das Fahrzeug muss es vielmehr erst durch sogenanntes *Deep Learning* erlernen, eine Methode der künstlichen Intelligenz (KI). Dem autonomen Fahrzeug wird dafür zunächst eine große Anzahl von Objekten „gezeigt", die es über seine Sensorik erfasst. Zu jedem Objekt wird dem Fahrzeug dann „erklärt", um was es sich jeweils handelt – einen Fahrradfahrer, einen Fußgänger, einen Brückenpfeiler oder was auch immer. Um dem Fahrzeug möglichst schnell möglichst viel Wissen beizubringen, werden ihm dabei nicht nur reale Objekte, sondern insbesondere auch Bilder und simulierte Fahrsituationen gezeigt. Das Fahrzeug lernt auf diese Weise, gleiche Objekte sicher zu erkennen und von anderen zu unterscheiden.

Wenn das Fahrzeug die Objekte seiner Welt kennt, wird in einem zweiten Schritt dann das jeweils adäquate Verhalten trainiert, also etwa

Anhalten, Ausweichen, Beschleunigen oder einfach weiterfahren. Auch dies erfolgt in erster Linie nicht in realen Umgebungen, sondern durch Bilder, Filme und Simulationen. Durch dieses Training werden – analog zum menschlichen Gehirn – mittels eines geeigneten Programms künstliche neuronale Netze abgebildet, die Assoziationen zwischen erkannten Objekten oder Situationen herstellen und daraus entscheidungsbasierte Handlungen ableiten.

Bevor ein autonomes Fahrzeug dann eigenverantwortlich – also im Level-4- oder Level-5-Betrieb – am Straßenverkehr teilnehmen darf, muss sein neuronales Netz auf diese Art und Weise ausreichend trainiert werden. Ist dies erreicht, lernt es kontinuierlich weiter, indem es die in seiner Umgebung aufgenommenen Bilder mit einem über das Backend zugänglichen Wissensspeicher abgleicht.

Eine unter Umständen nachteilige Eigenschaft solcher neuronaler Netze ist, dass ein darauf basierendes Verhalten – im Gegensatz zu klassischem Programmcode – nicht ex post nachvollzogen werden kann. Warum ein Fahrzeug also in einer bestimmten Situation auf eine bestimmte Weise reagiert hat, lässt sich im Nachhinein nicht mehr ermitteln – eine aus rechtlicher Sicht etwa bei der Ermittlung der Ursache eines Unfalls höchst unbefriedigende Situation.

Autonomous Driving Platform

Die Verarbeitung der von der Sensorik aufgenommenen Daten inklusive der Selbstlokalisierung, die Aktualisierung des digitalen Umgebungsmodells, die Prognose des Verhaltens anderer Verkehrsteilnehmer sowie die Entscheidungsfindung zur sicheren Steuerung des Fahrzeugs erfordern die On-Board-Verfügbarkeit einer Rechenleistung, wie sie bisher nur stationäre Supercomputer aufweisen. Um dabei auch die genannten Anforderungen an die funktionale Sicherheit erfüllen zu können, muss das eingesetzte zentrale Steuergerät, die sogenannte *Autonomous Driving Platform*, über mehrfach redundante Prozessoren und Strukturen verfügen.

Ein Beispiel für eine solche Plattform ist die gemeinsam von Nvidia und Continental entwickelte Nvidia Drive AV. Der darin eingesetzte Prozessor Xavier verfügt über mehr als 9 Milliarden Transistoren, mit denen er 30 Billionen Rechenoperationen pro Sekunde durchführen kann. Andere Plattformen sind die von ZF ebenfalls mit Invidia entwickelte ZF ProAI, die Central Sensing Localization and Planning Platform von Delphi und Mobileye oder Apollo von Infineon und Baidu. Beachtenswert ist, dass hier immer ein etablierter Automobilzulieferer und ein IT-Spezialist zusammenarbeiten. An der gemeinsamen Systementwicklung sind dann auch ein oder mehrere Automobilhersteller beteiligt.

„Genau wie die Verfügbarkeit des 5G-Netzes liegt die Entwicklung und Industrialisierung von kostengünstigen und robusten Lidar-Systemen zur Umgebungserkennung bei der Einführung des autonomen Fahrens klar auf dem kritischen Pfad."

4.2.2 Autonome Fahrzeuge

4.2.2.1 Fahrzeugkonzepte

Bis einschließlich Level 4 sind Systeme zum automatisierten Fahren genau genommen leistungsstarke Fahrerassistenzsysteme, die den Fahrer bei Bedarf – aber eben nur bei Bedarf – bei der Steuerung des Fahrzeugs unterstützen und entlasten. Solange er will, kann er das Fahrzeug aber auch wie gewohnt selber führen, weshalb auch bewährte Fahrzeugkonzepte beibehalten werden: Die Fahrzeuge verfügen weiterhin über einen „Fahrerarbeitsplatz", von dem aus er das Fahrzeug lenkt und bedient. Die für die automatisierte Fahrzeugführung zusätzlich erforderlichen Komponenten wie Sensoren und Steuergeräte werden geometrisch und funktional in die bestehenden Fahrzeugkonzepte integriert.

Eine Sonderrolle spielen dabei Level-4-Fahrzeuge, die ja sowohl als konventionelle Fahrzeuge von Fahrern als auch im autonomen Modus von einer autonomen Fahrzeugsteuerung durch den Straßenverkehr gelenkt werden können müssen. Ähnlich wie beim vergleichsweise teuren und schweren Plug-in-Hybrid, in dem zwei unterschiedliche Antriebssysteme vorgehalten werden müssen, muss ein Level-4-Fahrzeug die Systeme für zwei alternative Steuerungsarten vorhalten Sie werden mit den Kosten, dem Platzbedarf und dem Gewicht der für beide Modi erforderlichen Komponenten belastet und stellen somit letztlich einen teuren Kompromiss dar. Die in vielen Konzeptfahrzeugen gezeigte Möglichkeit, im autonomen Betrieb Lenkrad und Pedalerie einfahren und damit in dieser Situation den Innenraum besser nutzen zu können, ist ein Beispiel für diese Bedarfsverdopplung.

Gänzlich anders verhält es sich bei Level-5-Fahrzeugen, die ausschließlich autonom betrieben werden. Hier muss kein Fahrerarbeitsplatz mehr vorgehalten werden, was zwei weitreichende Konsequenzen für die Fahrzeuggestaltung hat: Zum einen ergeben sich durch den Entfall des Fahrerarbeitsplatzes völlig neue Gestaltungsmöglichkeiten für den Innenraum. Zum anderen aber eröffnet die Tatsache, dass das Fahrzeug nun ausschließlich auf die Anforderungen von Mitfahrern hin ausgelegt werden kann, einen noch viel weitreichenderen Spielraum und geänderte Prioritäten bei der Gestaltung von Gesamtfahrzeugkonzepten: Es gibt keinen Fahrer mehr, der persönliche Anforderungen hinsichtlich Dynamik, Agilität oder Fahrfreude hat, der Risiken eingeht, um schnell noch jemanden zu überholen, oder beim Abbiegen vergisst, den Blinker zu setzen. Im Vordergrund eines Level-5-Fahrzeugkonzepts können somit Komfort, Connectivity und Entertainment stehen, oft als *Drive Time Utilization* zusammengefasst. Mehr oder weniger radikale Visionen und Studien zu solchen vollautonomen Fahrzeugen mit zueinander ausgerichteten Sitzen und Loungeatmosphäre werden regelmäßig auf den Automobilmessen und in Fachzeitschriften gezeigt. Was bei diesen Studien allerdings noch wenig betrachtet wird, sind die ungelösten Fragen der passiven Sicherheit sowie der Kinetose – also des durch die Fahrzeugbewegung bei Passagieren ausgelösten Unwohlseins. Abschn. 5.3.3 geht im Detail auf die Anforderungen an Fahrzeuge zum Gefahrenwerden ein.

Eine nächste Stufe in diesem Sinne stellen dann Verkehrssysteme dar, in denen nur noch autonome Fahrzeuge unterwegs sind. Ausgehend von der Prämisse, dass autonome Fahrzeuge keine Fehler machen und somit keine Unfälle verursachen, gäbe es in einem solchen System gar keine Unfälle zwischen den Fahrzeugen mehr. In diesem Fall könnte fahrzeugseitig auch auf sämtliche Funktionen der passiven Sicherheit verzichtet werden – was bei Mischbetrieb mit konventionellen Fahrzeugen eben noch nicht möglich ist.

4.2.2.2   Nachfrage, Anforderungen und Akzeptanz

Autonomes Fahren fasziniert und ist in den Medien so allgegenwärtig wie kaum ein anderes Technologiethema. Da sind auf der einen Seite natürlich die spektakulären Reportagen über Unfälle beim Testen auf öffentlichen Straßen, leider oft auch mit tödlichem Ausgang. Auf der anderen Seite, weiter hinten bei den Wirtschaftsnachrichten, überwiegen die Erfolgsmeldungen zu neuen Partnerschaften, erfolgreichen Tests, neu entwickelten leistungsfähigen Sensoren oder neu eröffneten Forschungszentren. Gleichzeitig investieren Automobilhersteller, Lieferanten und Systempartner so viel Geld in die Entwicklung des autonomen Fahrens, dass man sich kaum mehr traut, die eigentlich hinter all dem stehende Frage zu stellen, wer denn nun am Ende solche autonomen Fahrzeuge wirklich nutzen oder betreiben will.

Aber gerade wenn man so viel Geld in diese Technologie investiert, ist die fundierte Beantwortung dieser Frage essenziell wichtig. Um dies zu tun zu können, müssen zunächst einmal die tatsächlichen Vorteile des autonomen Fahrens gegenüber dem konventionellen Fahren mit Fahrer ermittelt werden. Und bei diesem Vergleich wird schnell deutlich, dass viele der in den Medien genannten Optionen, die das autonome Fahren eröffnen soll, etwa während des Fahrens zu schlafen, zu arbeiten oder sich unterhalten zu lassen, sein Fahrzeug alleine ins Parkhaus fahren zu lassen auch oder auch mobil zu sein, ohne ein Fahrzeug führen zu können (wie etwa Kinder, Senioren oder Behinderte), nicht Vorteile des autonomen Fahrens gegenüber dem Fahren mit Fahrer, sondern Vorteile des Gefahrenwerdens gegenüber dem Selberfahren sind. Und als solche sind sie bei näherem Hinsehen völlig unabhängig davon, ob man als Passagier nun von einem menschlichen Fahrer oder eben von einem Automaten gefahren wird.

Am Ende einer in diesem Sinne differenzierten Betrachtung bleiben genau zwei aus Kundensicht relevante Aspekte bestehen, hinsichtlich derer sich ein irgendwann einmal verfügbares, autonom gesteuertes Fahrzeug potenziell von konventionell geführten Fahrzeugen positiv abheben könnte: Sicherheit und Kosten.

* Verbesserte Sicherheit:
Gemäß einer Studie der amerikanischen Verkehrssicherheitsbehörde NHTSA werden heute fast 95 Prozent aller Verkehrsunfälle in den USA durch menschliche Fehler verursacht. Autonome Fahrzeuge sind – zumindest in der Theorie – immer aufmerksam, halten sich hundertprozentig an die Verkehrsregeln, gehen keinerlei Risiken ein, überschätzen sich nicht und sagen obendrein auf Basis zusätzlicher Informationen und erlernten Wissens das Verhalten anderer Verkehrsteilnehmer deutlich besser voraus, als selbst erfahrene Autofahrer dies können. Das Potenzial für einen Quantensprung in der Verkehrssicherheit ist somit absolut vorhanden. Bis zur technischen Umsetzung dieser Sicherheit ist es allerdings noch ein weiter Weg. Besonders kritisch zu sehen ist dabei der im vorangehenden Kapitel beschriebene Mischbetrieb von autonomen und konventionellen Fahrzeugen, der sich realistisch gesehen zumindest für eine mehrjährige Übergangszeit nicht vermeiden lassen wird.

* Niedrigere Betriebskosten:
Wie in jedem Geschäftsbereich bietet die Automatisierung wiederkehrender manueller Arbeitsgänge auch in der Mobilitätsdienstleistung betriebswirtschaftliche Chancen. Anbieter müssen hier heute Fahrer suchen, beschäftigen und bezahlen. Sie tragen das finanzielle Risiko, wenn Fahrer aus welchen Gründen auch immer nicht zum Dienst erscheinen oder mit dem Fahrzeug in einen Unfall verwickelt sind. Der Einsatz von autonomen Fahrzeugen stellt für die Betreiber somit nicht nur ein deutliches Kostensenkungspotenzial dar, sondern schwächt auch die wirtschaftlichen Risiken ab. Entscheidend ist hierbei der Zeitpunkt, ab dem autonome Fahrzeuge nicht nur technisch zuverlässig sind, sondern auch zu einem Preis zur Verfügung stehen, der ihren Betrieb im Flotteneinsatz wirtschaftlich macht.

Grundsätzlich führt insbesondere die Ungewissheit darüber, wann autonome Fahrzeuge die für eine Realisierbarkeit dieser Vorteile erforderliche technische Reife erreicht haben werden, dazu, dass sowohl die potenziellen Kunden als auch die Anbieter sowie die betroffenen Kommunen dem autonomen Fahren nicht nur mit Akzeptanz oder Begeisterung, sondern durchaus auch mit Skepsis oder gar Ablehnung gegenüberstehen. Bei der Beantwortung der oben genannten Frage, wer denn nun eigentlich autonome Autos will, müssen die sehr unterschiedlichen Ziele dieser drei Gruppen von Stakeholdern differenziert betrachtet werden.

Sicht der Mobilitätskunden

Dem Mobilitätskunden, der möglichst schnell, sicher, komfortabel und preisgünstig mit dem Auto von A nach B kommen möchte, stehen in der Regel bis zu vier alternative Möglichkeiten zur Auswahl. Die Entscheidung fällt dann auf Basis der individuellen Anforderungen und aktuellen Rahmenbedingungen:

- Selbst fahren im eigenen Auto. Die Nutzung des Pkw im Privatbesitz ist auch heute noch in der überwiegenden Anzahl der Fälle die Standardoption.
- Selbst fahren im fremden Auto. Hierzu zählt die Nutzung eines Mietwagens oder eines Carsharingdienstes.
- Gefahren werden im eigenen Auto. Das ist entweder mit einem bezahlten Chauffeur oder durch eine autonome Fahrzeugsteuerung möglich.
- Gefahren werden im fremden Auto. Hierzu zählen alle Mitfahrdienste wie etwa Taxi oder Uber, die Fahrzeugsteuerung kann dabei durch einen Fahrer oder eine autonome Fahrzeugsteuerung erfolgen.

Sich vom eigenen Auto bei Bedarf autonom fahren lassen zu können (also im Level 3 oder 4) ist eine zwar kostspielige, aber auch hochattraktive Komfortfunktion. Gerade im Stadtverkehr oder auf der Autobahn treten Fahrsituationen auf, in denen der Fahrer die Fahrzeugführung gerne an das autonome System übergibt, um sich zu entlasten und die Zeit anderweitig zu nutzen. Die Möglichkeit, während der Fahrt nicht nur telefonieren, sondern auch lesen oder schreiben und damit Fahrzeit auch wirklich als Arbeitszeit nutzen zu können, macht ein optionales autonomes Fahrsystem insbesondere auch für Firmenwagen attraktiv. Wegen der systembedingt hohen Kosten wird die Nachfrage nach solchen Sonderausstattungen primär bei Fahrzeugen des oberen Preissegments bestehen.

Gänzlich anders sieht es hier mit den Level-5-Fahrzeugen aus, die gar keinen Fahrer mehr vorsehen. Dass sich Privatpersonen auf breiter Basis solche voll automatisierten Fahrzeuge anschaffen, ist höchst unwahrscheinlich, hier werden sich maximal Marktnischen auftun. So ist im Luxusbereich zwar eine Art autonomer „Privatjet auf Rädern" denkbar, allerdings wird gerade hier ein Fahrer als deutlich höherwertige Alternative zu einem autonomen Fahrsystem wahrgenommen – die damit verbundenen Kosten spielen in diesem Segment eine deutlich geringere Rolle. Eine weitere Möglichkeit könnten kleine autonome Stadtfahrzeuge für aktive Senioren sein, die nicht mehr selber fahren, aber trotzdem ihre Mobilität in einem eigenen Fahrzeug behalten möchten. Deutlich geringer fällt das Potenzial von voll automatisierten Fahrzeugen hingegen bei der Beförderung von hilfsbedürftigen Personen wie Kindern, gebrechlichen Senioren oder Behinderten aus, die häufig als Vorteil genannt werden. Die durch die Anwesenheit eines Fahrers gegebene Betreuungs- und Sicherheitsfunktion, die ein autonomes Fahrsystem naturgemäß nicht leisten kann, ist in diesen Fällen ganz offenkundig von besonderer Bedeutung.

Die grundsätzliche Frage nach der Akzeptanz von Mobilitätsdienstleistungen – ob im autonomen oder im fahrergeführten Fahrzeug – gegenüber der Nutzung eines eigenen Fahrzeugs wird ausführlich in Kap. 5 diskutiert.

Sicht der Kommunen

Während sich nationale und bundesstaatliche Stellen beim autonomen Fahren in erster Linie für dessen volkswirtschaftliche Potenziale interessieren, sind Städte und Gemeinden von einem möglichen Einsatz autonomer Fahrzeuge direkt betroffen. Sie müssen im Auftrag der Bürger und damit ihrer Wähler über Vorschriften und Gesetze die konkreten verkehrsbedingten Probleme ihres Verantwortungsbereichs lösen. Wenn es um das Für und Wider bei autonomen Fahrzeugen geht, stehen dabei drei Aspekte im Vordergrund:

- Sicherheit: Kann mit dem Einsatz autonomer Fahrzeuge tatsächlich die Anzahl von Verkehrstoten und -verletzten gesenkt werden, oder birgt er für Passagiere oder Passanten nicht auch neue Sicherheitsrisiken?

- Verkehrsfluss: Führt das vorausschauende Fahren von autonomen Fahrzeugen zu einem flüssigeren innerstädtischen Verkehr, oder werden morgens und abends die Staus noch schlimmer, weil autonome Fahrzeuge übervorsichtig und langsam fahren?
- Lebensqualität: Führen autonome Fahrzeuge, selbst wenn sie mit einem Verbrennungsmotor angetrieben sind, zur Reduzierung gesundheitsschädlicher Emissionen – und sinkt der Bedarf an öffentlicher Flächen für das Fahren und Parken von privaten Pkw?

Viele Städte stehen heute ganz konkret vor Entscheidung, ob sie den Betrieb autonomer Fahrzeuge auf ihren Straßen verbieten, unter noch zu vereinbarenden Auflagen erlauben oder sogar fördern sollen. Dabei geht es zunächst um den Pilotbetrieb mit wenigen, technisch noch nicht hundertprozentig ausgereiften Fahrzeugen, mit denen deren Auswirkungen auf den Verkehr der jeweiligen Stadt untersucht werden sollen. Erst zu einem späteren Zeitpunkt geht es dann um eine flächendeckende Einführung etwa von autonomen Taxis. Basierend auf bisherigen Erfahrungen lässt sich die Argumentation wie folgt zusammenfassen:

- Für eine Förderung autonomer Fahrzeuge spricht in erster Linie das angesprochene Potenzial zur Verbesserung der Verkehrssicherheit, die für die überwiegende Anzahl von Verkehrsunfällen ursächliche Unaufmerksamkeit des Fahrers wird hier eliminiert. Ebenfalls aus kommunaler Sicht vorteilhaft ist die Möglichkeit, autonome Fahrzeuge direkt in ein städtisches Verkehrsmanagementsystem zu integrieren und auf diese Weise den Verkehrsfluss gesamthaft zu optimieren. Eine Förderung des autonomen Fahrens kommt zum einen ortsansässigen betroffenen Firmen zugute und sendet andererseits ein klares Zeichen bezüglich der Innovativität einer Stadt aus, was wiederum weitere Firmen und Investoren anzieht.
- Gründe gegen autonome Fahrzeuge in der Stadt sind etwa die Sicherheitsrisiken in der Einführungsphase. Selbst wenn die autonomen Fahrzeuge ausgereift sind und sicher fahren, birgt besonders der in der Einführungsphase unvermeidliche Mischbetrieb Risiken. Zudem besteht nicht nur in chinesischen Städten vielerorts seitens der Behörden der Wunsch, bei einem Unfall auch einen verantwortlichen

Fahrzeugführer vor Ort zu haben und zur Rechenschaft ziehen zu können. Die kritische Frage, ob nicht das Angebot kostengünstiger Mobilitätsdienstleistungen auf Basis autonomer Taxis wieder mehr Nutzer vom öffentlichen Nahverkehr weg auf die Straße zieht und sich der Verkehrsfluss dort somit weiter verschlechtert, muss für jede Stadt im Rahmen von Pilotprojekten beantwortet werden. Ein weiterer aus Sicht der Kommunen zu klärender Aspekt ist der durch die dann sinkende Wettbewerbsfähigkeit klassischer Taxiangebote drohende Verlust von Arbeitsplätzen für Taxifahrer.

Vor dem Hintergrund dieser Vielfalt an Vor- und Nachteilen gibt es heute in den wenigsten Metropolen eine eindeutige Meinungslage. Wirklich gefördert wird autonomes Fahren ausschließlich in Kommunen, in denen an seiner Entwicklung beteiligte Firmen zu Hause sind, beispielsweise im Silicon Valley, in Arizona oder Chongqing. Der primäre Fokus der Städte liegt angesichts der immer kritischer werdenden Verkehrsverhältnisse allerdings auf der Reduzierung der Anzahl der Fahrzeuge in der Stadt (vergl. Abschn. 6.4.2). Ob autonome Fahrzeuge hierzu wirklich einen Beitrag leisten können, bedarf ganz offensichtlich noch der Bestätigung.

Sicht der Mobilitätsanbieter

In dem engen, zwischen Kundenwunsch und regulatorischen Vorschriften verbleibenden Lösungsraum möchten die Anbieter von Mobilitätsdienstleistungen ein möglichst erfolgreiches Geschäftsmodell platzieren. Das können sowohl Dienste zum Selbstfahren sein, wie Autovermietung oder Carsharing, als auch Dienste zum Gefahrenwerden, wie Ride Hailing, Taxi oder Ride Sharing.

Als Mietwagen oder im Carsharing machen autonome Fahrzeuge wenig Sinn. Zum einen sind sie durch die aufwendige Level-3- oder Level-4-Technologie in der Anschaffung sehr teuer, zum anderen nutzen Mobilitätskunden Carsharingdienste ja gerade dann, wenn sie selbst fahren möchten, und würden andernfalls jederzeit etwa auf Mitfahrdienste umsteigen können. Und Carsharing mit vollautonomen Level-5-Fahrzeugen ist per Definition Ride Hailing, weil der Kunde ja nicht selber fährt, sondern gefahren wird.

Aus Sicht eines Mobilitätsanbieters liegt das größte Potenzial von autonomen Fahrzeugen in der möglichen Einsparung der Kosten für den Fahrer. Nicht zuletzt deshalb haben sich großen Ride-Hailing-Anbieter wie Lyft, Uber oder Didi massiv in der Entwicklung autonomer Fahrzeugsteuerungen engagiert. Fahrerlose *Robo-Cabs* erbringen nicht nur die eigentliche Transportdienstleistung autonom, indem sie – per App angefordert – den Kunden direkt an seinem Standort abholen und dann alleine oder zusammen mit anderen Fahrgästen zum gewünschten Ziel bringen, sondern parken, tanken oder laden auch selbstständig und verteilen sich von selbst in für die Nutzer optimaler Weise in der Stadt. Damit stellen sie nicht nur für die Nutzer eine Alternative zum eigenen Fahrzeug und eine Ergänzung des öffentlichen Nahverkehrs dar, sondern – in Abhängigkeit des Fahrzeugpreises – eben auch ein hochattraktives Geschäftsmodell für die Anbieter.

Ob Mobilitätskunden Robo-Cabs auch im Premiumbereich akzeptieren werden, ist allerdings mehr als fraglich. Hier werden neben einem komfortablen Interieur und adäquater Vernetzung beispielsweise auch Hilfe beim Verladen des Gepäcks, bei Bedarf eine Restaurantempfehlung oder vielleicht auch nur ein nettes Gespräch während der Fahrt erwartet. Für solche Zusatzleistungen ist dann aber eben ein Fahrer erforderlich, für den der Kunde dann auch zu zahlen bereit sein muss.

> *„Was heute in Fachwelt und Öffentlichkeit als Vorteile des autonomen Fahrens gegenüber dem konventionellen Fahren diskutiert wird, sind in erster Linie die Vorteile des Gefahrenwerdens gegenüber dem Selbstfahren. Dass sich Privatpersonen fahrerlose Fahrzeuge anschaffen, halte ich für höchst unwahrscheinlich."*

4.2.3 Rechtliche Aspekte

Die sichere technische Umsetzung im Fahrzeug ist natürlich die Hauptherausforderung auf dem Weg zum autonomen Fahren. Für die Entwicklung – hier speziell das Testen und schließlich den Betrieb der Fahrzeuge – ebenso wichtig ist jedoch die Etablierung eines klaren rechtlichen Rahmens. Ohne die erforderliche Rechtssicherheit für Hersteller, Betreiber und Kommunen werden sich nirgendwo auf der Welt autonome Fahrzeuge auf öffentlichen Straßen bewegen.

Für die aus Sicht der Hersteller gewünschte schnelle und erfolgreiche Einführung des autonomen Fahrens ist eine ebenso schnelle Umsetzung international einheitlicher gesetzlicher Regelungen außerordentlich wichtig. Neben der verwaltungsrechtlichen Frage nach den Voraussetzungen der Zulassungsfähigkeit muss der erforderliche rechtliche Rahmen vor allem auch die zivil- oder strafrechtliche Frage der Haftung für den Fall klären, dass durch den Betrieb eines autonomen Fahrzeugs einer Sache oder Person Schaden zugefügt wurde.

4.2.3.1 Zulassungsvoraussetzungen

Wesentliche rechtliche Voraussetzung für die Zulassung von Kraftfahrzeugen in Europa ist die Einhaltung des 1968 im Rahmen einer UN-Konferenz beschlossenen und bis heute von über 70 Ländern ratifizierten *Wiener Übereinkommen über den Straßenverkehr*. Dieses verlangt in Artikel 8 explizit, dass jedes sich in Bewegung befindliche Fahrzeug einen Fahrzeugführer haben und dieser das Fahrzeug jederzeit beherrschen muss – was die Zulassungsfähigkeit autonomer Fahrzeuge offensichtlich grundsätzlich ausschließt. Im September 2016 wurde Artikel 8 des Abkommens dahingehend ergänzt, dass zukünftig auch hoch- und voll automatisierte Fahrzeuge (also Level 4 und 5) eingesetzt werden dürfen, wenn ein Fahrer an Bord ist, der die Systeme erforderlichenfalls übersteuern kann. Wirklich autonomes Fahren ganz ohne Fahrer ist aber somit weiterhin nicht erlaubt.

Da die USA und China das Wiener Übereinkommen nicht ratifiziert haben, konnten dort die rechtlichen Rahmenbedingungen zugunsten des autonomen Fahrens sehr viel schneller umgesetzt werden. Firmen wie Alphabet Waymo oder Uber testen bereits seit längerem Robo-Cabs in Arizona. Trotz mehrerer zum Teil tödlicher Unfälle mit autonomen Testfahrzeugen dürfen in Kalifornien seit 2016 sogar Level-5-Fahrzeuge auch ohne Fahrer getestet werden, solange eine ständige Verbindung zum Betreiber besteht und eine Höchstgeschwindigkeit von 35 Meilen pro Stunde nicht überschritten wird. In China, dem voraussichtlich größten Markt für autonome Fahrzeuge, werden Zulassungen in Vergleich dazu deutlich restriktiver gehandhabt. Hier sind Testfahrten erst seit 2016 möglich, und zwar nur auf ausgewählten Fahrtstrecken und nur unter der Voraussetzung, dass im Fahrzeug ein Fahrer mitfährt, der jederzeit die Kontrolle übernehmen kann. Neben Baidu und Tencent führen auch Daimler und BMW in China autonome Testfahrten durch.

Primäre Voraussetzung für die Zulassungsfähigkeit eines autonomen Fahrzeugs ist in jedem Fall der vorausgegangene Nachweis seiner funktionalen Sicherheit. Dazu müssen zunächst anhand eines Sets von Szenarien (beispielsweise „Kind läuft vor das Auto" oder „Baustellendurchfahrt") die Anforderungen vereinbart werden, die ein autonomes Fahrzeug erfüllen muss. In einem nächsten Schritt ist dann festzulegen und zu vereinbaren, mit welchem Testumfang die Erfüllung dieser Anforderungen vom Hersteller abgesichert werden muss. Der so zur Absicherung aller Szenarien erforderliche Testumfang für die Zulassung eines autonomen Fahrzeugs kann dabei mehrere hundert Millionen Kilometer betragen, weshalb ein Großteil dieser Tests nicht etwa auf Straßen sondern auf Prüfständen oder durch Simulation (virtuelles Fahrzeug in virtueller Umgebung) durchgeführt wird. So hat beispielsweise Alphabet Waymo seit 2009 über 13 Millionen Kilometer Erprobung auf öffentlichen Straßen in Arizona durchgeführt – und darf seine autonomen Fahrzeuge dort trotzdem nur unter restriktiven Auflagen betreiben.

Weitere in Diskussion stehende zulassungsrelevante Aspekte sind eine mögliche Einschränkung der Straßen, auf denen das Fahrzeug fahren darf, die Vorgabe einer maximalen Geschwindigkeit und maximalen Beschleunigung, oder eine Pflicht zur optischen Signalisierung des autonomen Fahrbetriebs. In Summe muss aber konstatiert werden, dass der Betrieb eines autonomen Fahrzeugs ohne verantwortlichen Fahrer heute noch in keinem Land der Welt zulässig ist.

4.2.3.2 Haftung

Für die Frage der Schadenshaftung im Falle eines Unfalls ist grundsätzlich ausschlaggebend, ob der Verursacher der Schädigung ein verantwortlicher Fahrer oder die autonome Fahrzeugsteuerung war. Aus diesem Grund schreibt beispielsweise das Deutsche Straßenverkehrsrecht für Level-3- und Level-4-Fahrzeuge den Verbau einer Blackbox vor, mit deren Hilfe nachvollzogen werden kann, ob das Fahrzeug im fraglichen Augenblick vom Fahrer oder vom System geführt wurde.

Bei voll automatisierten Level-5-Fahrzeugen stellt sich die Frage nicht, der Eingriff eines Fahrers ist hier nicht vorgesehen und ohne Lenkrad oder Pedalerie technisch auch nicht mehr möglich. Hier sieht der Gesetzgeber deshalb auf jeden Fall den Hersteller in der Verantwortung. Um bei der Fahrzeugentwicklung nicht auf die Verabschiedung entsprechender Gesetze warten zu müssen, haben Hersteller wie beispielsweise Volvo schon 2015 freiwillig die vollständige Haftungsübernahme für von autonomen Fahrzeugen verursachte Schäden zugesagt.

Die zivilrechtliche und gegebenenfalls auch die strafrechtliche Haftung folgt dem Produkthaftungsgesetz, nach dem der Halter oder Betreiber für den Erhalt des ordnungsgemäßen Zustands des Fahrzeugs verantwortlich ist und somit in einer Betreiberverantwortung steht. Für ein schadensursächliches Versagen der Fahrzeugsteuerung muss dagegen der Hersteller zur Verantwortung gezogen werden. Auch hier ist analog zur geltenden Rechtsprechung im Einzelfall zu prüfen, ob ein Fehlverhalten seitens an der Entwicklung und Herstellung beteiligter Personen vorliegt, das dann auch zu strafrechtlichen Konsequenzen führen kann.

Um in der aktuellen Testphase im konkreten Schadensfall reagieren zu können, fordert beispielsweise oben genanntes Gesetz in Kalifornien als Voraussetzung für die Zulassung von fahrerlosen Fahrzeugen den Abschluss einer Haftpflichtversicherung mit einer Deckungssumme von mindestens 5 Millionen Dollar. Die langfristige Erwartung von Herstellern und Betreibern ist jedoch, dass autonome Fahrzeuge vollständig unfallfrei fahren und damit auch die Frage der Haftung obsolet wird.

4.2.4 Autonomes Fliegen

Privatflugzeuge oder private Helikopter stellen im Bereich der individuellen Mobilität schon immer den Inbegriff von Exklusivität und Luxus dar. Die hohen Kosten für Anschaffung und Betrieb sowie für den Erwerb der erforderlichen Fluglizenzen führen zusammen mit den strengen gesetzlichen Auflagen dazu, dass private Fluggeräte nur einer extrem kleinen, vermögenden Kundengruppe vorbehalten bleiben und somit in urbanen Mobilitätssystemen kaum eine Rolle spielen. Sobald Fluggeräte aber autonom gesteuert werden und somit ohne Pilot betrieben werden können, kann sich diese Situation sehr schnell ändern.

4.2.4.1 Autonomes Fliegen als Teil von Mobilitätssystemen

Überträgt man das Prinzip des Robo-Cabs, nämlich die Beförderung von Einzelpersonen oder kleinen Gruppen durch kleine, fahrerlose Fahrzeuge, auf Fluggeräte, entstehen hier deutliche Potenziale. Das Konzept einer *manntragenden Drohne*, also eines autonomen Flugtaxis, das Passagiere samt Gepäck innerhalb eines Ballungsraums transportieren kann, ließe sich in unterschiedlichste urbane Mobilitätskonzepte integrieren. Dafür sprechen unter anderem die folgenden Gründe:

- Der Betrieb erfordert bis auf adäquate Start- und Landemöglichkeiten sowie Möglichkeiten zum Laden oder Tanken keinerlei Infrastruktur. Flugtaxis sind somit ideal für Strecken, die topologisch oder infrastrukturell bedingt nicht mit dem Auto gefahren werden können, wie etwa die Überquerung von Flüssen, Seen oder Bergen oder die Überwindung großer Höhenunterschiede.
- Für den Einsatz im urbanen Bereich werden vor allem kleine Fluggeräte für einen oder maximal zwei Passagiere benötigt. Gerade bei dieser Größenordnung sind die aus dem Wegfall des Piloten resultierenden Platz-, Gewichts- und natürlich auch Kostenvorteile besonders groß.
- Gleichzeitig eignen sich Fluggeräte dieser Größenordnung und einer Reichweitenanforderung von etwa 50 Kilometern ideal für den Einsatz von emissionsfreien elektrischen Antrieben.

- Die Entwicklung von *Multicoptern*; also Helikoptern mit mehreren Rotoren, ist inzwischen so weit fortgeschritten, dass eine sichere Steuerung auch im urbanen Bereich möglich ist. Multicopter zählen zu den *Vertical-Take-off-and-Landing (VTOL)*-Fluggeräten, können also senkrecht nach oben starten und landen, was beispielsweise für den Betrieb in hochbebauten Metropolen eine notwendige Voraussetzung ist.

4.2.4.2 Realisierung

Dieses Potenzial haben die Hersteller von Fluggeräten, die Anbieter von Mobilitätsdienstleistungen (darunter die Automobilhersteller) sowie die Kommunen erkannt und arbeiten in unterschiedlichen Kooperationsprojekten an der Entwicklung von Mobilitätsangeboten mit autonomen elektrischen Fluggeräten:

- International wohl am weitesten in der Entwicklung eines Flugtaxis fortgeschritten ist das deutsche Start-up Volocopter in Bruchsal, das einen gleichnamigen Multicopter mit 18 einzeln elektrisch angetriebenen Rotoren und Platz für zwei Passagiere entwickelt hat. Der Volocopter wird seit mehreren Jahren in Deutschland erprobt (ohne „echte" Passagiere) und fliegt seit 2017 auch in Dubai, integriert in das Air-Traffic-Management-System des dortigen Flughafens. Bis 2028 sollen Volocopter in den öffentlichen Nahverkehr internationaler Metropolen integriert sein und dort dann pro Stunde bis zu hunderttausend Passagiere befördern.
- Auch der US-amerikanische Fahrdienstleister Uber hat mit UberAIR schon früh ein vollständiges Konzept für den Betrieb von autonomen Flugtaxis vorgestellt. Ab 2020 sollen in Dallas, Los Angeles und Dubai erste Testflüge beginnen, der Start eines breiten, kommerziellen Angebots der Dienste ist für 2023 geplant. Zum Einsatz kommen sollen kleine, autonome, elektrisch angetriebene eVTOL, die Uber nicht selbst herstellen, sondern von vielen unterschiedlichen Herstellern beziehen möchte. Kooperationspartner sind hier heute die Boeing-Tochter Aurora Flight Sciences, Embraer, Bell Helicopter, Karem

Aircraft, Pistrel Aircraft, Mooney sowie für das Laden die Firma ChargePoint.

- Bei Airbus wird momentan an drei Konzepten gearbeitet: Der elektrische Quattrocopter „CityAirbus" soll 2023 bis zu vier Passagiere befördern, am Anfang allerdings noch nicht autonom, sondern mit an Bord befindlichem Piloten. Der Kippflügler „Vahana" mit acht schwenkbaren, elektrisch angetriebenen Propellern eignet sich als autonomes Flugtaxi für weitere Strecken und soll bereits 2020 serienreif sein. Und schließlich das gemeinsam mit Italdesign und Audi entwickelte Konzept „Pop.Up", bei dem sich die Fahrgastzelle eines zweisitzigen Elektrofahrzeugs von der integrierten Chassis-Antriebseinheit lösen und an einen autonomen Quattrocopter andocken lässt. Die Fahrzeugpassagiere werden so zu Flugzeugpassagieren, ohne dabei die Kabine verlassen zu müssen. Parallel bietet die Airbus-Tochter Voom bereits heute in Mexico City und São Paulo On-Demand-Helikopterflüge an und plant langfristig auch autonome Flüge in ihr Angebot zu integrieren.
- Finanziert durch das Privatvermögen des Google-Mitgründers Larry Page entwickelt das Start-up Kitty Hawk die autonome zweisitzige „Cora" mit 12 schwenkbaren Rotoren. Kitty Hawk plant diese in Neuseeland als Flugtaxis zu betreiben.
- Ein ähnliches Konzept verfolgt das deutsche Start-up Lilium Aviation. Deren fünfsitziger Kippflügler verfügt im Vergleich zu anderen Konzepten über eine deutlich höhere Reichweite und soll übergangsweise noch eine Zeit lang mit Pilot geflogen werden. Das beachtlich hohe Investment in Lilium Aviation (zu den Investoren gehören LGT und Tencent) belegt das Potenzial dieses Konzepts.
- Last but not least arbeitet der chinesische Drohnenhersteller EHang am autonomen Quattrocopter „EHang 184", der als Flugtaxi eingesetzt werden soll. Finanziell unterstützt wird die Entwicklung des EHang dabei unter anderem von der chinesischen Regierung.

Auch wenn es heute noch eher nach Science Fiction klingt und die öffentliche Meinung zum Thema noch zwischen skeptisch und amüsiert liegt: Autonome Flugtaxis sind nicht nur sinnvoll, sondern auch technisch machbar. In der kommerziellen Luftfahrt werden seit Jahrzehnten 99 Prozent aller Flüge autonom geflogen. Bereits heute verfügt jedes Fluggerät über ein *Automatic-Dependent-Surveillance-Broadcast* *(ADS-B)*-System, das im Sekundentakt nicht nur seine eigene Kennung, Position und Geschwindigkeit, sondern auch die geplante Flugroute an die Flugsicherung sendet – also ideale Voraussetzungen für eine Steuerung von außen.

Einem autonomen Multicopter das Fliegen im Luftraum beizubringen ist deutlich einfacher als einem autonomen Auto das Fahren im Straßenverkehr. Der Grund dafür ist denkbar einfach: Die Zahl der möglichen Situationen, die ein Fluggerät im Einsatz erleben kann – und die im Rahmen der Erprobung dann durch Tests abgesichert werden muss – ist um Dimensionen geringer als die, mit denen ein Auto im Straßenverkehr zurechtkommen muss: Im Luftraum gibt es keine spielenden Kinder, keine Baustellen und kein Glatteis. Es ist also nicht nur möglich, sondern zu erwarten, dass autonome Flugtaxis noch vor den Robo-Cabs zulassungsfähig sein werden.

„Auch wenn es noch nach Science Fiction klingt: Autonom zu fliegen ist weit weniger komplex als autonom zu fahren. Wir werden vermutlich deutlich früher mit autonomen Flugtaxis fliegen, als wir uns von einem fahrerlosen Taxi durch die Stadt fahren lassen."

4.3 Neue Fahrzeugkonzepte

4.3.1 Klassifizierung von Pkw-Konzepten

Über viele Fahrzeuggenerationen hinweg wurden Pkw-Konzepte nach zwei grundlegenden Kriterien differenziert: Nach dem *Karosserietyp* und nach der *Fahrzeugklasse*. Die dadurch geschaffenen Fahrzeugkategorien wie „Mittelklasse-SUV" oder „Oberklasse-Limousine" ermöglichen es Kunden wie Herstellern, Marktangebote einzuordnen und sinnvoll zu vergleichen. Analog zum Sport weiß man sofort, um was es geht: Der Karosserietyp entspricht der Sportart, die gespielt wird; die Fahrzeugklasse der Liga, in der gespielt wird.

Welchen Karosserietyp ein Kunde wählt, also beispielsweise ein Coupé, ein Cabriolet oder einen SUV, hängt von seinen persönlichen Notwendigkeiten und individuellen Vorlieben ab. Konkrete Anforderungen hinsichtlich des Platzbedarfs durch Beruf, Hobby oder Anzahl der Familienmitglieder können als harte Kriterien bei der Wahl einschränkend oder bestimmend sein. Mit ausschlaggebend ist häufig auch die dem jeweiligen Fahrzeugtyp zugedachte öffentliche Wirkung: Möchte ich als Besitzer und Fahrer eher sportlich, dominant oder elegant wahrgenommen werden? Soll das Auto eher für Präsenz und Anspruch oder für Schlichtheit und Understatement stehen? Eine große Rolle spielen hier makro- und mikrogesellschaftliche Trends wie beispielsweise eine mögliche generelle Missbilligung von SUV im Freundeskreis.

Als quasi universaler, quantitativer Indikator der *Fahrzeugklasse* hat sich mit der Zeit die Fahrzeuglänge etabliert. Gängige Modellbezeichnungssequenzen der Hersteller wie 1er – 3er – 5er – 7er, C-Klasse – E-Klasse – S-Klasse oder A2 – A4 – A6 – A8 entsprechen bestimmten Inkrementen der Fahrzeuglänge, mit denen auch Komfort, Ausstattungsgrad, Motorleistung, Sicherheit und letztlich der Preis stufenweise ansteigen.

4.3.2 Neue Kriterien für die Klassifizierung

Durch die aktuellen Mobilitätstrends werden die etablierten, eindimensionalen Verhältnisse bei der Fahrzeugklassifizierung jedoch aufgebrochen. Die Nachfrage nach elektrischen Antrieben und Mobilitätsdienstleistungen, die Verknappung des Parkraums sowie zunehmende und strengere gesetzliche Regelungen erfordern und ermöglichen neue Fahrzeugkonzepte sowie Modell- und Markenstrategien der Hersteller.

- Der Einsatz elektrischer Antriebe ermöglicht völlig neue Fahrzeugkonzepte: Motor und Steuerung brauchen deutlich weniger Platz als ein Verbrennungsmotor. Schaltgetriebe und Abgasanlage samt Wärmemanagement können entfallen, dafür muss mit der Batterie eine relativ große und schwere zusätzliche Komponente im Fahrzeug untergebracht werden, idealerweise im Fahrzeugboden. Am Ende bleibt im Elektrofahrzeug deutlich mehr Raum. Beispielsweise entsprechen die Außenmaße eines BMW i3 etwa denen eines BMW X1, sein Innenraum ist aber von der Größe her mit dem eines BMW X3 vergleichbar. Durch die Möglichkeit, die erforderliche Antriebsleistung auf mehrere, in die Räder integrierbare Radnabenmotoren aufzuteilen, entsteht zusätzliches Raumpotenzial.

* Fahrzeuge, die primär auf die Anforderungen der Mitfahrer hin ausgelegt werden, werden völlig anders aussehen als Fahrzeuge, die klassisch nur für die Ansprüche des Fahrers konzipiert werden. Bei der passagierorientierten Gestaltung liegt der Fokus auf dem Innenraum, auf Komfort und Connectivity, während gleichzeitig der Anspruch an Motorleistung, Agilität und Dynamik deutlich sinkt. Dies gilt im Übrigen völlig unabhängig davon, ob das Fahrzeug durch einen Fahrer oder autonom gesteuert wird.

* Gerade im urbanen Bereich wird die Größe eines Fahrzeugs nicht nur bei der Parkplatzsuche häufig als lästig und nachteilig empfunden. Auch die – theoretisch verfügbare – Leistung eines starken Motors kann hier nur höchst selten abgerufen werden, führt aber gleichzeitig zu immer höheren Betriebskosten oder auch emissionsbedingten Zufahrtsbeschränkungen. Umgekehrt bringt die Agilität kleinerer Fahrzeuge im Stadtverkehr deutliche Vorteile.

Kein Wunder also, dass die Hersteller mit neuen Konzepten experimentieren, bei denen hoher Fahrkomfort bei urbanen Geschwindigkeiten und komfortabler Ausstattungsgrad mit kleinen Fahrzeugabmessungen kombiniert werden. Die Aufgabe der Fahrzeugentwicklung besteht hier darin, Fahrzeug- und Markeneigenschaften wie Status, Präsenz oder Sportlichkeit von der Fahrzeugdimension zu entkoppeln und in einen neuen, urbanen Kontext zu überführen. Ein entsprechendes Gedankenspiel wäre hier, wie etwa ein drei Meter langes City Car von Rolls-Royce, Bentley oder Bugatti aussehen würde.

Einen in diesem Sinne frühen und gleichzeitig extremen Ansatz stellen hier die sogenannten *Kei Cars* in Japan dar, eine steuerlich stark begünstigte Fahrzeugklasse mit restriktiver Beschränkung der maximalen Fahrzeugabmessungen auf eine Länge von 3,4 Meter, eine Breite von 1,48 Meter und eine Höhe von 2 Meter sowie des Antriebsmotors auf einen Hubraum von maximal 660 Kubikzentimeter und eine Motorleistung von maximal 47 Kilowatt. In diesem Segment haben einige Hersteller eindrucksvoll gezeigt, wie sich auch innerhalb eine solchen eng gesteckten regulatorischen Rahmens besonders komfortable, sportliche oder auch luxuriöse Fahrzeuge umsetzen lassen.

„Die Prioritäten von Pkw-Nutzern hinsichtlich der Eigenschaften und Ausstattung der Fahrzeuge beginnen sich zu verschieben.
Für zukünftige Angebote wird die klassische Kategorisierung nach Fahrzeugtyp, Fahrzeuggröße und Motorleistung nicht mehr ausreichend sein."

4.4 Digitalisierung

Bei der Elektromobilität und dem autonomen Fahren, den in den beiden vorangegangenen Kapiteln diskutierten Trends, handelt es sich letztendlich um innovative Fahrzeugfunktionen, die Alternativen zu den heute üblichen Lösungen *Antrieb durch Verbrennungsmotor* und *Fahrzeugsteuerung durch Fahrer* darstellen. Die Frage, ob und wann diese Alternativen die bestehenden Lösungen einmal vollständig ablösen werden, kann – wie sich an den stark divergierenden Aussagen der verfügbaren Prognosen deutliche erkennen lässt – heute noch niemand halbwegs sicher beantworten. Dass Elektromotoren in signifikantem Ausmaß konventionelle Antriebe verdrängen werden, ist dabei zwar deutlich wahrscheinlicher als dass auf allen Straßen der Welt nur noch autonome Fahrzeuge fahren werden; trotzdem wird man in der individuellen Mobilität wohl auf absehbare Zeit auch weiterhin nicht nur Lenkräder, sondern auch Verbrennungsmotoren wiederfinden.

Im Gegensatz zu diesen also eher langsam und quasikontinuierlich verlaufenden Veränderungsprozessen hat die *Digitalisierung* in vielen Geschäftsbereichen weitaus schnellere, umfassendere und damit dramatischere Auswirkungen. Fahrzeuge erweitern zum einen durch digitale Dienste ihre Funktionalität, zum anderen werden sie aber auch selbst Teil neuer digitaler Mobilitätsdienste und stehen dann in der Wertschöpfungspyramide nicht mehr an der Spitze, sondern auf der zweiten Ebene. Und genau darin liegt das Disruptionspotenzial der Digitalisierung: in der Möglichkeit zur schnellen und vollständigen Ablösung etablierter und über lange Zeit erfolgreicher Geschäftsmodelle. Die Fahrzeughersteller und Anbieter von Mobilitätsdienstleistungen treten heute auf sehr unterschiedliche Weise dem Risiko entgegen, wie Kodak die Digitalfotografie oder wie Quelle den Onlinehandel zu verschlafen. Um den digitalen Zug nicht zu verpassen und auch bei den neuen Angeboten mitspielen zu können, suchen die meisten von ihnen deshalb gezielt den Schulterschluss mit digitalen Playern. Bei dieser globalen Partnersuche treffen allerdings nicht nur sehr unterschiedliche Technologien und Geschäftsprozesse aufeinander, sondern vor allem auch dramatisch unterschiedliche Kulturen.

4.4.1 Die fünf Stufen der Digitalisierung

Kaum ein Begriff hat Technik- und Wirtschaftsmedien in den letzten Jahren so dominiert wie der der *Digitalisierung* – und kaum ein Begriff wird dabei so unterschiedlich gedeutet und verwendet. Eine vernünftige Einschätzung von Leistungsfähigkeit und Potenzialen digitaler Dienste erfordert aber eine Differenzierung und Klärung des Begriffs. Verfolgt man die Entstehungsgeschichte der Digitalisierung, lassen sich fünf aufeinander aufbauende Entwicklungsstufen unterscheiden, die jeweils bestimmte Produkte, Funktionen oder Dienste ermöglicht haben beziehungsweise noch ermöglichen werden und erst im Zusammenspiel zum genannten Disruptionspotenzial führen: die Digitalisierung als Abkehr von analogen Daten, die Vernetzung, der mobile Internetzugang, die Verbreitung von Smartphones, die als Big Data bekannte zielgerichtete Auswertung großer Datenbestände sowie die das maschinelle Lernen aus diesen Daten.

4.4.1.1 Stufe 1: Digitalisierung im wörtlichen Sinne

Wörtlich bedeutet Digitalisierung die Umwandlung analoger Informationen wie etwa eines gedruckten Textes oder eines Fotos in digitale Daten, die dann verlustfrei gespeichert, vervielfältigt, bearbeitet und versendet werden können. Mit der Verbreitung von Personal Computern in den

1980er-Jahren entstanden durch diese erste Stufe der Digitalisierung nicht nur neue Geschäftsfelder, es verschwanden auch bis dato lange Zeit sehr erfolgreiche Unternehmen, deren Produkte oder Dienste nun nicht mehr erforderlich waren. Für digitale Fotos werden keine optischen Kameras und keine Filme mehr benötigt, keine Maschinen zur Filmentwicklung und auch keine entsprechenden Dienstleister. Für digitale Textdokumente braucht man weder eine Schreibmaschine noch Fotokopierer, weder Aktenordner noch die zugehörigen Regale. Für digitale Zeichnungen sind weder Zeichenbretter noch Zeichenstifte und weder Lineale noch Papier und Vervielfältigungsdienste erforderlich. An diesen Beispielen wird deutlich, wie bereits durch die erste und einfachste Form der Digitalisierung ganze Industriezweige nachhaltig infrage gestellt werden.

Der Einfluss auf die Mobilität hält sich in dieser Stufe allerdings in Grenzen. Gedruckte Straßenkarten wie etwa der früher allgegenwärtige Shell-Atlas wurden durch Navigationsgeräte mit digitalen Karten fast vollständig abgelöst, und mechanische Motorsteuerungen sind digitalen gewichen. Die hauptsächlichen Auswirkungen der ersten Stufe betreffen aber nicht die Kundenangebote selbst, sondern die internen Geschäftsprozesse der Hersteller – wie etwa der Einsatz von CAD-Systemen in der Fahrzeugkonstruktion anstelle von Stift und Zeichenbrett.

4.4.1.2   Stufe 2: Vernetzung

Die Vernetzung von bis dato isolierten, lokalen Computern über das Internet zum *World Wide Web* ermöglicht dann den zweiten Schritt der Digitalisierung, nämlich den schnellen und weltweiten Austausch digital verfügbarer Informationen, und löst so bestehende analoge Kommunikationsmodi ab: E-Mail und Onlinebestellung verdrängen Brief und Telefonat, die Möglichkeit der weltweiten Suche nach Informationen über Suchmaschinen ersetzt aufwendige Recherchedienste, lokale Datenbanken können miteinander verknüpft und so automatisch abgeglichen werden. Technische Voraussetzung für die Vernetzung ist neben der Realisierung der physischen und logischen Datenverbindung (wie etwa der Tiefseekabel zur Interkontinentalverbindung) die Vereinbarung standardisierter Austauschformate für die zu übertragenden Daten.

Auch die Vernetzung hat heute nicht mehr wegzudenkende Geschäftsmodelle geschaffen und bis dahin bestehende abgelöst. So ermöglicht sie
lokales Suchen, Bestellen und Bezahlen von Produkten und Dienstleistungen und stellt somit die Grundlage des Onlinehandels dar, der heute
bereits große Teile des klassischen Einzelhandels ersetzt hat. Ein weiterer
Bereich, in dem sich Prozesse durch Vernetzung radikal geändert haben,
ist die innerbetriebliche Zusammenarbeit zwischen den üblicherweise
weltweit verteilten Vertriebs-, Produktions- und Entwicklungsstandorten
von Industrieunternehmen.

Im Bereich der Mobilität bietet die Vernetzung in erster Linie den
Nutzern von Mobilitätsdienstleistungen Vorteile: Aktuelle Fahrpläne
und Preislisten für den öffentlichen Nah- und Fernverkehr sind direkt
abrufbar, die Dienste können online reserviert und bezahlt werden. Auch
der Fahrzeugkäufer kann aktuelle Informationen zu relevanten Modellen
abrufen und Fahrzeuge am Bildschirm visualisieren, konfigurieren, bestellen und bezahlen. Bei der Nutzung des Fahrzeugs selbst dagegen ist
der Effekt der Vernetzung noch relativ gering. Da die Fahrzeuge selbst
hier noch nicht mit dem Internet verbunden sind, führt die reine Vernetzung dort auch noch zu keiner Funktionsmehrung. Die Nutzer können am lokalen Computer zwar beispielsweise auf digitale Kartenupdates
oder Musikfiles im Netz zugreifen, die Übertragung vom Computer zum
Fahrzeug erfolgt dann aber per Kabel oder USB-Stick.

4.4.1.3 Stufe 3: Mobiler Zugang zum Internet

Seit Anfang der 2000er-Jahre ermöglichen Mobilfunktechnologien wie
UMTS und später LTE einen flächendeckenden, schnellen und kostengünstigen Internetzugang jenseits der standortgebunden LAN-Netze.
Dadurch können auch nicht ortsgebundene Computer wie Laptops und
Handheld-Devices sowie eben auch Fahrzeuge aller Art mit dem Internet
verbunden werden und untereinander kommunizieren. Der kabellose
mobile Netzzugang ermöglicht zusätzlich den weltweiten Zugriff auf
Clouds, also verteilte synchronisierte Server, um deren Speicherplatz, Rechenleistung oder Anwendungssoftware zu nutzen. Realisiert wird der
direkte Netzzugang im Fahrzeug in der Regel über ein vom Nutzer ein-
gebrachtes Mobiltelefon oder eine fahrzeugeigene SIM-Karte.

Durch die drahtlose mobile Vernetzung können Fahrzeuge nahezu in Echtzeit Daten mit stationären Computern (*Backends*) sowie mit anderen Fahrzeugen austauschen. Die Datenübertragung an das Fahrzeug (*Downstream*) ermöglicht neue Kundenfunktionen wie aktuelle Nachrichtendienste, automatisches Kartenupdate, Verkehrsflussinformationen in Echtzeit oder Musikdownloads; Datenübertragung vom Fahrzeug an das Backend (*Upstream*) ermöglicht etwa die Analyse des Fahrstils, des Gesundheitszustands des Fahrzeugs, aber auch die Sammlung der vom Fahrzeug erfassten Umgebungsdaten wie etwa Verkehrszeichen.

Im Ergebnis stellt die dauerhafte Vernetzung der Fahrzeuge die Grundlage für alle datenbasierten Dienste und Geschäftsmodelle im Bereich der Mobilität dar. Insbesondere werden Fahrzeuge zu aktiven Bestandteilen des *Internet of Things (IoT)*. Dies ermöglicht die Interaktion beispielsweise mit vernetzten Geräten oder vernetzter Infrastruktur im Haus – etwa in der Form, dass bei Annäherung des Fahrzeugs im Haus automatisch die Rollläden geöffnet und die Raumtemperatur angehoben wird.

4.4.1.4 Stufe 4: Smartphones

Der flächendeckende, schnelle und kostengünstige Netzzugang ist dann wiederum die Grundlage der weltweiten Verbreitung von Smartphones. Neben deren primärem Nutzen, nämlich mit den installierten Apps jederzeit und überall auf der Welt auf das Internet zugreifen zu können, eröffnet insbesondere auch die darin integrierte Sensorik völlig neue Möglichkeiten: Die in Smartphones integrierten Kameras haben den Absatz konventioneller Digitalkameras dramatisch einbrechen lassen, der Zugriff auf riesige Musik- und Videobibliotheken hat CD und DVD vermutlich den Todesstoß versetzt, die kontinuierliche Erfassung der eigenen Position über GPS ermöglicht *Local Based Services (LBS)*, also auf den aktuellen Standort und gegebenenfalls auch das eigene Verhalten zugeschnittene Informations- und Dienstangebote.

Gerade diese Option eröffnet im Bereich der Mobilität völlig neue Möglichkeiten: Dienste wie Carsharing oder Ride Hailing sind nur als LBS sinnvoll darstellbar. Wer auf dem Smartphone sieht, wo das nächste Taxi oder der nächste U-Bahnhof tatsächlich ist, ist dann auch deutlich schneller bereit, diese Dienste zu nutzen und dafür auf die Fahrt im eigenen Auto zu verzichten. Dass über den Download digitaler Karten und das Tracken der eigenen Position das Smartphone einfach und ohne Mehrkosten zum Navigationssystem wird, hat deren Anbieter gehörig unter Druck gesetzt. Gleichzeitig ermöglicht die Verbindung von Smartphone und Fahrzeug eine Vielzahl neuer Funktionen wie etwa die Remotebedienung von Fahrzeugverriegelung oder Standheizung per App – oder die für den Fahrer relevanten Informationen wie Wetter oder Straßenzustand, die sich auf den Fahrzeugstandort oder die geplante Fahrtstrecke beziehen. Der Zugriff von Smartphones auf Fahrzeugdaten über entsprechende *Application Programming Interfaces (API)* und das mobile Internet erlaubt zudem auch umfangreiche Diagnosefunktionen.

4.4.1.5   Stufe 5: Big Data, Analytics und künstliche Intelligenz (KI)

Eine weltweit wachsende Zahl von Computern, Smartphones, vernetzten Fahrzeugen und weiteren Dingen stellen eine riesige Menge an Daten online zur Verfügung, heute gemeinhin als *Big Data* bezeichnet. Mithilfe entsprechender *Analytics Tools* können diese Daten zielgerichtet analysiert und zu aufschlussreichen Informationen weiterverarbeitet werden: Welche Funktionen eines Fahrzeugs werden am häufigsten genutzt – und welche gar nicht? Welche Inhalte einer Website sind attraktiv – und welche eher nicht? Was führt zum Abbruch eines Onlinekaufprozesses? Aus diesen Informationen lassen sich kunden- und anforderungsgerechte Angebote ableiten, etwa im Sinne von „Kunden, die Produkt X gekauft haben, haben auch die Produkte Y und Z gekauft".

So lässt sich über Big-Data-Technologien beispielsweise auch Mobilitätsverhalten innerhalb eines Mobilitätsraums gesamthaft erfassen und bewerten. Die Analyse der verfügbaren Bewegungsdaten von Smartphones und Fahrzeugen erlaubt ein flächendeckendes Bild der Verkehrsströme, zeigt den Verlauf der Nutzungsraten unterschiedlicher Verkehrsmittel auf und lässt die unterschiedlichsten Auswertungen zu, wie zum Beispiel „Wie stark hängt der Nutzungsgrad von Carsharing in Berlin vom Wetter ab?"

4.4.2 Digitalisierung bei Fahrzeugherstellern

Egal ob Fahrrad, Auto, Bus oder Zug: Bis ein Fahrzeug genutzt werden kann, muss es entwickelt, produziert und verkauft werden. Nach Übernahme durch den Kunden muss es regelmäßig gewartet und gegebenenfalls repariert werden, und auch Fragen des Kunden zu Funktionen oder Problemen müssen beantwortet werden. Alle diese Tätigkeiten obliegen dem *Hersteller* oder *Original Equipment Manufacturer (OEM)* – womit bereits deutlich wird, dass sich beide Begriffe zwar eingebürgert haben, aber den Aufgabenumfang der damit bezeichneten Unternehmen nur unzureichend beschreiben. Die Wertschöpfung eines Herstellers umfasst eben deutlich mehr als nur die Herstellung, nämlich auch Entwicklung, Vertrieb und Aftersales.

Wenn hier also von der Digitalisierung bei Fahrzeugherstellern gesprochen wird, geht es um die umfangreichen Effekte und Potenziale digitaler Technologien und Methoden in allen relevanten Prozessen – in Entwicklung, Einkauf, Produktion, Marketing, Vertrieb, Kundenbetreuung und Aftersales. Die internen Geschäftsprozesse werden durch digitale Methoden wie Vernetzung, mobile Datenerfassung und Analytics schneller, sicherer, kostengünstiger und flexibler. Aufgezeigt wird dies hier zumeist am Beispiel von Prozessen der Pkw-Hersteller, da diese im Vergleich zu denen anderer Fahrzeughersteller am umfangreichsten und komplexesten sind.

Auffällig ist dabei, dass wie im nächsten Kapitel beschrieben die Fahrzeuge selbst bereits über umfangreiche digitale Funktionen verfügen, sich deren Hersteller aber offensichtlich deutlich schwerer damit tun, auch in ihren internen Prozessen die Möglichkeiten der Digitalisierung zu nutzen. Hier können noch in großem Umfang Potenziale gehoben werden.

4.4.2.1 Digitalisierung in der Fahrzeugentwicklung

Anforderungsklärung
Was muss das Fahrzeug wirklich können, das der Hersteller auf den Markt bringen will? Welche Eigenschaften und Funktionen braucht der

Kunde wirklich – und welche sind weniger wichtig? Beim konventionelle Vorgehen wird für die Klärung der Anforderungen an Fahrzeuge oder Dienstleistungen das Kundenverhalten über Kundenbefragungen ermittelt. Aus deren Ergebnissen werden dann Nutzungsprofile abgeschätzt, etwa wie dynamisch Sportwagen tatsächlich gefahren werden. Solche Befragungsergebnisse unterliegen aber starken Verzerrungen, zum einen durch die stichprobenartige Erhebung (vielleicht nehmen ja nur sportlich orientierte Fahrer an einer solchen Kundenbefragung teil), zum anderen durch die subjektive Einschätzung des eigenen Verhaltens (kaum ein Sportwagenkunde wird angeben, eher langsam und gemütlich zu fahren – selbst wenn er es tut). Und einige Fragen kann der Fahrzeugbesitzer unter Umständen auch gar nicht beantworten, etwa wie häufig denn nun das Fenster hinten rechts tatsächlich geöffnet und wieder geschlossen wird (was für die Auslegung des Fensterantriebs und damit für dessen Kosten durchaus von Belang ist). Ein weiterer Nachteil von Befragungen ist die lange Dauer bis zum Vorliegen der Ergebnisse: Die Entwicklungsmannschaft muss letztlich darauf warten, bis die Marktforschungsagentur endlich belastbare Aussagen gebracht hat.

Über die Onlineerfassung von Daten aus Fahrzeugen im Feld lässt sich dagegen das Nutzungsverhalten schnell, flächendeckend und objektiv erfassen und auswerten. Für die Hersteller bringt diese Analyse wertvolle und oft überraschende Erkenntnisse. Dass Kunden beispielsweise die Sitzheizung auch im Sommer intensiv nutzen – höchstwahrscheinlich wegen der wohltuenden Wirkung bei Rückenschmerzen – muss bei ihrer Auslegung berücksichtigt werden. Die Herstellkosten für eine Fußraumbeleuchtung, die kein Kunde je eingeschaltet hat, kann man sich sicherlich sparen. Über die Verknüpfung der Nutzungsdaten unterschiedlicher Funktionen können dann zusätzliche Erkenntnisse bezüglich des Kundenverhaltens gewonnen werden, etwa in welchem zeitlichen Zusammenhang die Einstellung der Klimaanlage, das Öffnen und Schließen von Fenstern oder Schiebedach und die Außentemperatur stehen.

Neben den in den Fahrzeugen erhobenen Nutzungsdaten stehen bei der Anforderungsklärung zusätzliche Datenquellen wie Social-Media-Analysen oder die Auswertung von Kundendienstgesprächen zur Verfügung. Diese werden kontinuierlich gesammelt, wodurch mit der Zeit riesige Datenmengen entstehen. Eine gezielte und von Aufwand und Ergebnis her sinnvolle Auswertung dieser Daten ist mit Hilfe von Big-Data-Technologien wie Data Warehousing oder Business Analytics möglich.

> *„Die Möglichkeit, die Fahrzeugnutzung betreffende Daten über die gesamte Flotte kontinuierlich zu erfassen und zentral auszuwerten führt bei der Klärung der Kundenanforderungen in Produktplanung und Fahrzeugentwicklung zu Quantensprüngen bei Aussagegüte und Geschwindigkeit."*

Produktgestaltung

Auf die Anforderungsklärung folgt in der Fahrzeugentwicklung die Gestaltung – ein Bereich, in dem digitale Arbeitsweisen schon seit Jahrzehnten eingesetzt werden. Experten aus Design, Konstruktion und Absicherung sowie der Fertigungsplanung arbeiten dort mit IT-System-unterstützten Methoden wie *Computer Aided Design (CAD)*, *Computer Aided Engineering (CAE)* oder *Computer Aided Planning (CAP)* gemeinsam an rechnerinternen, digitalen Produktmodellen. Dabei kann es sich um virtuelle Fahrzeuge, aber beispielsweise auch um virtuelle Fabriken oder Werkstätten handeln. Virtuelle Fahrzeuge vereinen dabei die exakte geometrische Gestalt des Produkts und seiner Bauteile mit technologische Daten wie Materialeigenschaften sowie organisatorischen und kaufmännischen Angaben wie Preisen oder Bauteilnummern; virtuelle Fabriken bilden Maschinen, Anlagen und Logistikprozesse ab.

Mit solchen digitalen Modellen lassen sich Produkte und Prozesse nicht nur schnell und effizient entwickeln, sie sind auch grundlegende Voraussetzung der heute in vielen Bereichen essenziellen *kooperativen Entwicklung*, bei der an unterschiedlichen Standorten tätige Experten zu unterschiedlichen Zeiten gemeinsam an einer Entwicklungsaufgabe arbeiten und dabei immer auf den jeweils aktuellen Datenstand zugreifen können. Zur realitätsnahen Visualisierung von und Interaktion mit digitalen Produktmodellen werden dabei Techniken der *Virtual Reality (VR)* oder *Augmented Reality (AR)* eingesetzt. So können sowohl das Fahrzeug als auch die damit verbundenen Prozesse und Dienstleistungen auch ohne Versuchshardware und damit schon sehr früh im Entwicklungsprozess „erlebt" und durch Bewertung und Auswahl von Lösungsalternativen optimiert werden.

Auch wenn virtuelle Fahrzeuge in der Automobilindustrie schon ein alter Hut sind: Die Potenziale, die in ihrer Verwendung schlummern, sind noch längst nicht ausgeschöpft. Ziel müsste sein, dass durch die Analyse, Bewertung, Berechnung und Simulation alle an virtuellen Fahrzeugen gewinnbaren Erkenntnisse auch gewonnen werden. Ein auf einem so reifen Konstruktionsstand aufsetzender Prototyp wird dann bei der Erprobung nur noch wenige neue Erkenntnisse bringen und somit wenige dann zeit- und kostspielige Änderungen erfordern. Von diesem Ideal ist der Virtual-Car-Prozess heute weit entfernt, viele Entwickler warten mit ihren Untersuchungen lieber auf die ersten Prototypen und nehmen dafür billigend in Kauf, dass dadurch viele Erprobungsergebnisse obsolet sind, da sie ja auf Grundlager veralteter Konstruktionsstände gewonnen wurden. Durch das Nachwachsen einer für agiles Arbeiten mit digitalen Produktmodellen aufgeschlosseneren Generation von Entwicklern können hier noch umfangreiche Potenziale ausgeschöpft werden.

Neben der Verwendung digitaler Produktmodelle bringt die Digitalisierung in jüngster Zeit noch auf ganz anderer Ebene Vorteile für die Entwicklungsfachstellen mit sich. Durch die Anwendung von für die Erstellung von Software erarbeiteten agilen Prinzipien wie etwa der Entwicklung in schnellen Zyklen (sogenannten *Sprints*) oder der frühen Realisierung einer Minimallösung für den Kunden, dem sogenannten *Minimum Viable Product (MVP)*, auf die Entwicklung von Fahrzeugen und Dienstleistungen können deutliche Zeit- und Kostenvorteile entstehen. Das Problem: Die agilen Prinzipien stehen oft im deutlichen Gegensatz zu in den Unternehmen etablierten Denk- und Handlungsweisen (vergl. Abschn. 4.4.6). Ihre erfolgreiche Einführung erfordert nicht weniger als einen Wandel etablierter Arbeits- und Führungsmodelle und stellt für das Management eine echte Herausforderung dar.

4.4.2.2 Digitalisierung in der Produktion

Wie in der Fahrzeugentwicklung haben auch in der Fahrzeugproduktion schon früh digitale Methoden und Techniken Einzug gehalten. In den 80er-Jahren des letzten Jahrhunderts wurde in den Unternehmen das

Computer Integrated Manufacturing (CIM) eingeführt, die Vernetzung der Fertigungsanlagen untereinander und mit den Systemen der Entwicklung, Planung und Abrechnung. Aus der digitalen Beschreibung des Produkts und des geplanten Produktionsprozesses wurden damit beispielsweise direkt die Steuerprogramme für die entsprechenden Fertigungsanlagen abgeleitet. Das Ideal des CIM-Gedankens, alle an der Wertschöpfung beteiligten Systeme und Prozesse zu vernetzen und ihnen eine gemeinsame, konsistente Datenbasis zur Verfügung zu stellen, wurde jedoch, wenn überhaupt, nur in Nischen umgesetzt. Grund dafür sind zum einen die Komplexität des daraus entstehenden Gesamtsystems, zum anderen aber schlicht auch die vielen vorhandenen (und bezahlten!), aber nicht vernetzbaren Produktionsanlagen im laufenden Betrieb, die ja nicht einfach abgeschaltet und verkauft werden können.

Unter dem Eindruck der Chancen und Risiken der „neuen" Digitalisierung wurde der Gedanke einer vollständigen Vernetzung in der Produktion in den letzten Jahren weltweit wieder aufgenommen, in Deutschland etwa durch Initiativen mit der Bezeichnung *Industrie 4.0* (welche auf die durch Digitalisierung bevorstehende vierte industrielle Revolution verweisen soll) oder in den USA durch das *Industrial Internet Consortium (IIC)*. Waren das virtuelle Produkt und die virtuelle Fabrik aber eher statische Modelle, stellt die heute im Rahmen von Industrie 4.0 entwickelte Idee eines *Digital Twins* ein digitales Echtzeitabbild dar, das zu jedem Zeitpunkt über Analytics und KI-Techniken bewertet und analysiert werden kann, wodurch beispielsweise Fehler erkannt oder wissensbasiert vorausgesagt und somit Prozesse optimiert werden können. Die Möglichkeit der drahtlosen Vernetzung erlaubt es zudem, dabei auch die Logistikketten für Einzelteile und fertige Produkte mit einzubeziehen.

4.4.2.3   Digitalisierung in Marketing und Vertrieb

Online Product Configuration
Bevor ein möglicher Fahrzeugkunde seine Kaufentscheidung fällt, will er sich über das Fahrzeug, für das er sich interessiert, nicht nur ausführlich informieren, er will auch Optionen vergleichen und es soweit möglich

schon erleben. In dieser Phase dient neben dem Besuch beim Händler in zunehmendem Maße der Internetauftritt der Hersteller als virtueller Showroom. Immer mehr und vor allem junge Kunden informieren sich lieber in Ruhe zu Hause über das Internet, als beim Händler vor Ort ein Beratungsgespräch zu vereinbaren und sich dort zumindest gefühlt unter Druck setzen zu lassen. Überall da, wo nicht fertig konfigurierte Fahrzeuge direkt vom Hof des Händlers verkauft werden oder nur Modelle mit wenigen Ausstattungsalternativen zur Verfügung stehen, spielen hierbei Onlinekonfiguratoren eine wesentliche Rolle, über die der Kunde sein Modell auswählen und die dafür verfügbaren Farben, Motorisierungen, Polster oder Sonderausstattungen selektieren und visualisieren sowie mit anderen Alternativen vergleichen kann. Das so erstellte individuelle virtuelle Fahrzeug kann dann am Bildschirm in allen Details betrachtet werden, und auch der Preis dafür ist stets transparent.

Für den Erfolg von Marketing und Vertrieb kann der Qualität dieses Internetauftritts kaum genug Bedeutung zugemessen werden. Ein begeisterndes individuelles Nutzungserlebnis der Internetpräsenz erhöht in beträchtlichem Maße die Chance, dass am Ende des Sales Funnels auch der Fahrzeugkauf steht. Wer sich dagegen durch unübersichtliche Menüs quälen, lange Wartezeiten bis zum Bildaufbau abwarten und wieder und wieder Fehlermeldungen ertragen muss, wer ständig mit Angeboten konfrontiert wird, die nicht den eigenen Vorlieben und Bedarfen entsprechen, wird den Prozess dagegen schnell abbrechen und ist gegebenenfalls als Kunde verloren. In diesem Sinne förderliche Gestaltungsprinzipien für Onlinekonfiguratoren sind – neben Zuverlässigkeit, Geschwindigkeit und Aktualität – beispielsweise *Gamification* und *Individualisierung.*

- Mit *Gamification* wird dabei die Anwendung von aus Computerspielen bekannten Elementen bezeichnet, mit der ein unterhaltsames und begeisterndes Nutzererlebnis geschaffen wird. Ziel ist dabei die virale Verbreitung des Internetauftritts weit über die direkte Zielgruppe hinaus. Wenn der Konfigurator einer Marke richtig Spaß macht, man sich sein dort sein Traumauto konfigurieren, abspeichern, ausdrucken oder mit Freunden über soziale Medien teilen kann, vielleicht sogar exportieren und in Rennspielen verwenden kann, bindet man auch Menschen an die Marke, die eigentlich (noch) gar kein Auto kaufen wollten.

- Grundlage einer *Individualisierung* des Angebots sind zum einen die vom Nutzer in seinem persönlichen Account hinterlegten Stammdaten und Präferenzen, zum anderen aber auch die Auswertung des Kundenverhaltens bei der Nutzung des Konfigurators durch Analytics Tools. Welches Modell kommt beispielsweise auf Basis von Kaufhistorie, Fahrverhalten oder Familiensituation überhaupt infrage? Welches sollte als erstes empfohlen werden? Wer sich etwa häufig über Sportwagen informiert, ist bei der Auswahl von Optionen dann wahrscheinlich eher an Dynamik als an Komfort interessiert, selbst wenn er gerade einen familientauglichen Kombi konfiguriert. Analog zu Amazons „Kunden die X kauften, kauften auch Y" können hier auch gezielt Zusatzausstattungen und Pakete empfohlen werden. Und vielleicht gibt es ja auch Optionen, die sich der Kaufinteressent zwar häufiger angesehen und somit intensiver in Erwägung gezogen, aber dann doch nicht gewählt hat? Dann wären vermutlich gezielte, weitere Informationen hilfreich, die die Vorteile dieser Option nochmals deutlicher hervorheben.

Online Sales

Das online konfigurierte Fahrzeug möchten immer mehr Kunden auch gleich online bestellen und bezahlen oder finanzieren. Insbesondere die junge, nachwachsende Käufergeneration ist mit Onlinekäufen groß geworden und hat keinerlei Probleme damit, nicht nur Bekleidung und Haushaltsgeräte, sondern auch Anschaffungen in der Größenordnung eines Autos am Computer oder Smartphone zu tätigen. Und immer mehr Hersteller bieten diese Möglichkeit auch an. Eine A.T.-Kearney-Studie von 2016 prognostiziert, dass 2020 weltweit bereits über ein Drittel aller Neufahrzeuge online verkauft werden.

Während der Onlineverkauf von Autos aus Kundensicht praktisch und komfortabel ist, stellt er für die zum größten Teil unabhängigen Händler ein signifikantes Geschäftsrisiko dar. Denn ob der Hersteller den Onlinevertriebskanal seinen Händlern überlässt, muss in den vertraglichen Vereinbarungen zwischen beiden geregelt werden. Die grundsätzliche Möglichkeit des Herstellers, Fahrzeuge online an der Handelsorganisation vorbei direkt an die Kunden zu verkaufen, schwächt hierbei in jedem Fall die Verhandlungsposition der Händler. Sollte der Hersteller den Onlinevertrieb selbst übernehmen, bliebe den Händlern als Geschäftsinhalt noch Probefahrt, Auslieferung, Wartung und Reparatur. Auf die Erbringung dieser Leistungen durch den Handel sind wiederum die Hersteller angewiesen, weshalb die Zusammenarbeit am Ende immer in einer für beide Partner gewinnbringenden Form vereinbart werden wird.

Ein weiteres Risiko aber – für Hersteller und Händler – liegt in der „feindlichen" Übernahme des Onlinevertriebs durch Dritte. Durch herstellerübergreifende Internetportale, auf denen über alle Hersteller und Marken hinweg Technik, Optik und Preise verglichen und Fahrzeuge gekauft werden können, würden Hersteller und Handel aus der Kundenschnittstelle verdrängt. Auch hier bleiben jedoch die oben genannten Geschäftsinhalte erforderlich, die eine physische Interaktion mit dem Fahrzeug erfordern. Denn auch wer ein Auto online kauft, möchte unter Umständen eine Probefahrt unternehmen und auf alle Fälle wissen, an welche Werkstatt er sich später bei Bedarf wenden kann.

Post Contract Marketing

Hat der Kunde das Fahrzeug bestellt, kann über digitale Methoden dann auch die zum Teil relativ lange Zeit bis zur Auslieferung des Fahrzeugs im Sinne der Kundenbindung und zur Generierung weiterer Deckungsbeitrags genutzt werden. So kann es dem Kunden etwa ermöglicht werden, sein Fahrzeug während dieses Prozesses Schritt für Schritt zu verfolgen. Analog zu den Statusmeldungen für Bestellungen im Onlinehandel kann auch der Fahrzeugkunde regelmäßig über den Status von Produktion und Auslieferung informiert werden, beispielsweise dass der Zusammenbau des Fahrzeugs begonnen hat, der Motor montiert wurde oder das Fahrzeug das Werk verlassen hat. Durch mitgeschickte Fotos oder Videosequenzen kann hier der Vorfreude des Kunden Rechnung getragen werden. Außerdem kann dem Kunden auch in dieser Phase ein *Next Best Offer (NBO)* angeboten werden: Wer ein Fahrzeug mit Allradantrieb bestellt hat, ist je nach Jahreszeit jetzt vielleicht für einen Skiträger oder Winterreifen empfänglich, wer sich für eine hochmotorisierte Variante entschieden hat für ein Fahrertraining.

Zusätzliches Geschäftspotenzial liegt in der durch die Connectivity der Fahrzeuge möglichen temporären Aktivierung von Fahrzeugfunktionen während der Nutzungsphase. So können etwa Tesla-Kunden heute schon auch nach dem Kauf noch den Autopiloten freischalten lassen. Bei der Nutzung von Mobilitätsdiensten ist es dadurch beispielsweise möglich, Zusatzfeatures wie Musikstreaming oder auch ein Schiebedach gegen Aufpreis zu buchen. Dies erfordert zum einen das Vorhandensein der erforderlichen Hardware im Fahrzeug, zum anderen aber auch die Zusammenarbeit der Fachstellen aus Sales, Aftersales und Customer Service.

„Die Möglichkeit, Fahrzeugfunktionen „over-the-air" zu- und wieder abschalten zu können, können Hersteller in völlig neue Geschäftsmodelle umsetzen. Diese sprengen aber die klassischen Grenzen zwischen Vertrieb, Aftersales und Kundenbetreuung."

4.4.2.4   Digitalisierung während der Nutzungsphase

Zielt die Digitalisierung in Entwicklung, Produktion und Vertrieb primär auf die Optimierung interner Geschäftsprozesse ab, so steht in der Nutzungsphase nach der Fahrzeugübergabe etwas anderes im Vordergrund: die Erfassung und Auswertung von Kunden- und Fahrzeugdaten zur Darstellung datenbasierter Fahrzeugfunktionen sowie für den Customer Service.

Datenbasierte Fahrzeugfunktionen
Herkömmliche softwaregesteuerte Funktionen im Fahrzeug, wie CD-Player, Türschließung oder ABS, sind in sich abgeschlossene, mechatronische Systeme. Die erforderlichen Hardwarekomponenten werden im Produktionswerk montiert, die zugehörige Steuerungssoftware auf die jeweiligen Steuergeräte aufgespielt. Die Funktion ist damit am Ende des Produktionsprozesses verfügbar, ihre Qualität ist determiniert und kann bei Übergabe des Fahrzeugs an den Kunden überprüft und verifiziert werden. Solange keine Fehler auftreten, ist die Funktion dann ohne weiteren externen Input dauerhaft verfügbar. Einen Grenzfall stellen hier Navigationssysteme dar, für deren Funktionsfähigkeit zwar nicht unbedingt externe Daten, aber doch das von außen empfangene GPS-Signal erforderlich ist.

Digitale Dienste und Funktionen dagegen erfordern den Austausch von Daten mit der Fahrzeugumgebung. Dieser wird über eine mobile Internetverbindung realisiert, zwischen Fahrzeug und externen Servern ist dabei aus Sicherheitsgründen meist noch ein vom Fahrzeughersteller betriebener *Backend-Server* geschaltet. Diese permanente Verbindung des Fahrzeugs mit dem Internet ermöglicht im Zusammenspiel mit Smartphones und externen Datenprovidern eine Vielzahl neuer Funktionen unterschiedlicher Kategorien. Beispiele hierfür sind:

- Convenience:
  Bedienung der Standheizung, Abschließen der Türen, Lokalisierung des Fahrzeugstandorts oder Abruf von Informationen zum Fahrzeugzustand per Smartphone. Automatisches Schließen des Cabrioverdecks bei Regen ...
- Infotainment:
  Individualisierter Zugriff auf aktuelle Nachrichten, Streamen von Musik und Video sowohl direkt durch das Fahrzeug als auch über eingebrachte persönliche Smart Devices ...
- Journey Management:
  Übertragung von Fahrtzielen von eigenen Geräten in die Navigation. Berechnung der Streckenführung in der Cloud. Onlineupdate von digitalen Straßenkarten. Verkehrsflussinfo. Lokalisierung und Reservierung von Ladesäulen ...
- Safety:
  Warnung vor Hindernissen durch vorausfahrende Fahrzeuge, automatischer Notruf bei Unfall mit Weitergabe relevanter Daten zu Fahrzeugposition, Anzahl Insassen und Unfallhergang (E-Call) ...

Um die Funktion solcher digitalen Dienste dauerhaft gewährleisten zu können, ist also die Betriebsbereitschaft der fahrzeugseitigen Systemkomponenten alleine nicht ausreichend. Vielmehr muss das Fahrzeug dazu in unterschiedlicher Häufigkeit Daten mit seiner Umgebung austauschen. Für die Funktion Verkehrsflussinfo muss es beispielsweise seine aktuelle Position übermitteln, um dann möglichst im Minutentakt vom Datenprovider die passenden Stauinformationen zurückzubekommen, die dann im Navigationssystem visualisiert werden. Damit dies zuverlässig funktioniert, müssen der mobile Internetzugang, das Backend und gegebenenfalls weitere Elemente der Datenübertragung dauerhaft verfügbar sein.

Zur Sicherstellung der Betriebsbereitschaft digitaler Dienste müssen die Fahrzeughersteller also im Gegensatz zu den herkömmlichen softwaregesteuerten Funktionen dauerhaften Aufwand betreiben: Qualität und Lieferfähigkeit der erforderlichen Daten müssen beim Lieferanten sichergestellt werden, Backend und mobile Internetverbindung müssen funktionieren und stabil gehalten werden. Aus diesem Grund werden digitale Dienste auch in anderen Geschäftsmodellen angeboten: nicht als sich im Kaufpreis des Fahrzeugs einmalig niederschlagende Sonderausstattung, sondern als für einen bestimmten Zeitraum buchbare Services. Dabei zeigt sich allerdings, dass die Umsetzung der Prozesse zur Buchung, Bezahlung und Aktivierung beziehungsweise Deaktivierung dieser Fahrzeugfunktionen nicht selten deutlich mehr Aufwand darstellt als die technische Umsetzung der eigentlichen Fahrzeugfunktion.

Digitale Dienste im Aftersales

In der Wahrnehmung von Kunden und Unternehmen steht der Aftersales häufig im Schatten des Fahrzeugvertriebs. Etwas pointiert ausgedrückt: Wer beabsichtigt, einen Neuwagen zu kaufen, sitzt beim Händler in attraktiven Lounges mit Designermöbeln und wird dort von gut gekleideten Verkäufern mit Cappuccino oder Prosecco empfangen und beraten; wer dagegen später wegen eines Ölwechsels, um Winterreifen aufziehen zu lassen oder um einen Dachträger zu kaufen kommt, steht im Großraumbüro vis-a-vis vom Teilelager in der Schlange und wartet auf ein freundliches „Der Nächste bitte!".

Doch das wird sich ändern. Für kaum einem Bereich sind die Potenziale der Digitalisierung so hoch wie für den Aftersales. Die folgenden Punkte zeigen nur einige Beispiele dafür auf, wie die Vernetzung von Fahrzeugen zum betriebswirtschaftlichen Beitrag, zur Innovationswahrnehmung sowie zur Kundenzufriedenheit im Aftersales beitragen können – die Einwilligung zur Datennutzung natürlich immer vorausgesetzt:

- Onlinebuchung von Serviceterminen:
Die Vernetzung mit den IT-Systemen der Servicebetriebe erlaubt es dem Fahrzeugnutzer, Wartungs- oder Reparaturtermine nicht mehr per Telefon, sondern bequem online zu vereinbaren – aus dem Auto heraus, per Smartphone oder am Computer. Damit der Servicebetrieb dabei den Zeit- und Ersatzteilbedarf optimal abschätzen kann, werden ihm die relevanten Daten direkt aus dem Fahrzeug übertragen.
- Früherkennung von Fahrzeugproblemen:
Ob Motoröltemperatur, Spannungslage der Starterbatterie, Fehlereinträge im Getriebesteuergerät oder über das Mikrofon der Freisprechanlage erfasste Geräusche – vernetzte Fahrzeuge können über die darin verbauten Sensoren und Steuergeräte eine Vielzahl von Daten generieren, mit deren Hilfe sich unter Einsatz von künstlicher Intelligenz technische Probleme nicht nur erkennen, sondern auch diagnostizieren oder gar vorhersehen lassen. Infolgedessen können dann zum Beispiel Liegenbleiber vermieden oder Reparaturen frühzeitig durchgeführt und damit Folgeschäden reduziert werden. Durch die frühe Erkennung von Ersatzteilbedarfen für die Reparatur können diese dann vorab bestellt und damit die Dauer des Werkstattaufenthalts weiter verkürzt werden.
- Ermittlung des Gesundheitszustands der Fahrzeuge im Feld:
Tritt das gleiche Problem bei einer Vielzahl von Fahrzeugen auf, etwa aufgrund eines systematischen Fehlers in der Fahrzeugmontage oder bei der Herstellung von Zulieferteilen, erfährt der Hersteller dies heute üblicherweise anhand der von den Händlern dazu bei ihm geltend gemachten Gewährleistungskosten. Die Vernetzung von Fahrzeugen bietet hier das Potenzial, solche systematischen Fehler bis zu mehrere Wochen früher zu erkennen und abzustellen, wodurch dann weniger fehlerbehaftete Fahrzeuge ausgeliefert werden, die später als Gewährleistungsfälle repariert werden müssen. Bei konstruktionsbedingten Fehlern ermöglicht dieses Vorgehen zudem auch die schnelle Einsteuerung konstruktiver Änderungen in die laufende Produktion des Modells.
- Remote Softwareupdate:
Über ein Update der Fahrzeugsoftware können Funktionen verbessert oder Probleme behoben werden. Dazu müssen Kunden heute ge-

wöhnlich zum Händler fahren, wo das Fahrzeug per Kabel an ein entsprechendes Programmiersystem angeschlossen wird und dort für mehrere Stunden steht. Bei vernetzten Fahrzeugen und einer entsprechend leistungsfähigen mobilen Internetverbindung ist ein solches Update aber auch „over-the-air" möglich. Wie bei Smartphones bietet beispielsweise Tesla seinen Kunden heute schon auf diese Weise regelmäßige Fixes und auch Funktionserweiterungen. Hierfür muss allerdings sichergestellt sein, dass als Backup im Fahrzeug immer ein funktionsfähiger Softwaresatz gespeichert sein muss. Sollte bei der Übertragung der neuen Version ein Fehler auftreten, kann mit diesem auch ohne Datenverbindung nach außen die Betriebsfähigkeit wiederhergestellt werden.

- In-car Sales:
  Eine weitere Option für digitale Dienste im Fahrzeug stellen Onlineangebote für Zubehör und Dienstleistungen dar. Vom Hinweis auf nahegelegene Restaurants oder Cafés nach mehrstündiger Fahrt über die Möglichkeit zum kostenpflichtigen Streamen von Musik und Videos bis hin zum Angebot von Winterrädern zu Beginn der kalten Jahreszeit kann über Onlinesales im Fahrzeug über ein breites Spektrum an Angeboten zusätzlicher Umsatz generiert werden. Die tatsächliche Umsetzung muss jedoch mit hoher Sensibilität für die Fahrzeugkunden erfolgen; die Schwelle, ab der solche Offerten nicht mehr als Unterstützung, sondern sogar unter Umständen sogar als Belästigung empfunden werden, ist schnell erreicht.

- Kundenbetreuung:
  Neben der Telefonhotline, an der mehr oder weniger kompetente Mitarbeiter Kundenfragen mit Hilfe von Expertensystemen beantworten, bietet die Digitalisierung auch hier deutlich mehr Möglichkeiten, bei der Lösung von Produktproblemen zu unterstützen oder Fragen fundierter zu beantworten. Wie vom Onlinevertrieb oder anderen digitalen Diensten gewohnt, können die Kunden über Foren und Chatfunktionen mit Spezialisten in Kontakt treten, die sich zur Analyse des Problems auch auf das Fahrzeug und verbundene Systeme aufschalten, Analytics Tools nutzen und bestimmte Probleme auch „over-the-air" beheben können.

Wandel vom Hersteller zum Dienstleister

Was speziell die Automobilhersteller lernen müssen ist, dass sich damit auch der Fokus ihres Geschäftsmodells vom oben beschriebenen Verkauf eines möglichst optimalen Produkts an den Kunden nun erweitert – um den dauerhaften Betrieb von datenbasierten Fahrzeugfunktionen und die Erbringung ergänzender Dienstleistungen über die gesamte Nutzungsphase der hergestellten Fahrzeuge hinweg. Sie werden vom Hersteller zum Dienstleister.

So greift etwa ein werksseitig verbautes Navigationssystem auf die im Fahrzeug vorhandene digitale Karte und das empfangene GPS-Signal zu, um mittels der im ebenfalls an Bord vorhandenen Software die optimale Route zum Zielort zu berechnen. Der Hersteller muss für diese Funktion nichts weiter unternehmen, wie beim Antrieb, dem Fensterheber oder der Fahrzeugbeleuchtung gilt: Solange kein Defekt auftritt, funktioniert das System.

Dagegen wird die Integration von Echtzeit-Verkehrsflussinformationen in das Navigationssystem zwar vom Kunden als eine reine Funktionserweiterung dieses Systems wahrgenommen (die Route wird im Display jetzt eben entsprechend der Verkehrsdichte grün, gelb oder rot dargestellt), stellt aber für den Hersteller eine völlig neue Situation dar: Damit die Funktion zu jedem Zeitpunkt zuverlässig läuft und der Fahrer die aktuelle Verkehrslage angezeigt bekommt, muss der Hersteller nun rund um die Uhr sicherstellen, dass sein Datenprovider ihm korrekte und aktuelle Verkehrsflussdaten ans Backend sendet, dass dieses die Zwischenspeicherung und Verteilung dieser Daten übernimmt, und dass die mobile Internetverbindung steht, über welche die einzelnen Fahrzeuge ihre Anfrage an das Backend richten und von dort dann die entsprechenden Verkehrsflussdaten erhalten. Noch dramatischer wird die Situation bei der Steuerung autonomer Fahrzeuge, der komplexesten datenbasierten Fahrzeugfunktion.

So wie Apple oder Samsung die Betriebssysteme ihre Smartphones nach dem Verkauf regelmäßig aktualisieren, Dienste in Form von Apps bereitstellen und diese zum Teil selbst betreiben, werden somit auch die Automobilhersteller plötzlich von reinen Produktverkäufern zu Funktionsbetreibern und somit zu Dienstleistern. Sie stehen nun weit über den bisherigen Rahmen des Aftersales hinaus dauerhaft mit den Kunden in

Verbindung, kennen deren Nutzungsverhalten und den Zustand ihres Fahrzeugs und versorgen sie mit datenbasierten Diensten und Angeboten – und zwar solange das Fahrzeug in Betrieb ist, also auch wenn es längst beim dritten oder vierten Besitzer angekommen ist. Gleichzeitig definiert sich die Wahrnehmung von Qualität und Marke längst nicht mehr nur ausschließlich über die Produktsubstanz der Fahrzeuge, sondern immer stärker auch aus dem Erleben der zugehörigen Dienstleistungen. Nicht nur ein Fahrzeug kann innovativ sein, auch die Art und Weise, wie ein Werkstattaufenthalt von der Terminvereinbarung bis zur Fahrzeugrückgabe organisiert wird, kann zur entsprechenden positiven oder negativen Wahrnehmung beitragen.

Dieser vielfach unterschätzte Wandel eröffnet zum einen den Zugang zu völlig neuen attraktiven Geschäftsmodellen, erfordert aber zum anderen auch nicht weniger als das komplette Umdenken des Produktbegriffs, der Kundenschnittstelle und des Qualitätsverständnisses. Gleichzeitig ist bei vielen Herstellern aber noch nicht einmal geklärt, welcher Unternehmensbereich denn den dauerhaften Betrieb der datenbasierten Funktionen sicherstellen und verantworten soll. Ob Verkehrsflussanzeige, Musikstreaming oder E-Call: Die Verantwortung für solche Dienste ist weder in der Entwicklung noch in der Produktion noch im Vertrieb richtig verortet. Da die Interaktion mit dem „fahrenden Kunden" (im Gegensatz zum „kauferwägenden Kunden") aber durch den Aftersales geführt wird, ist dort auch die Betreiberverantwortung für datenbasierte Dienste grundsätzlich gut aufgehoben. Allerdings sind die Strukturen und Prozesse des Aftersales heute bei den meisten Herstellern auf Wartung, Reparatur und Ersatzteileverkauf und nicht auf die dauerhafte Sicherstellung der Funktionsfähigkeit digitaler Dienste im und um das Fahrzeug herum ausgelegt.

> *„Die Vernetzung der Fahrzeuge ermöglicht die Realisierung attraktiver neuer Fahrzeug- und Servicefunktionen. Diese im Feld dauerhaft und zuverlässig zu betreiben, wird in Zukunft den Aftersalesbereichen der Hersteller obliegen und ist für diese gleichsam Wachstumschance und technisch-organisatorische Herausforderung."*

4.4.2.5 Datenbasierte Dienste für weitere Stakeholder der Mobilität

Die im vorangegangenen Kapitel diskutierten digitalen Dienste während der Nutzungsphase sind in erster Linie auf den Besitzer beziehungsweise den Fahrer eines Fahrzeugs zugeschnitten. Aber auch für weitere Stakeholder der individuellen Mobilität lassen sich durch die Vernetzung von Fahrzeugen sinnvolle und wertige Dienste darstellen, speziell für Mitfahrer, aber auch für Passanten, die sich im näheren Umfeld des Fahrzeugs aufhalten, oder auch die Kommune, in der sich ein Fahrzeug gerade bewegt.

Digitale Dienste für Mitfahrer
Die Möglichkeit, Fahrzeuge dauernd oder zeitweise über ein Backend mit dem Internet zu verbinden, ermöglicht eine Reihe von Services für alle Fahrzeuginsassen, nicht nur mitfahrenden Familienmitgliedern oder Kollegen, sondern vor allem Kunden von Mitfahrdiensten wie Taxis oder Uber. Beispiele für solche Dienste sind:

- Bereitstellen einer Internetverbindung über das Fahrzeug (Hotspot)
- Möglichkeit, abgespeicherte, präferierte persönliche Einstellungen im Fahrzeug zu übernehmen, beispielsweise für Klimatisierung, Sitz oder Radiosender
- Kopplung des Fahrzeugs mit eingebrachten Smartphones oder Tablets, um Informationen oder Entertainment über Fahrzeugdisplays anzuzeigen
- Anzeige von Informationen zur Fahrt wie Routenverlauf, POIs entlang der Route und geschätzter Ankunftszeit, gegebenenfalls auch mit Übersetzung in die eigene Sprache
- Möglichkeit, im Rahmen eines markenbezogenen Treueprogramms als Kunde von Mitfahrdiensten „Meilen" für die Buchung von Diensten mit Fahrzeugen einer bestimmten Marke zu sammeln

Solche Funktionen müssten dann über entsprechende Schnittstellen in allen Fahrzeugen eines Herstellers oder sogar herstellerübergreifend angeboten werden, die Bedienung erfolgt dann nicht über das jeweilige Fahrzeug, sondern über eine Mitfahrer-App des Fahrzeugherstellers auf dem Smartphone des Mitfahrers.

Fahrzeugherstellern bietet ein solches Angebot von auf Mitfahrer fokussierten Diensten die Möglichkeit, auch Mobilitätskunden, die kein Fahrzeug ihrer Marke besitzen, zu begeistern und stärker an sich zu binden. Wer etwa über eine Mitfahrer-App in Fahrzeugen einer bestimmten Marke oben genannte Komfortfunktionen abrufen kann, wird verstärkt Mobilitätsdienste buchen, in denen Fahrzeuge eben dieser Marke zum Einsatz kommen.

Digitale Dienste für die Gemeinschaft

Dass insbesondere in den Metropolen immer mehr und nicht nur jüngere Menschen darauf verzichten, ein eigenes Auto zu besitzen und stattdessen Mobilitätsalternativen nutzen, wurde bereits erwähnt. Damit einher geht die in ihrer Eigenschaft als Wähler formulierte Forderung dieser Bürger an die jeweilige kommunale Verwaltung, die Anzahl der privaten Kraftfahrzeuge in der Stadt zu reduzieren, um so Emissionen zu reduzieren und bisher dem Fahren und Parken von Kraftfahrzeugen vorbehaltene öffentliche Flächen für andere Nutzungsarten zurückzugewinnen. Dieser für das klassische Geschäftsmodell der Fahrzeughersteller ganz offensichtlich mehr als besorgniserregende Trend wird im weiteren in Kap. 6 noch ausführlich diskutiert.

Was aber, wenn ein Fahrzeug nicht nur dem Fahrer und Passagieren nützt, die damit fahren oder gefahren werden, sondern wenn beispielsweise auch Passanten im Umfeld des Fahrzeugs oder generell Bürger der Stadt, durch die es fährt, Vorteile davon haben? Wie in diese Richtung wirksame datenbasierte Funktionen aussehen könnten, veranschaulichen die folgende Ideen:

- Fahrzeug als Rettungszelle:
  Fahrzeuge können in einer Notsituation von Passanten als Rettungszelle genutzt werden. Durch Druck eines entsprechenden am Fahrzeug angebrachten Notfallknopfes lässt es sich öffnen und dann von innen wieder verschließen und bietet so Schutz vor möglichen Angreifern. Gleichzeitig

löst es einen Notruf aus, nimmt mit den Fahrzeugkameras die Situation um das Auto herum auf und macht über die Fahrzeugbeleuchtung und akustische Warnsignale andere Passanten aufmerksam.

- Fahrzeug als Hilfe bei Notfällen:
  Bei Bedarf lässt sich der Kofferraum oder ein anderes Fach des Fahrzeugs von außen öffnen und der darin verstaute Erste-Hilfe-Kasten nutzen. Gleichzeitig kann über die Vernetzung des Fahrzeugs eine Telefonverbindung zur Rettungsleitstelle aufgebaut werden.
- Fahrzeug als Fußgängerwarnung:
  Am Straßenrand geparkte Fahrzeuge erkennen über ihre Außenkameras Fußgänger (insbesondere Kinder), die zwischen ihnen auf die Straße treten, und warnen über die Fahrzeugbeleuchtung den vorbeifahrenden Verkehr.
- Fahrzeug als Info-Counter:
  Fahrzeuge sind online und verfügen über ein von außen zugängliches Touchdisplay, über das Passanten beispielsweise ÖPNV-Verbindungen oder aktuelle lokale Informationen abrufen können.
- Fahrzeug als Wifi-Hotspot:
  Fahrzeuge sind online; ein Schild weist Passanten darauf hin, dass sie als Internethotspot genutzt werden können.

Auch wenn sich manche dieser Funktionen ganz offensichtlich eher für Fahrzeuge aus Flotten von Mobilitätsdienstleistern als für Privatfahrzeuge anbieten: Autos, durch deren Präsenz die städtische Gemeinschaft letztendlich Vorteile hat, wären am Ende sicherlich auch aus Sicht der Auto-aversen Bürger die letzten, die aus der Stadt verschwinden sollten.

Digitale Dienste zum Nutzen der Kommunen

Was den Straßenverkehr angeht, stellen neben den Fahrzeugemissionen heute Verkehrsfluss, Parkraum und Verkehrssicherheit für die Städte die Hauptprobleme dar. Kein Wunder also, dass in den Kommunalverwaltungen die unterschiedlichsten Möglichkeiten diskutiert werden, wie die dauerhafte Vernetzung von Fahrzeugen, Infrastruktur und anderen

„Dingen" im IoT genutzt und digitale Methoden zur Lösung dieser Probleme beitragen können. Es liegt in der Natur der Sache, dass die dabei betrachteten Ansätze nicht immer im Interesse des einzelnen Autofahrers liegen – wie die beiden folgenden Beispiele zeigen:

- Zentrales Verkehrsmanagement:
  Ein bereits in Abschn. 3.2.3 erwähnter Ansatz, der insbesondere in Megacitys wie London untersucht wird, ist die Umsetzung eines zentralen, städtischen Verkehrsmanagementsystems. So wie die Steuerung im Verteilzentrum eines Paktdienstes dafür sorgt, dass hunderttausende täglich von Lkw angelieferte Päckchen durch optimalen Einsatz der Logistikinfrastruktur schnellstmöglich ins Lager und von dort weiter in die zustellenden Transporter verbracht werden, soll eine zentrale Verkehrssteuerung sämtliche in einer Stadt betriebenen Fahrzeuge optimal auf Straßen und Parkplätze verteilen und so Verkehrsfluss und Parkplatzverfügbarkeit zu einem Gesamtoptimum bringen. Dazu muss zunächst jedes Fahrzeug, das innerhalb der Stadtgrenzen losfahren oder in diese einfahren möchte, dem Verkehrsmanagementsystem seinen aktuellen Standort und sein Fahrtziel zusenden. Das System ermittelt dann mithilfe von Big-Data-Techniken für jedes Fahrzeug eine Route samt Parkplatz, so dass über das gesamte Stadtgebiet gesehen eine optimale Auslastung erreicht wird. Route und Parkplatz können natürlich von den Wünschen des Fahrers abweichen, werden ihm aber als verpflichtende Vorgabe zurückgespielt. Eine Abweichung von diesen Vorgaben wird vom Verkehrsmanagementsystem sofort erkannt und entsprechend berücksichtigt oder sanktioniert.
- Integrierte Verkehrsüberwachung:
  Einen technisch deutlich leichter umsetzbaren, aber noch weiter in den persönlichen Handlungsspielraum der Fahrzeugführer und -besitzer eingreifenden Ansatz stellt die Umsetzung einer im Fahrzeug integrierten Verkehrsüberwachung dar. Jedes vernetzte Fahrzeug „weiß" heute bereits nicht nur, wie schnell es gerade fährt, sondern auch wie schnell es eigentlich fahren dürfte. Genauso weiß es nicht nur, wo es gerade parkt, es weiß auch, wie lange es dort schon parkt und ob es dort auch parken darf. Durch Auswertung der entsprechen-

den Daten – ob im Fahrzeug selbst oder im Backend – könnten also Verstöße gegen geltende Vorschriften wie Geschwindigkeitsübertretungen oder Falschparken sehr einfach detektiert und an das Ordnungsamt weitergemeldet oder durch geeignete technisch Maßnahmen im Fahrzeug auch von vornherein verhindert werden. Auch Straßennutzungs- und Parkgebühren könnten auf diese Art und Weise online erfasst und erhoben werden. In all diesen Fällen besteht für die Städte das Potenzial, nicht nur die Regelkonformität und damit auch die Sicherheit des Straßenverkehrs zu fördern, sondern auch die Aufwände für die Verkehrs- und Parkraumüberwachung zu vermeiden. Größte technische Herausforderung wäre hierbei die bei älteren Fahrzeugen erforderliche Nachrüstung der Vernetzung.

Auf den ersten Blick scheinen solche massiven Eingriffe in die persönliche Handlungsfreiheit von Fahrzeuglenkern zumindest in demokratisch regierten Ländern politisch nicht umsetzbar zu sein. Allerdings: Einen Anspruch auf „freie Fahrt" ist nirgends wirklich verbrieft. Nirgendwo auf der Welt gibt es für Autofahrer ein explizites Recht darauf, selbst entscheiden zu dürfen, ob man sich an die vorgegebene Höchstgeschwindigkeit hält oder legal parkt oder nicht, noch nicht einmal darüber, welche Route man zum Ziel nimmt. Und dem Wunsch nach Handlungsfreiheit des Individuums steht auf der anderen Seite das Verlangen nach Sicherheit und vernünftigem Verkehrsfluss im Straßenverkehr gegenüber. Und spätestens bei autonom gesteuerten Fahrzeugen (Abschn. 4.2.2) beantwortet sich diese Frage von ganz alleine, denn eine Handlungsfreiheit für Automaten besteht ganz offensichtlich nicht. Autonome Fahrzeuge halten sich unabhängig vom Wunsch der Passagiere konsequent an alle Vorschriften und lassen sich somit auch ideal in Verkehrsmanagementsysteme integrieren.

„Auf Basis der in den Fahrzeugen erhobenen Daten können nicht nur ihren Besitzern, sondern allen Stakeholdern der Mobilität innovative Dienstleistungen angeboten werden. Solche Dienste können dann beispielsweise auch reine Mitfahrer ohne eigenes Fahrzeug zu treuen Kunden einer präferierten Fahrzeugmarke machen."

4.4.3 Digitalisierung bei Mobilitätsdienstleistungen

Noch mehr Potenzial als für die Hersteller und Nutzer von Fahrzeugen birgt die Digitalisierung für die Anbieter und Nutzer von Mobilitätsdienstleistungen. Vom öffentlichen Personenverkehr über das klassische Taxi bis zu Carsharing und Ride Hailing: Über alle angebotenen Dienste hinweg ermöglicht die Digitalisierung nicht nur eine Erweiterung des bestehenden Funktionsumfangs, sondern vor allem eine Verbesserung des *Ease of Use*, was zu einer deutlichen Steigerung der Akzeptanz und Verbreitung der Mobilitätsdienstleistungen und damit im Endeffekt auch zu vielfältigen neuen Geschäftsmodellen und Angeboten führt.

4.4.3.1 Öffentlicher Personenverkehr

Wer öffentliche Busse und Bahnen, aber auch Flugzeuge oder Schiffe nutzen möchte, kann sich zum Teil schon heute über entsprechende Apps auf dem Smartphone in wenigen Sekunden die vom eigenen Standort ausgehend beste Verbindung zum gewünschten Ziel vorschlagen lassen und im Regelfall auch gleich die passende Fahrkarte dazu online erwerben. Das früher übliche, mühsame Zusammenstellen der optimalen Verbindung aus unterschiedlichen Fahrplänen entfällt dadurch genauso wie der Gang zum Fahrkartenautomaten oder -schalter.

Alles in allem aber werden seitens der Betreiber im öffentlichen Personenverkehr die Chancen der Digitalisierung noch viel zu wenig genutzt. Entsprechend einer Studie des Deutschen Verkehrsforums (DFV) von 2018 führen weniger als die Hälfte der befragten Unternehmen des öffentlichen Nahverkehrs Digitalisierungsprojekte durch. Potenziale lägen hier beispielsweise in einer Onlineauslastungsanalyse, auf deren Basis dann zum einen die Planung der Transportkapazitäten optimiert und zum anderen den Kunden angezeigt werden könnte, in welchen Bussen und Bahnen es gerade besonders eng zugeht. Ähnlich wie die Routenplanung im Pkw-Navi die aktuellen Verkehrsflussdaten berücksichtigt und erkannte Staus umgeht, könnten dann Nutzern des öffentlichen

Nahverkehrs Verbindungen vorgeschlagen werden, bei denen überfüllte Linien vermieden werden.

Gleichzeitig birgt die Digitalisierung für die Betreiber im öffentlichen Personenverkehr aber auch klare Risiken. Analog zum Onlinefahrzeugvertrieb droht auch hier der Verlust der Kundenschnittstelle an dritte, private Anbieter. Schon heute können Mobilitätskunden in Europa beispielsweise über die Apps und Websites der Firma Trainline städte- und länderübergreifend Tickets für Bus und Bahn buchen und bezahlen. Speziell für länderübergreifend mobile Nutzer ist dies natürlich höchst praktisch: Anstelle einer Vielzahl unterschiedlicher Bus- und Bahn-Apps mit separaten Logins und Zahlungsinformationen wird dadurch nur noch eine einzige benötigt. Wer aber als Betreiber dort nicht gelistet ist, muss seine Dienste über andere, dann aber schrumpfende Kanäle vertreiben. Höchste Zeit also für die ÖPNV-Anbieter, aktiv zu werden. In Deutschland beispielsweise haben sich nun einige Verkehrsbetriebe in der Initiative *Mobility Inside* zusammengeschlossen, um ihrerseits über eine gemeinsame Plattform singuläre Angebote zu integrieren und damit den Kunden gegenüber eine Angebotsbündelung im öffentlichen Personenverkehr realisieren zu können.

4.4.3.2 Carsharing

Erst durch die Digitalisierung konnte sich neben der klassischen Autovermietung mit Stationen an Bahnhöfen, Flughäfen und Hotels das heute in immer mehr Städten angebotene *Free-floating-Carsharing* entwickeln. Über die Vernetzung von zentralem Operator, Nutzern und Fahrzeugen kann per App das nächstgelegene Fahrzeug identifiziert, reserviert, geöffnet und gestartet sowie am Fahrtende an einem beliebigem Ort innerhalb des Vertragsgebiets abgestellt, verschlossen und die Fahrt bezahlt werden. Dadurch erlaubt Carsharing dem Mobilitätskunden, auch spontane und kurze Fahrten schnell und komfortabel durchzuführen.

Dem Carsharingbetreiber bringt die Digitalisierung dabei noch eine Reihe weiterer Vorteile:

- Verringerung des Schadenrisikos:
Unfälle und Beschädigungen von Fahrzeugen schaden den Carsharing-
betreibern auf vielerlei Art: Sie erhöhen die Versicherungssumme,
nehmen dem Fahrzeug für die Dauer der Reparatur die Verfügbarkeit
für andere Kunden und beeinträchtigen schließlich auch der Akzeptanz
des Angebots – schließlich möchte niemand ein sichtbar beschädigtes
Fahrzeug buchen. Zur Reduzierung des Unfallrisikos kann der Betreiber aber etwa für jüngere Fahrer oder Neukunden per Online-
zugriff auf die Motorsteuerung gezielt die Motorleistung reduzieren
und dann – nach durch unfallfreies Fahren erwiesener Zuverlässigkeit –
auch wieder stufenweise erhöhen. Parallel dazu können über eine online durchgeführte Fahrstilanalyse Hochrisikofahrer erkannt und vom
Angebot ausgeschlossen werden.
- Transparenz hinsichtlich Schäden und Vollständigkeit:
Im Gegensatz zum Mietwagen, der bei Rückgabe üblicherweise von
einem Mitarbeiter der Station auf Beschädigungen und Vollständigkeit
überprüft wird, ist eine Vor-Ort-Überprüfung beim Abstellen eines
Carsharingfahrzeugs durch den Betreiber nicht möglich. Auf die vertraglich vorgeschriebene Sichtkontrolle vor Antritt der Fahrt verzichten viele Kunden aber aus Zeit- oder Bequemlichkeitsgründen. Über
im Fahrzeug verbaute Sensorik wie etwa RFID-Tags und RFID-Reader
kann aber zu jedem Zeitpunkt remote erkannt werden, ob bewegliche
Fahrzeugbestandteile wie Fußmatten, Warndreieck, Reserverad oder
Kindersitze noch an Bord sind. Auch die Beschädigung von RFID-
Tags kann überwacht werden, sie dienen dann quasi als vernetztes
Siegel. So kann überwacht werden, ob der Verbandskasten geöffnet
wurde, oder – über an der Fahrzeugunterseite angebrachte RFID-
Tags – zusätzlich für den übernehmenden Fahrer nicht erkennbare
Beschädigungen erkannt werden, wie sie etwa bei unachtsamer
Überfahrt von Bordsteinkanten durch Aufsetzen entstehen. Über die
Auswertung der Bewegungsdaten während der Standzeit kann außer-
dem ermittelt werden, ob das Fahrzeug während dieser Zeit einen
„Parkrempler" erhalten hat, und der vorherige Nutzer demnach für
den daraus entstandenen Schaden nicht haftbar gemacht werden kann.
Stehen im Fahrzeug entsprechende Kameras zur Verfügung, kann in

diesem Fall auch gleich das Kennzeichen des „rempelnden" Fahrzeugs ermittelt werden.

- Optimale Fahrzeugverteilung:
Ein Grund für die Attraktivität von Free-floating-Carsharingangeboten ist die Verfügbarkeit von Fahrzeugen in der Nähe des aktuellen Standorts des Nutzers. Voraussetzung dafür, dass möglichst jeder, der ein Fahrzeug buchen möchte, auch ein in der Nähe verfügbares findet, ist eine optimale Verteilung der Fahrzeuge über das Einsatzgebiet hinweg. Durch die Nutzung der Fahrzeuge wird diese Verteilung verändert. Beispielsweise konzentrieren sich am frühen Sonntagmorgen viele der Fahrzeuge im Stadtzentrum, weil die Nutzer mit ihnen am Vorabend zwar dorthin gefahren sind, den Rückweg aber im Taxi zurückgelegt haben. Die Onlineerfassung der Fahrzeugstandorte erlaubt es dem Betreiber dann, die Fahrzeuge gezielt wieder so zu verteilen, wie es die zum jeweiligen Zeitpunkt zu erwartende Bedarfslage erfordert.
- Transparenz hinsichtlich des Nutzerverhaltens:
Wie diese optimale Verteilung genau aussieht, also wann welche Fahrzeuge wo verfügbar sein sollten, lässt sich aus einer personenunabhängigen Auswertung der Fahrzeugnutzungsdaten ableiten. Auch mit welchen Fahrzeugtypen besonders dynamisch und damit verschleißfördernd gefahren wird und wann deshalb der richtige Zeitpunkt für Wartungsarbeiten oder den Weiterverkauf ist, kann über KI-Methoden aus diesen Daten bestimmt werden.

Neben Autos werden in den Städten auch Motorroller, Fahrräder und in jüngster Zeit E-Scooter verliehen. Auch hier im Zweiradbereich hat die Digitalisierung von eher umständlichen stationsbasierten Angeboten zum aus Nutzersicht deutlich attraktiveren Free-floating-Sharing geführt, das in Abhängigkeit von Verkehrslage, Wetter, Budget und Stimmung spontan und one-way genutzt werden kann.

4.4.3.3 Ride Hailing

Das beste Beispiel dafür, welche Potenziale für die Mobilität in der Digitalisierung stecken, wie mit relativ einfachen Mitteln völlig neue Marktangebote geschaffen und auf diese Weise über Jahrzehnte etablierte Anbieter plötzlich vor existenzgefährdende Probleme gestellt werden können, ist die Firma Uber.

Wenn es darum ging, in der Stadt oder im Umland ohne eigenes Fahrzeug voranzukommen, waren – wenn man nicht zu Fuß gehen wollte – Taxis schon immer die einzig wirkliche Alternative zum öffentlichen Nahverkehr. Diese Alleinstellung hat gemeinsam mit der behördlichen Regulierung Qualität und Preisniveau von Taxis über Jahre bestimmt, und das sicherlich nicht immer im Sinne der Kunden. In diesem Umfeld ist die 2009 gegründete Firma Uber innerhalb weniger Jahre zu einem der größten Fahrdienstleister weltweit geworden, ohne auch nur ein einziges Fahrzeug zu besitzen oder einen einzigen Fahrer anzustellen. Eine App für Autobesitzer, die in ihrem Fahrzeug zu vereinbarten Preisen Kunden transportieren möchten, und eine zweite App für Menschen mit Mobilitätsbedarf, die die Dienste dieser Fahrzeugbesitzer gerne nutzen möchten, waren dafür ausreichend. Die App für den Fahrer zeigt Standort und Status des Fahrzeugs an und gibt relevante Informationen zu Fahrzeug und Fahrer weiter, mit der App für den Kunden werden Standort und Fahrtwunsch erfasst, alternative Fahrer/Fahrzeuge zur Auswahl gestellt und schließlich eines davon ausgewählt. Am Ziel angekommen bestätigen Fahrer und Kunde jeweils in ihrer App das Ende der Fahrt und lösen so die bargeldlose Bezahlung aus – von der Uber als Plattformbetreiber seinen Anteil einbehält.

Neben dem wirtschaftlichen Potenzial einer solchen digitalen Plattformen zeigt das Beispiel Uber aber auch die Herausforderungen, die solche innovativen Dienste für die Gesetzgeber darstellen. Zum einen muss hier der rechtliche Rahmen für private Mitfahrgelegenheiten an die daraus entstandene zentral organisierte kommerzielle Fahrdienstleistung angepasst werden, um so etwa den Versicherungsschutz für Fahrgäste sicherzustellen. Zum anderen gilt es, auch für die Fahrer, die ohne formale Anstellung auf privater Basis arbeiten, einen sicheren rechtlichen Rahmen zu schaffen.

„Wie Uber im Kern rein durch die Entwicklung von zwei Apps zu einem der weltweit größten Fahrdienstleister wurde, ohne dabei auch nur ein einziges Fahrzeug zu besitzen oder auch nur einen einzigen Fahrer zu beschäftigen, ist

sicherlich eine der größten Erfolgsgeschichten der Digitalisierung und veran-
schaulicht ihr Erfolgs- und Disruptionspotenzial."

4.4.3.4 Breaking the Silos: angebotsübergreifende Aspekte

Zusätzlich zum aufgezeigten Einfluss auf einzelne Mobilitätsangebote
liegt ein erhebliches Potenzial der Digitalisierung in der Quervernetzung
der unterschiedlichen Verkehrsmodi. Denn oft wäre die aus Nutzersicht
optimale Verbindung eine Aneinanderreihung unterschiedlicher Verkehrsmittel und Nutzungsarten, etwa mit dem E-Scooter von zu Hause
zum Bahnhof, weiter mit der Bahn und dann die letzten Kilometer zum
Ziel per Ride Hailing im Auto. Für einen solchen *Modalsplit* wären heute
noch drei Apps und drei Abrechnungen nötig, und vor allem fehlt eine
übergreifende Routenplanung, die alle verfügbaren Angebote berücksichtigt und daraus die für den angefragten Weg optimale Sequenz ab-
leitet – am besten mit individuell priorisierbaren Kriterien wie Preis,
Fahrtdauer oder Komfort.

Wie durch die oben beschriebene Plattform, die unterschiedliche Angebote des öffentlichen Nahverkehrs integriert, wird auch durch eine solche intermodale Plattform die Lieferkette der Dienstleistungserbringung
verschoben, mit allen damit einhergehenden Risiken für die bisherigen
Player. Der Plattformbetreiber übernimmt die Kundenschnittstelle. Da
Fahrtplanung, -bestellung und -bezahlung nur noch über ihn erfolgen,
besitzt er jetzt auch die wichtigen und wertvollen Kundendaten. Die eigentlichen Mobilitätsanbieter werden von ihren Kunden getrennt. Wohl-
gemerkt: Der Kunde hat durch diesen Wandel nur Vorteile, und um diese
zu realisieren, muss er sich lediglich in einem neuen Portal registrieren
und wird dafür ein paar andere Apps löschen.

4.4.4 Qualität von datenbasierten Diensten

Dass die Einführung datenbasierter Funktionen und Dienste nicht nur
völlig neue Kundenerlebnisse schafft, sondern auch völlig neue Kriterien
der Kundenzufriedenheit mit sich bringt, wurde vielen Herstellern erst
bewusst, nachdem sie die ersten dieser Funktionen bereits ausgerollt hat-

ten. Gerade in der Automobilindustrie geht es dabei um nicht weniger als einen fundamentalen Wandel der Anforderungen an das Qualitätsmanagement.

Die erste Ursache für diesen Wandel ist, dass die Funktionen dieser Dienste wie bereits beschrieben auch nach Übergabe des Fahrzeugs an den Kunden nicht einfach verfügbar sind, sondern rund um die Uhr aktiv sichergestellt werden müssen. Sie müssen „betrieben" werden, und die Betreiberverantwortung dafür sieht nicht nur der Gesetzgeber, sondern vor allem auch der Fahrzeugkunde ganz klar beim Hersteller. Steht ein Kunde aufgrund eines Systemfehlers der Verkehrsflussanzeige im Stau und versäumt deshalb einen wichtigen Termin, dürfte es ihm ziemlich gleichgültig sein, ob der Grund dafür Wartungsarbeiten am Backend-Server, Probleme beim Provider des mobilen Internets oder inhaltlich mangelhafte Daten vom Lieferanten sind: Was in seinen Augen in diesem Augenblick nicht funktioniert, ist eine Fahrzeugfunktion, und für die ist nach seinem Dafürhalten grundsätzlich der Fahrzeughersteller verantwortlich. Eine historische und schlicht auf der Gewohnheit basierende Ausnahme zu dieser Wahrnehmung ist der allererste datenbasierte Dienst, der in Kraftfahrzeugen verfügbar war: das Autoradio. Wenn zunächst auch noch analog und nicht digital, war seine Funktion schon immer davon abhängig, ob und was die Sendestationen in der Umgebung von sich geben. Im Gegensatz zu den neuen Diensten käme hier aber keine Kunde auf die Idee, die Verantwortung für falsche Nachrichten oder Stauinformationen dem Fahrzeughersteller in die Schuhe zu schieben.

Der zweite Grund für den erforderlichen Wandel im Qualitätsmanagement der Hersteller ist, dass bei der Nutzung digitaler Dienste beim Kunden zwei ursprünglich getrennt voneinander erlebte und mit völlig unterschiedlichen Erwartungshaltungen belegte Produktwelten aufeinandertreffen: die klassische Fahrzeugwelt und die neue digitale Welt:

- In der Fahrzeugwelt erwartet der Kunde speziell von sicherheitsrelevanten Funktionen wie Bremse oder Lenkung, aber auch von anderen Systemen höchste Zuverlässigkeit. Die Hersteller sichern die Systeme und ihre Funktion in der Entwicklung aufwendig ab und übernehmen mit der Freigabe auch formal die Haftung dafür. Gleichzeitig sieht es der Kunde als selbstverständlich an, dass der Funktionsumfang des

Fahrzeugs – abgesehen von eventuellen Nachrüstungen – über seine gesamte Lebensdauer konstant bleibt. Fällt eine Funktion dennoch aus, ist ein Werkstattbesuch zur Reparatur erforderlich. Passiert dies innerhalb des von Gewährleistung oder Herstellergarantie abgedeckten Rahmens, wird die Reparatur auch vom Hersteller bezahlt.

- In der digitalen Welt mussten die gleichen Kunden von Anfang an mit Einschränkungen in der Zuverlässigkeit leben und haben sich über die Jahre daran gewöhnt. Dass das Textverarbeitungsprogramm auf dem PC hängt, die Messenger-App auf dem Smartphone abstürzt, der Internetzugang zu Hause „down" ist oder die Website eines Anbieters zeitweise nicht verfügbar ist, führt zwar zur Verärgerung, wird aber mehr oder weniger zähneknirschend akzeptiert. Im Kleingedruckten der entsprechenden Nutzungsverträge steht dann auch meistens, dass der Anbieter für solche Fälle keinerlei Haftung übernimmt. Gleichzeitig werden aber die digitalen Produkte kontinuierlich weiterentwickelt. Neue Releases mit Fehlerbehebungen, aber auch neuem Erscheinungsbild und Funktionserweiterungen, werden dem Kunden in kurzen Abständen zur Verfügung gestellt. Der Kunde weiß und erwartet, dass er immer über den aktuellsten Stand des Dienstes verfügt.

Die Herausforderung für die Fahrzeughersteller besteht heute darin, diese widersprüchlichen Erwartungen beim Kunden aufzulösen und für das Gesamtangebot aus Fahrzeugen und zugehörigen digitalen Diensten ein stimmiges, markenadäquates und gleichzeitig auch wirtschaftliches Qualitätsbild zu erstellen und umzusetzen. Der erste Schritt hierzu ist eine differenzierte Spezifikation der Kundenerwartung an die Qualität der Dienste und Funktionen. Relevante Kriterien sind hier Zuverlässigkeit und Verfügbarkeit, aber eben auch Aktualität. Im Fahrzeug eine halbe Stunde lang keine Musik streamen zu können, ist für den Kunden vermutlich weniger schlimm als zum entscheidenden Zeitpunkt eine halbe Stunde alte Verkehrsflussinformationen zu bekommen. Ein kurzes Aussetzen des Navigationsdisplays ist ärgerlich, eine kurze Nichtverfügbarkeit des E-Calls hingegen kann bei einem Unfall die Lebensrettung verhindern.

Auf der anderen Seite bestehen hohe Kundenzufriedenheitspotenziale darin, Fahrzeugfunktionen über die Lebensdauer hinweg zu aktualisieren und zu erweitern. Ein neues Design im Display oder neue Optionen im Entertainment geben dem Kunden nicht nur das gute Gefühl, dass sein Fahrzeug jedes Mal ein bisschen moderner oder wertiger wird, es zeigt ihm vor allem, dass sein Fahrzeug und damit auch er als Besitzer dauerhaft vom Hersteller betreut werden.

Ein weiteres wichtiges Qualitätskriterium bei digitalen Diensten ist ein durchgängiges Kundenerlebnis über die unterschiedlichen verfügbaren Plattformen hinweg. Aus Sicht des Kunden sollten Erscheinungsbild, Interaktion und Funktion beispielsweise bei einer Fahrtzieleingabe unabhängig davon sein, ob diese im Fahrzeug über Controller und Display, auf dem Smartphone über eine App oder auf dem PC über ein Webportal erfolgt. Da diese Kanäle heute aber innerhalb der Organisationsstrukturen der Hersteller von ganz unterschiedlichen und oft voneinander unabhängigen Stellen verantwortet und betrieben werden, muss man noch häufig mehrmals hinsehen, um zu erkennen, dass unterschiedliche Apps und Websites vom gleichen Hersteller kommen oder zur gleichen Marke gehören – und leider auch entsprechende Daten zweimal eingeben.

Auch die Sicherheit gegen Missbrauch durch Dritte stellt einen wesentlichen Qualitätsaspekt von digitalen Diensten im Fahrzeug dar. Die Risiken reichen hier vom unbefugten Zugriff auf Fahrtziele oder persönliche Daten bis hin zur Sabotage von Fahrzeugfunktionen. Die technische Umsetzung der Dienste muss hier entsprechende Vorkehrungen treffen, die sichere Gestaltung des bereits erwähnten Backend-Servers als Firewall zum Internet ist eine davon.

Ein bei den Fahrzeugherstellern heute noch selten zufriedenstellend gelöster Aspekt der Kundenzufriedenheit mit digitalen Diensten ist die Kundenbetreuung. Die Komplexität hat hier natürlich zugenommen: Die Fehlfunktion oder Nichtverfügbarkeit eines Dienstes, wegen der der Kunde sich etwa bei der Hotline meldet, kann nicht mehr nur im Fahrzeug begründet sein, sondern in allen beteiligten Teilsystemen: Freischaltung der Dienste durch den Betreiber, Kompatibilität der unterschiedlichen Versionen von App mit Smartphone oder Programm mit PC (jeweils inklusive der Versionen des Betriebssystems), Verfügbarkeit von Backend, Cloud und mobilem Internet kommen als Ursache infrage, eine Fehleranalyse ist wesentlich aufwendiger und erfordert wesentlich bessere systemische Unterstützung. In der Kundenbetreuung für digitale Dienste eingesetzte Personen und Systeme müssen über deutlich mehr Wissen und Lösungskompetenz verfügen als in der klassischen Fahrzeughotline.

4.4.5 Rechtliche Aspekte bei datenbasierten Diensten

Spricht man im Zusammenhang von datenbasierten Diensten von rechtlichen Aspekten, steht meist der Schutz personenbezogener Daten im Vordergrund. Doch neben den gesetzlichen Vorgaben zum Datenschutz gibt es durchaus auch regulatorische Vorgaben, wann und welche Daten erhoben und gegebenenfalls auch weitergeleitet werden müssen.

4.4.5.1 Wer darf unter welchen Voraussetzungen Daten verarbeiten?

Rein technisch könnten Fahrzeughersteller und Mobilitätsdienstleister mit den in ihren Fahrzeugen generierten oder generierbaren Daten auf unterschiedlichste Art und Weise und mit unterschiedlichsten Kunden Geld verdienen. Würde man beispielsweise in jedes mit mindestens vier Personen besetzte Fahrzeug, das seit mehr als drei Stunden ohne Pause auf der Autobahn unterwegs ist, einen appetitanregenden Hinweis auf das nächste Restaurant einer bestimmten Kette senden, wäre der Betreiber der Restaurantkette sicherlich bereit, dafür einen nicht unbeträchtlichen Preis zu zahlen. Was der Umsetzung solcher Use Cases aber unter anderem häufig entgegensteht, sind die aus gutem Grund zum Teil rigiden Datenschutzgesetze, die angesichts des digitalen Wandels über die letzten Jahren hinweg weltweit verschärft wurden.

Wer darf personenbezogene Daten verarbeiten, das heißt sie erheben, erfassen, speichern, verändern, übermitteln oder auswerten? Das wird in Europa seit Mai 2015 durch die in allen Mitgliedsstaaten der Europäischen Union gültige Datenschutz-Grundverordnung (DSGVO) geregelt, die aus einer Vielzahl von nationalen und zum Teil sogar regionalen gesetzlichen Regelungen entstanden ist und Vorbild für die entsprechende Gesetzgebung vieler nichteuropäischer Länder und Wirtschaftsräume ist.

Für den hier relevanten Bereich der Mobilität ist dabei zunächst zu klären, welche Daten denn überhaupt als personenbezogen gelten. In erster Linie natürlich Kundendaten, wie sie etwa bei der persönlichen Registrierung in Onlineportalen oder beim Vertragsabschluss aufgenommen und gespeichert werden. Hier ist die Zustimmung des Kunden zur Speicherung seiner Daten natürlich erforderlich, ist aber auch klar zweckgebunden. Aber auch die auf den ersten Blick rein fahrzeugbezogenen und personenunabhängig erscheinenden technischen Daten, die von einem Fahrzeug bei dessen Nutzung über Sensorik und Steuergeräte erhoben werden, lassen sich über die Fahrgestellnummer eindeutig dem jeweils verantwortlichen Fahrzeughalter zuordnen und werden deshalb rechtlich wie personenbezogene Daten gehandhabt. Dazu zählen beispielsweise die Fahrzeuggeschwindigkeit, Nutzungsstatistiken, Zustandsdaten von Verschleißteilen, Fehlerspeichereinträge oder insbesondere auch die Fahrzeugposition.

Die zentrale Forderung der DSGVO und damit Voraussetzung für jegliche Verarbeitung personenbezogener Daten ist die eindeutige Zustimmung der Person, auf die sich die Daten beziehen. Auf das Einholen des Einverständnisses kann nur unter ganz bestimmten Umständen verzichtet werden, etwa wenn die Datenerhebung notwendige Voraussetzung für die Erfüllung vertraglicher Pflichten ist, für die Erhaltung des Lebens von Personen erforderlich ist oder im öffentlichen Interesse erfolgt. Für den Bereich der Mobilität bedeutet dies, dass insbesondere bei kommerziellen datenbasierten Diensten wie etwa einem elektronischen Fahrtenbuch oder einer Fahrstilanalyse ein Opt-in, also eine Einverständniserklärung zur Datenverarbeitung, erforderlich ist. Wenn es aber um die Erfüllung eines Vertrags wie etwa die Erfassung und Speicherung der Ankunfts- und Abfahrtszeit in einem Parkhaus, um sicherheitskritische Dienste wie etwa die Meldung eines Unfalls samt Standort an die Notrufzentrale oder um Dienste im öffentlichen Interesse wie die Speicherung der Videoaufnahmen von Überwachungskameras in öffentlichen Verkehrsmitteln geht, dürfen personenbezogene Daten auch ohne Einwilligung verarbeitet werden. Die Grenzen, wann diese Bedingungen als erfüllt gelten, werden vom Gesetzgeber und den Gerichten allerdings sehr eng gezogen. So gilt etwa die Datenerhebung zur Vermeidung einer

Panne nicht als Maßnahme zur Erhaltung menschlichen Lebens und ist somit immer zustimmungspflichtig.

Neben dem Aspekt des Datenschutzes ist auch die Frage relevant, wem die im Fahrzeug oder beim Nutzer erhobenen Daten denn überhaupt gehören. In der Europäischen Union gilt hierzu aktuell die Rechtsauffassung, dass Daten keine Sachen sind und somit kein Eigentumsrecht an Daten bestehen kann – auch nicht auf Basis des Datenschutzrechts oder Urheberrechts. Allerdings wird vor dem Hintergrund des wirtschaftlichen Potenzials, das in der Verwendung von Daten im Bereich der Mobilität steckt, ein mögliches Eigentumsrecht an Daten immer wieder diskutiert.

Dass sich durch kleine Veränderungen der Randbedingungen die rechtliche Situation gänzlich anders darstellen kann, zeigen die folgenden vier Szenarien der Datenverarbeitung am Beispiel der auf den ersten Blick völlig harmlosen Messung des Motorölstands:

- Heutige Pkw verfügen über Sensoren zur Messung des Motorölstands sowie ein System zu dessen Überwachung. Unterschreitet der Ölstand einen festgelegten Grenzwert, erhält der Fahrer im Display einen entsprechenden Hinweis. In diesem Fall werden Daten erhoben und überwacht, aber nicht gespeichert. Die Verarbeitung ist zur Umsetzung der vertraglich zugesicherten Funktion On-Board-Ölstandsüberwachung notwendig. Eine Einwilligung zur Datenerhebung ist deshalb nicht erforderlich, es würde wohl auch kein Fahrzeugkunde der Erhebung und Auswertung der Daten widersprechen.
- Etwas anders gelagert ist der Fall, sobald bei niedrigem Motorölstand automatisch der Hersteller informiert wird, der dadurch dem Fahrzeughalter zum richtigen Zeitpunkt ein entsprechendes Angebot für Motoröl samt Nachfüllen machen kann (die entsprechende Ölsorte ist dann natürlich zufällig gerade im Angebot …). Diese Art der Datenverarbeitung hat ganz klar die Unterbereitung eines kommerziellen Angebots zum Ziel und ist somit zustimmungspflichtig. Darüber hinaus schließt sie möglicherweise andere Anbieter von Motoröl wie etwa Tankstellen oder unabhängige Werkstätten vom Wettbewerb aus.
- Nochmals anders ist die Situation, wenn das Fahrzeug die Ölstandsdaten nicht nur kontinuierlich erhebt, sondern deren Verlauf auch on-Board

abspeichert. Erleidet das Fahrzeug dann zu irgendeinem Zeitpunkt beispielsweise einen Motorschaden und kommt zur Reparatur in die Werkstatt, kann der Händler dort die gespeicherte Ölstandshistorie auslesen und anhand dessen überprüfen, ob der Fahrzeughalter seiner Betreiberpflicht nachgekommen ist und regelmäßig Motoröl nachgefüllt hat. Wurde das Fahrzeug hingegen über längere Strecken mit zu wenig Öl gefahren, kann der Halter dadurch seinen Garantieanspruch verwirken. Eine Einwilligung zur Datennutzung ist auch in diesem Fall zwingend erforderlich, der Besitzer wird hier allerdings genau abwägen, ob er mit der Datenübertragung einverstanden ist oder nicht.

• Im vierten Szenario werden die Daten ebenfalls kontinuierlich erhoben und an den Hersteller übertragen. Dieser sammelt die Motorölstandsverläufe aller seiner Fahrzeuge im Feld und verkauft diese Datensammlung an Hersteller von Motoröl. Dem Fahrzeugbesitzer entsteht hierdurch zwar kein Schaden, nachdem aber der Hersteller mit den von seinem Fahrzeug erhobenen Daten Profit macht, wird er durchaus in Erwägung ziehen, sein Einverständnis zur Nutzung der Daten von einer Beteiligung an diesem Profit abhängig zu machen.

Am letzten Szenario lässt sich auch der wichtige Unterschied zwischen Rohdaten und veredelten Daten veranschaulichen. Als Rohdaten werden die Daten bezeichnet, wie sie von der Fahrzeugsensorik erfasst werden, also etwa die einzelnen Ölstandsmessungen der betrachteten Fahrzeuge. Werden diese ausgewertet und zu aussagekräftigen Informationen weiterverarbeitet, etwa zu Nutzungsstatistiken für bestimmte Ölsorten, spricht man von veredelten Daten. Können diese dann weder direkt noch indirekt einzelnen Personen zugeordnet werden, ist für ihre Weiterverarbeitung keine Zustimmung mehr erforderlich.

4.4.5.2   Wann müssen Daten erhoben werden?

In der Mehrzahl der Fälle steht die oben diskutierte Frage im Vordergrund, unter welchen Voraussetzungen Daten erhoben und weiterverarbeitet werden dürfen. Darüber hinaus gibt es zwei unterschiedliche Aspekte, unter denen die Erhebung und Weitergabe von Daten sogar gesetzlich gefordert wird:

Zum einen haben öffentliche Stellen Interesse an Fahrzeugnutzungsdaten und fordern diese gegebenenfalls vom Hersteller ein. Dabei kann es sich wie etwa bei der Aufklärung von Straftaten durch Ermittlungsbehörden um Informationen zu einzelnen Fahrzeuge handeln, aber auch um Aussagen, die sich auf die gesamte Fahrzeugflotte eines Herstellers oder Teile davon beziehen. So möchten Behörden beispielsweise im Sinne des Verbraucherschutzes wissen, wie viele Fahrzeuge der Flotte einen bestimmten Fehler aufweisen, um so einschätzen zu können, ob es sich um Einzelfälle oder einen dann rückrufpflichtigen systematischen Fehler handelt. Darüber hinaus sind die mit der Ausarbeitung entsprechender Gesetze beauftragten Stellen auch an Daten zum Nutzungsverhalten von Fahrzeugen interessiert. Beispielsweise müssen in China zugelassene BEV und PHEV einen vorgegebenen Datensatz kontinuierlich erfassen und an entsprechende Behörden übermitteln. Mit diesen Daten wird dann etwa ermittelt, ob Fahrer von PHEV auch wirklich über einen maximalen elektrischen Fahranteil die Emissionen minimieren und somit begründet in den Genuss steuerlicher Vergünstigung kommen, oder ob PHEV eben nur wegen des damit verbundenen Steuervorteils gekauft, aber in erster Linie mit dem Verbrennungsmotor angetrieben werden.

Der zweite Aspekt ist der bereits erwähnte Wettbewerbsschutz, den insbesondere unabhängige Werkstätten und andere Dienstleister einfordern. Schon heute ist beispielsweise in der EU durch eine *Gruppenfreistellungsverordnung* zur Sicherung eines fairen Wettbewerbs im Aftersales vorgeschrieben, dass Fahrzeughersteller ihre Reparatur- und Wartungsdaten offenlegen müssen. Über entsprechende IT-Anwendungen wie etwa Repair and Maintenance Information (RMI) von TecAlliance kann jede Werkstatt nicht nur auf Reparaturdaten wie Anzugsdrehmomente zugreifen, sondern auch die relevanten Ersatzteile und Spezialwerkzeuge bestellen. Werden Reparatur- und Servicebedarfe nun aber vom Fahrzeug ermittelt und „over-the-air" direkt an den Hersteller übertragen, ist dieser bei der Unterbreitung entsprechender Serviceangebote dem Wettbewerb gegenüber klar im Vorteil. Ab 2020 müssen deshalb in der EU auch remote zugängliche Servicedaten allen Serviceanbietern zugänglich gemacht werden.

„Nutzer überlegen heute dreimal, ob und wofür sie ihre persönlichen Daten preisgeben. Wer aber einen echten Mehrwert bietet und im Umgang mit den ihm anvertrauten Daten die erforderliche Sorgfalt und Transparenz zeigt, wird ihre Zustimmung immer bekommen."

4.4.6 Digital Culture: mehr als nur Vollbart und Sneakers

Wer schon in interdisziplinären Teams gearbeitet hat, weiß, wie sehr sich nicht nur die Denkweisen und Arbeitsmethoden, sondern auch Werte und persönlicher Stil bis hin zu Kleidung, Ausdrucksweise oder Hobbys etwa von Ingenieuren, Betriebswirten oder Juristen unterscheiden können. Trotzdem besteht in der Regel als Teil einer firmen- und branchenübergreifenden *Corporate Culture* zumindest ein über formale Dokumentation hinausgehendes gemeinsames Verständnis von Rollen und Aufgaben jedes Einzelnen und vor allem auch der Arbeitsabläufe. Ein solches gemeinsames Verständnis kommt dann beispielsweise in der Äußerung „Das macht man bei uns halt so" zum Ausdruck.

Dagegen ist das, was wir heute als *Digital Culture* wahrnehmen, eine quer über alle Branchen verlaufende gemeinsame Geisteshaltung von Menschen, die – im weitesten Sinne – IT-Systeme entwickeln, betreiben oder auch nur bewusst und begeistert anwenden. Sie ist weit mehr als bestehende Unternehmenskulturen eine generelle positive, fortschrittsbejahende und IT-affine Haltung in Arbeit und Privatleben, in der vor allem auch vieles Althergebrachte und Etablierte hinsichtlich seiner Eignung im digitalen Zeitalter kritisch hinterfragt und gegebenenfalls über Bord geworfen wird.

Neue technische Lösungen und die veränderte Erwartungshaltung der Kunden führen für alle an den bestehenden Wertschöpfungsketten beteiligten Partner zu mehr oder minder starken Veränderungen: Viele etablierte Geschäftsfelder (nicht nur die Herstellung von Verbrennungsmotoren und der zugehörigen Komponenten) werden in ihrer bestehenden Form infrage gestellt, während sich an anderen Stellen wie etwa dem Angebot von Mobilitätsdienstleistungen neue Chancen auftun. Dabei wird deutlich, dass diese Chancen nicht etwa von den Alteingesessenen der Branche genutzt werden, sondern von neuen digitalen Playern, die ohne historischen Ballast, mit schlanken Prozessen und frischer Unternehmenskultur in die Wettbewerbsarena der Mobilitätsanbieter treten. Und der Wettbewerb in dieser Arena geht nicht nur um Kunden, Kundenschnittstellen und Marktanteile, sondern – viel existenzieller – auch um qualifizierte und motivierte Mitarbeiter. Wer sich zu spät für den Wandel entscheidet, kann ihn unter Umständen schon allein deshalb nicht mehr umsetzen, weil er die dafür erforderlichen „digitalen" Mitarbeiter nicht an Bord bekommt. Gerade die aber schauen bei möglichen Arbeitgebern auf andere Leistungen, als das bisher der Fall war. Dienstwagen, eigenes Büro und vom Unternehmensgewinn abhängige Bonuszahlung sind hier nicht mehr ausreichend, weiche Faktoren wie eine positive Unternehmenskultur, kooperativer Führungsstil, Work-Life-Balance oder auch einfach nur das Gefühl der Sinnhaftigkeit der eigenen Arbeit sind für die Digitalen mindestens genauso wichtig.

Dieser digitale Wandel vollzieht sich seit Jahren und bezieht sich nicht nur auf den Einsatz neuer (eben digitaler) Technologien sowie speziell agiler Arbeitsweisen, sondern findet vor allem auch mitten in der Gesellschaft statt, in den persönlichen Verhaltensweisen und Erwartungen aller Stakeholder. Auch wenn es die „ältere" Generation, die heute im oberen Management vieler Unternehmen noch die Mehrheit hat und dort die Entscheidungen trifft, zum Teil noch nicht so richtig wahrhaben möchte: Ein beachtlicher Teil des beruflichen, gesellschaftlichen und privaten Lebens findet heute im Internet und über Smartphones statt. Es verschieben sich nicht nur Verhaltensweisen, sondern auch persönliche Prioritäten und Werte und erschüttern so die alten Weltbilder. Vom möglichen Einkommen her sind etwa Blogger oder E-Gamer als Beruf heute manchmal ernst zu nehmender als das von Eltern so gerne geforderte „ordentliche" Studium oder die „solide" Berufsausbildung. Das richtige Smartphone taugt innerhalb der jüngeren Generation deutlich mehr als Statussymbol als das richtige Auto. Wer in Zukunft erfolgreich Mobilität anbieten möchte, ob als Produkt oder Dienstleistung, muss sich auf diesen grundlegenden Wandel nicht nur bei seinen Kunden, sondern auch bei Mitarbeitern und Führungskräften einstellen. Und auch wenn sich vor allem ältere Politiker mit der digitalen Kultur immer wieder in aller Öffentlichkeit schwer tun: Auch in Politik und Verwaltung hat der digitale Wandel längst Einzug gehalten. Wer nicht vernetzt ist, kann vielerorts weder Anträge bei Behörden stellen noch einen gebührenpflichtigen Parkplatz bezahlen.

4.4.6.1 „Old School": so wie es sich gehört (hat)

Wie in vielen anderen Bereichen der Güterherstellung besteht auch in der Automobilindustrie das primäre Geschäftsmodell bis heute darin, Kundenanforderungen aufzunehmen, diese Anforderungen optimal in einem Produkt – nämlich dem Kraftfahrzeug – umzusetzen, und dieses dann dem Kunden in möglichst perfekter Qualität zu verkaufen. Auch wenn die zugehörigen Prozesse kontinuierlich weiterentwickelt und verbessert wurden, ist das dahinterliegende Geschäftsmodell doch seit über 100 Jahren das gleiche geblieben:

- Die *Entwicklung* eines Fahrzeugs folgt einem hochkomplexen und über die Jahre bis ins letzte Detail optimierten Plan, der das Zusammenwirken aller beteiligten Fachstellen steuert. Innerhalb des vorgegebenen Zeitraums wird mit zunehmendem Konkretisierungsgrad konstruiert und abgesichert, bis die entstandene Fahrzeugkonstruktion alle vereinbarten und erwarteten Anforderungen erfüllt und das Fahrzeug in Serie hergestellt werden kann – also die gewünschte Konzeptqualität und Serienproduktionsreife erreicht sind.
- Ab diesem Zeitpunkt beginnt dann in einem oder mehreren Werken die *Serienproduktion* des Fahrzeugs, das heißt möglichst störungsfrei wie ein Uhrwerk bis zu mehrere hundert Mal am Tag. Ziel des dahinterliegenden Produktionsprozesses ist dabei, die Fahrzeuge exakt den Vorgaben der Konstruktion entsprechend zu realisieren, also in optimaler Fertigungsqualität. Eigenschaften, Funktionen und Qualität des Fahrzeugs sind damit üblicherweise in dem Augenblick festgelegt, in dem das Fahrzeug das Werk verlässt und zum Händler transportiert wird, spätestens jedoch wenn dieser es an den Kunden übergibt.

Die höchste Priorität der Hersteller liegt in dieser Prozesskette darauf, ein möglichst perfektes Fahrzeug in Verkehr zu bringen – was neben Entwicklung und Produktion auch den Verkaufsprozess mit einschließt. Die Entwicklung eines Fahrzeugs von der Produktidee bis zur Erreichung der Serienreife kann auch heute noch bis zu sieben Jahre dauern und dreistellige Millionenbeträge kosten. Sie ist ab diesem Zeitpunkt dann aber auch abgeschlossen, die nachfolgende *Serienbetreuung und Weiterentwicklung* beinhaltet nur noch vergleichsweise geringfügige Konstruktionsänderungen – etwa zur Aufwertung und Aktualisierung der Produktsubstanz wie beim ab dem dritten Verkaufsjahr üblichen Facelift, zur Senkung von Herstellkosten sowie in nicht unerheblichem Maße auch zur Behebung von Qualitätsproblemen.

Der Phase der Produktnutzung wird im Vergleich dazu dann deutlich weniger Beachtung geschenkt. Nach Fahrzeugübergabe beim Händler sind für den Kunden dort nun nicht mehr die Mitarbeiter des Vertriebs, sondern die des Aftersales zuständig. Diese kümmern sich um planmäßige Wartungsarbeiten wie Ölwechsel, um Zubehörangebote wie Winterräder und – falls erforderlich – um die Reparatur von Unfallschäden und technischen Fehlern. Davon abgesehen tritt der Hersteller normalerweise erst wieder mit dem Kunden in Verbindung, wenn der Kauf des Nachfolgefahrzeugs ansteht, eine kontinuierliche Betreuung von Kunden während der Nutzungsphase ist die Ausnahme und wenn überhaupt dann dem obersten Preissegment vorbehalten. Dabei stellt spätestens mit dem Einzug digitaler Dienste genau diese Phase den größten Hebel für eine aktive Loyalisierung der Kunden und eine Wettbewerbsdifferenzierung jenseits der Produktsubstanz dar. Immer weniger Kunden bleiben einer Marke aus reiner Begeisterung für das Produkt treu.

4.4.6.2 Agil: die Zauberformel aus der Softwareentwicklung

Im Gegensatz also zu dieser aus der Hardwareentwicklung abgeleitetem Vorgehensweise wurde bei der Entwicklung von Software von Anfang an ein völlig anderer Weg eingeschlagen. Da Softwareprodukte im Vergleich zu Hardware mit deutlich geringerem Aufwand vervielfältigt, ausgeliefert und installiert werden können, ist es hier grundsätzlich möglich, sie zunächst zwar mit deutlich geringerer Reife, aber dafür auch deutlich schneller auszuliefern und etwaige Fehler oder Probleme im Folgenden durch neue Releases ebenfalls sehr schnell zu beheben. Der Facebook-Gründer Marc Zuckerberg zugeschriebene agile Leitsatz „Better done than perfect" fasst diese Denk- und Vorgehensweise prägnant zusammen. Und auch wenn Bill Gates und Microsoft in den 80er-Jahren des vergangenen Jahrhunderts den Begriff „agil" vermutlich gar nicht kannten: Wer damals mit den ersten Versionen von Microsoft Word gearbeitet hat, erinnert sich heute wohl in erster Linie an die vielen Funktionsfehler und Programmabstürze der ersten Releases, aber eben auch an die stetige Zunahme an Funktionalität und Zuverlässigkeit in der Folgezeit. Geschadet hat es der Verbreitung und dem Erfolg von Word offensichtlich nicht. Die vermutlich fiktive, aber häufig zitierte Debatte zwischen Microsoft-Gründer Bill Gates und dem damaligen General Motors Chef Jack Welch, in der Gates moniert, wie günstig und sparsam Autos sein könnten, wenn Hersteller wie GM so schnell entwickeln würden wie Microsoft, und ihm Welch darauf erwidert, wie unzumutbar und lebensgefährlich Autos wären, diese die Qualität von Microsofts Software hätten, veranschaulicht die Eigenheiten der beiden unterschiedlichen Vorgehensweisen.

Agile Arbeitsweisen haben es in der Softwareentwicklung ermöglicht, erste brauchbare Ergebnisse schnell auf den Markt zu bringen und dadurch jederzeit flexibel auf Markt und Wettbewerb reagieren zu können. Um diesen Effekt auch auf andere Bereiche der Produkt- und Dienstleistungsentwicklung transferieren zu können, wurden die entsprechenden Methoden übernommen und unter dem Sammelbegriff *agile Entwicklung* an deren Anforderungen angepasst. Eine der bekanntesten und verbreitetsten agilen Methoden ist Scrum. Hier lösen crossfunktionale Teams über mehrere gleich lange Sprints hinweg die Entwicklungsaufgabe schrittweise und vor allem selbstorganisiert. Von den etablierten, mitunter streng hierarchischen und langwierigen Entwicklungsprozessen etwa der Automobilindustrie unterscheidet sich die agile Entwicklung nicht nur durch die Selbstorganisation, sondern unter anderem auch durch die schnelle Auslieferung eines *Minimum Viable Product (MVP)*, also einer keineswegs perfekten, aber für den Kunden gerade noch akzeptablen Minimallösung, die dann schrittweise durch neue Releases verbessert wird. Schon hier wird klar, wie radikal solche Ansätze aus Sicht der etablierten Arbeitsstrukturen und Prozesse anfangs waren, speziell in der Automobilindustrie. Wobei das „Minimum" in MVP bei sicherheits-kritischen Funktionen wie Lenken oder Bremsen eben wie bisher auch hundertprozentige Zuverlässigkeit bedeutet, bei reinen Komfortfunktio-nen sind da zu Beginn eher auch mal Kompromisse möglich.

Sollen also digitale Funktionen in etablierte, komplexe Produkte wie eben beispielsweise einen Pkw integriert werden, stellt sich die Heraus-forderung, die bestehenden, typischerweise mechanikorientierten und damit vergleichsweise langsamen Entwicklungsprozesse mit den schnel-len, agilen Prozessen der Softwareentwicklung zu vereinen. Technisch erfordert dies eine größtmögliche Entkopplung von Produkthardware und -software sowie standardisierte, rückwärtskompatible Schnittstellen. Nur so kann sichergestellt werden, dass beispielsweise ein heute gekauftes Elektrofahrzeug auch in mehreren Jahren noch an den bis dahin weiter-entwickelten öffentlichen Ladestationen laden oder sich mit der zu die-sem Zeitpunkt dann aktuellsten Version von Smartphones verbinden kann.

4.4.6.3   Clash of Cultures: Zwei Welten treffen aufeinander

Neben der technischen besteht bei dieser gemeinsamen Entwicklung von Hard- und Software eine weitere und vermutlich weitaus größere Heraus-forderung im Aufeinandertreffen der unterschiedlichen Werte und Kul-turen, welche die Vertreter der beiden „Lager" mitbringen. Das agile Mantra „Better done than perfect" steht ganz offensichtlich im diametra-len Gegensatz zu den Leitlinien des klassischen Qualitätsverständnisses der Automobilindustrie wie etwa *„quality first"* oder *„zero tolerance"*. Wer heute im Zweiwochenrhythmus datenbasierte Dienste entwickelt und anbietet, hat für die jahrelangen Entwicklungszeiten des Gesamtfahr-zeugs mit den durch den Bau und die Erprobung von Hardwareprototy-pen monatelangen Optimierungszyklen und rigiden Freigabeprozessen häufig nur ungläubiges Kopfschütteln übrig, während umgekehrt die agi-len Arbeitsweisen aus Sicht manch eines gestandenen Automobilentwick-lers allen gelernten und heiligen Prinzipien der Ingenieurskunst wider-sprechen und geradezu verantwortungslos anarchische Züge aufweisen.

Diese kulturellen Unterschiede gehen dabei jedoch weit über praktische Arbeitsweisen hinaus und gelten bis tief in den Kern, in das Führungsverständnis der Unternehmen. Hier steht auf der einen Seite die klassischerweise unangreifbare Managemententscheidung, die auf dem persönlichen und natürlich nicht immer validierbaren Fachwissen der verantwortlichen Führungskräfte basiert. Solche Entscheidungen können durchaus fachlich basiert sein, aber eben auch auf rein subjektiven Wahrnehmungen fußen wie etwa: „Bei mir im Golfclub wünschen sich alle in ihren Autos elektrisch verstellbare Innenspiegel, die müssen wir unbedingt bringen!". Traut sich hier trotz besseren Wissens niemand zu widersprechen (und das ist in vielen Unternehmen so noch üblich), wird die persönliche Meinung zur Unternehmensentscheidung, gegebenenfalls mit den entsprechenden Folgen.

In der digitalen Gesellschaft dagegen zählen Fakten mehr als persönliche Meinungen. So wie mit der Smartwatch der eigene Herzschlag und mit der vernetzten Waage der BMI kontinuierlich getrackt und damit das persönliche Wohlbefinden bewertet wird, wird auch den Ergebnissen von Data Analytics grundsätzlich mehr vertraut als selbst dem Vorstand. Um etwa herauszufinden, wie sich Kunden tatsächlich verhalten und welche Angebote sie wirklich gut oder schlecht finden, werden hier nicht die Vertriebsleiter gefragt, sondern im Feld entsprechende Daten erhoben und ausgewertet. Unter den „Digitalen" gilt beispielsweise der Slogan „Don't let HIPPO decide, let data decide!", wobei „HIPPO" hier für Highest Paid Person's Opinion steht. Dabei ist die Erkenntnis, wie wichtig Daten für unternehmerische Entscheidungen sind, wahrlich nicht neu: W. Edwards Deming, einem der führenden Vordenker des Qualitätsmanagements des vergangenen Jahrhunderts, wird die von Vorständen und Geschäftsführern durchwegs als radikal und konfrontative empfundene Aussage „Without data, you're just another person with an opinion." zugeschrieben.

In vielen Unternehmen wird solches Denken als radikal und gefährlich gesehen, schließlich bedeutet dessen Umsetzung am Ende nicht weniger, als den Führungskräften und ihren Gremien die inhaltliche Entscheidungsgewalt zu nehmen. Das Aufgeben von über Jahrzehnte geübten und für diejenigen, die es damit an die Spitze der Unternehmen geschafft haben, ja in der Retrospektive höchst erfolgreichen Prozessen und Strukturen fällt aber der einen Seite so schwer, wie es der anderen schwerfällt zu akzeptieren, dass manche Produktziele wie zum Beispiel Sicherheitsanforderungen eben nicht verhandelbar sind und bereits im ersten Anlauf zu 100 Prozent erreicht werden müssen. Alte Welt und neue Welt nicht nur inhaltlich, sondern vor allem auch gesellschaftlich und kulturell zu integrieren, ist im digitalen Wandel die erfolgskritische Aufgabe der Unternehmensführung schlechthin.

4.4.6.4   Digitaler Wandel in der Gesellschaft

Digitalisierung beinhaltet also zum einen den technischen Wandel durch die massenhafte und intelligente Vernetzung von „Dingen" im Internet, speziell von deren Sensoren und Aktoren. Der Wandel bezieht sich dabei auf Produkte und Dienstleistungen, inklusive der Prozesse zu ihrer Herstellung beziehungsweise Erbringung. Zum anderen zeigt sich die Digitalisierung aber eben auch in den bereits beschriebenen neuen Angebotsformen, den *digitalen Geschäftsmodellen*. Im Bereich der Mobilität relevant sind hier speziell der *E-Commerce*, etwa in Form des Onlinevertriebs von Pkw, *Subskriptionsmodelle* wie ein abonnierbarer Verkehrsflussinformationsdienst und *Pay-per-Use*-Angebote wie Carsharing. In Summe steht bei allen digitalen Geschäftsmodellen nicht mehr der Verkauf eines vorher entwickelten und produzierten Produkts im Vordergrund, sondern das Betreiben von Produkten als Service: Nicht mehr CD und DVD, sondern Streaming, nicht mehr digitale Straßenkarte, sondern intelligente Routenplanung in Echtzeit, nicht mehr Pkw, sondern Mobilität.

Diese neuen Geschäftsmodelle sind nicht zuletzt auch deshalb so Erfolg versprechend, weil die Digitalisierung in den letzten Jahren über die Geschäftswelt hinaus in allen Bereichen der Gesellschaft einen tief greifenden Wandel ausgelöst hat. Maßgeblich dazu beigetragen hat die flächendeckende Verbreitung von Smartphones über alle gesellschaftlichen Schichten, alle Altersgruppen und alle geografischen Bereiche hinweg. Kaum ein Gerät hat jemals in so kurzer Zeit das Leben so vieler Menschen in den unterschiedlichsten Bereichen so radikal verändert wie das Smartphone und die dadurch mögliche persönliche und mobile Vernetzung. Dass alle Menschen, egal wo auf der Welt, jederzeit miteinander in

Verbindung stehen und Daten austauschen können, hat technisch, geschäftlich, gesellschaftlich und politisch zu Veränderungen heute noch
nicht absehbaren Ausmaßes geführt.

Wer vor 1990 geboren wurde und diesen Wandel somit als Erwachse-
ner bewusst erlebt hat, wird die Veränderungen gegenüber dem bisher
Gewohnten üblicherweise genau betrachten und durchaus kritisch bewerten. Welche Qualität haben die im Internet verfügbaren Nachrichten
und Informationen? Ist es wirklich nur von Vorteil, immer online und
damit verfügbar zu sein? Wenn man mehr Zeit am Smartphone ver-
bringt, für welche anderen Dinge hat man dann keine Zeit mehr? Den
Digital Natives, die mit Smartphone und Tablet aufgewachsen sind, fehlt
dagegen diese Erfahrung als Alternative, sie nehmen sie maximal in alten
Filmen und aus Erzählungen der Eltern oder gar Großeltern schmun-
zelnd bis ungläubig zu Kenntnis: Hattet ihr wirklich diese großen Tele-
fone mit Kabeln dran und habt für ein Gespräch von Deutschland nach
England drei Euro pro Minute bezahlt? Hattet ihr wirklich diese dicken
Warenhauskataloge und habt sechs Wochen auf die Lieferung gewartet?
Musste man Fahrkarten wirklich an Automaten kaufen und dort mit
Münzgeld bezahlen?

Ganz unabhängig davon, ob man mit der Digitalisierung groß geworden ist oder sie in späteren Lebensjahren erlernt hat: In der digitalen Gesellschaft werden seitens der Konsumenten an Produkte und Dienstleistungen deutlich andere Erwartungen gestellt, als dies noch vor wenigen
Jahren der Fall war. Wer hier ein Produkt erwerben oder eine Dienstleistung in Anspruch nehmen möchte, erwartet zum einen, dass er dies immer und überall kann. Egal ob er gerade im Café sitzt oder zu Hause auf
dem Sofa liegt – er möchte sich rund um die Uhr informieren und beraten lassen und jederzeit buchen beziehungsweise bestellen können.
Muss er dazu doch in einen Laden, möchte er auch dort nicht auf Laden-
schlusszeiten achten müssen. Eingeschränkte Servicezeiten gelten grundsätzlich als nicht akzeptabel. Ein Mobilitätsangebot, das zwischen zehn
Uhr abends und sechs Uhr morgens nicht verfügbar ist, hat unter *Digitals*
keine Chance. Zum anderen wird eine möglichst sofortige Verfügbarkeit
erwartet. Auch wenn es Zeiten gab, in denen es Fahrzeugkäufer ohne mit
der Wimper zu zucken akzeptiert haben, bis zu fünf Jahre auf die Auslieferung ihres Autos zu warten: In Zeiten von Amazon Prime und

Same-Day-Delivery werden schon fünf Wochen Lieferzeit als unendlich lang empfunden, wer einen Ride-Hailing-Dienst buchen möchte, sieht schon 10 Minuten Wartezeit als absolut grenzwertig an. Und wer in einer fremden Stadt vor einem Sharing-E-Scooter steht, möchte damit sofort losfahren. Dauert hier die Registrierung länger als zwei Minuten, ist der Kunde beim nächsten Anbieter.

Wer also langfristig mit geborenen oder gewordenen *Digitals* Geschäfte machen will, sollte diese geänderte Erwartungshaltung berücksichtigen und sich auch darüber hinaus auf veränderte Randbedingungen einstellen:

- Zurückgehende Bindung
  Wer gewohnt ist, selbst die Dinge des täglichen Bedarfs weltweit on-line einzukaufen, wird sich auch beim Fahrzeugkauf nicht auf das Angebot des ortsansässigen Händlers beschränken. So schnell wie der im Vergleichsportal identifizierte Internetprovider oder Weinlieferant wird eben auch der in Tinder oder Parship gefundene Partner, der Carsharinganbieter oder die Fahrzeugmarke gewechselt. „One Click In" bedeutet auch „One Click Out".
- Breiter Informationsstand
  Über das Internet können sich Kunden nicht nur umfassend zu einem bestimmten Angebot samt zugehörigen Kundenerfahrungen und al-ternativen Angeboten des Wettbewerbs informieren; auch Berichte und Hinweise zum Anbieter selbst werden eingeholt und können die Kaufentscheidung beeinflussen. Digitals sind werteorientiert und da-bei nicht nur hellhörig, sondern auch sensibel. Wer ein tolles Produkt anbietet, aber in Internetforen mit der Ausbeutung lokaler Arbeitskräfte oder der Verursachung von Umweltschäden in Verbindung gebracht wird, ist schnell wieder aus dem Rennen.
- Feedbackkultur
  Feedback zur eigenen Person, zum eigenen Produkt oder zum eigenen Service zu erhalten, ist grundsätzlich immer wertvoll. Bedeutete es frü-her einen gewissen Aufwand, Feedback etwa durch Kundenbefragungen einzuholen, wird es in der digitalen Kultur ungefragt, schnell, ungefil-tert und vor allem für jedermann zugänglich gegeben. Personen wie Firmen müssen damit umgehen können, dass die Erfahrung eines un-zufriedenen Kunden bereits Minuten später weltweit lesbar in entspre-

chenden Internetforen und Netzwerken steht. Wer hiervon betroffen ist, lernt außerdem schnell, dass es in den meisten Fällen weitaus zielführender ist, dieses Feedback, selbst wenn es als ungerecht empfunden wird, klaglos zu schlucken und daraus Verbesserungsmaßnahmen abzuleiten als vor der ganzen Welt zu argumentieren, ob und warum die Kritik nun berechtigt war oder nicht.

- Aufgeklärtes Verhältnis zu personenbezogenen Daten
Als in Deutschland in den 1980ern im Rahmen einer Volkszählung eine geringe Anzahl persönlicher Daten erhoben werden sollte, erhob sich eine Welle des Protests. Die Gegner der Volkszählung hatten keinen konkreten Grund für ihren Widerstand, sondern lehnten es generell ab, Informationen über sich preisgeben zu müssen. Viele derer, die damals gegen die Volkszählung protestiert oder die geforderten Angaben verweigert haben, haben 25 Jahre später freiwillig und vorbehaltlos persönliche Daten in weitaus größerem Umfang preisgegeben, nur um bei Payback Punkte zu sammeln oder von Onlineanbietern personifizierte Angebote zu erhalten. Inzwischen, nach Spammailflut und Datenmissbrauchsskandalen, achten die Menschen wieder deutlich stärker auf den Schutz ihrer persönlichen Daten und wägen genau ab, für welchen Zweck sie bereit sind, diese weiterzugeben und für welchen nicht.

- Nutzen statt besitzen
Wer als Musik- und Filmliebhaber den ersten Streamingdienst abonniert, macht dabei eine geradezu klassische Digitalisierungserfahrung: Die über Jahre und Jahrzehnte angelegte, gehegte und gepflegte Sammlung von CD und DVD versinkt quasi über Nacht in der völligen Bedeutungslosigkeit. Nutzen, also in diesem Falle Songs und Videos zu streamen, erweist sich hier nicht nur als deutlich günstiger als sie zu besitzen, sondern vor allem auch als deutlich einfacher und komfortabler. Ich muss mich nicht auf die Musik und die Filme beschränken, die in meinem Regal stehen, sondern kann mir anhören und ansehen, worauf ich gerade Lust habe. Das gilt analog für die Mobilität. Wer nicht jeden Tag ein Auto und nicht jeden Tag das gleiche Auto braucht, ist mit On-Demand-Diensten oft billiger und flexibler unterwegs. Deutlich sichtbar wird dieser Wandel am veränderten Wert des Besitzes. Die CD- und DVD-Sammlung haben ihre

frühere Bedeutung als Statussymbol heute klar eingebüßt, das eigene Fahrzeug ist gerade auf dem Weg dorthin.

Während die Gesellschaft also bereits tief im digitalen Wandel steckt, tun sich viele etablierte Unternehmen ganz offensichtlich immer noch schwer damit. Grund dafür sind in erster Linie Führungskräfte und Mitarbeiter, die an den Prozessen und Werten festhalten, die in ihren Augen in der Vergangenheit erfolgreich waren und durch die sie letztendlich auch in die Position gekommen sind, in denen sie heute sind. Digitaler Wandel bedeutet aus dieser Sicht, das eigene Erfolgsrezept aufgeben zu müssen und die eigenen Werte zu verraten. Er wird somit als Bedrohung empfunden und muss aufgehalten oder gar bekämpft werden. Es ist offensichtlich, dass in einer solchen Geisteshaltung auch der Mut zu Entscheidungen für den Wandel und den langfristigen Erhalt der Wettbewerbsfähigkeit fehlt.

„Digital Culture verbindet die Affinität zu neuen Technologien mit einem auf Transparenz, gegenseitigem Respekt und vernünftiger Priorisierung beruhendem Arbeits- und Lebensstil. Digitals ecken deshalb auch in traditionellen Unternehmenskulturen immer wieder an, beispielsweise wenn sie Daten grundsätzlich mehr vertrauen als der persönlichen Meinung von Führungskräften."

5

Mobilität als Dienstleistung
Welche Alternativen zum eigenen Fahrzeug wird es in Zukunft geben?

5.1 Der Mobilitätsklassiker: das eigene Auto

5.1.1 Das eigene Auto als Selbstzweck

Ein eigenes Auto zu besitzen war und ist für viele Menschen nicht nur berufliche oder private Notwendigkeit, sondern Wert und Ziel an sich. Die Möglichkeit, wann immer man möchte und wohin immer man möchte, fahren zu können, hat das Auto von Anfang an zu einem Inbegriff persönlicher Freiheit gemacht. Durch die mit seiner Anschaffung verbundenen Kosten sowie die mit unterschiedlichen Fahrzeugtypen zum Ausdruck gebrachten und aufgenommenen Emotionen ist es zudem zu einem bedeutenden Mittel persönlicher Selbstdarstellung und Symbol sozialen Status geworden. In vielen Gegenden und Gesellschaften stellt es auch heute noch die höchste Stufe der individuellen Mobilität dar und gilt als Indiz für den Platz, der seinem Besitzer innerhalb der Gesellschaft zugemessen wird: Wer genug Geld hat oder alt genug ist, kann mit dem eigenen Auto fahren und ist nicht mehr auf Bus, Fahrrad oder Moped angewiesen. In China, wo in den letzten Jahren innerhalb sehr kurzer Zeit viele Menschen vom Fahrrad auf den Elektroroller und dann aufs Auto umgestiegen sind (eine Entwicklung, die im Westen zuvor etwa

© Springer Fachmedien Wiesbaden GmbH, ein Teil von Springer Nature 2020
J. Weber, *Bewegende Zeiten*, https://doi.org/10.1007/978-3-658-30311-2_5

zehnmal so lange gedauert hat), ließ und lässt sich dieser Effekt geradezu im Zeitraffer beobachten. Die weit über dessen Funktion als Fortbewegungsmittel hinausgehende Bedeutung des Autos wird weltweit auch daran deutlich, dass in vielen privaten Haushalte der Fahrzeugkauf in puncto Investitionsvolumen nur noch von einem möglichen Hauskauf übertroffen wird.

Der mit dem Besitz eines Autos verbundene gesellschaftliche Status ist dabei ein vielschichtiges Thema und neben vielen anderen Aspekten vor allem auch vom jeweiligen Kulturraum und sozialen Umfeld abhängig. Primäre Faktoren sind dabei Typ, Klasse und Marke und die damit verbundene Preisposition des Fahrzeugs. Dabei ist der Zusammenhang zwischen Preis und Status keinesfalls linear, und auch die vom Besitzer beabsichtigte Wirkung und die von der Gesellschaft gewährte Wahrnehmung liegen zum Teil weit auseinander. Beispielsweise erleben Fahrer von SUV heute in Innenstädten anstelle einer durch die Größe und Präsenz des Fahrzeugs erhofften Anerkennung oder gar Bewunderung häufig Ablehnung bis hin zur Aggression, während der eine oder andere gebrauchte Kleinwagen für seinen Besitzer durchaus zum Sympathiefänger werden kann.

Gleichzeitig hat die Tatsache, dass die Nutzung eines eigenen Autos umso weniger Vorteile mit sich bringt, je mehr Fahrzeuge sich die vorhandenen Straßen und Parkplätze teilen müssen, in den internationalen Metropolen schon früh zu einer Verschiebung des Mobilitätsverhaltens und der damit verbundenen Statuswahrnehmung geführt. In den U-Bahnen und Bussen von New York, London oder Tokyo fahren schon lange nicht mehr nur Menschen, die nur darauf warten, sich endlich ein eigenes Auto leisten zu können. Arbeitgeber bieten anstelle der früher standesgemäßen Dienstwagen inzwischen immer häufiger Mobilitätspauschalen an, über deren genaue Verwendung der Arbeitnehmer dann selbst entscheiden kann. Die gesellschaftliche Akzeptanz des öffentlichen Nahverkehrs als Alternative zum eigenen Auto kann dabei selbst zwischen Städten des gleichen Kulturraums deutlich variieren, sie ist beispielsweise in New York deutlich stärker ausgeprägt als in Los Angeles. Ebenfalls deutliche Unterschiede bestehen hier zwischen Stadt und Land: Während der öffentliche Nahverkehr in vielen Städten immer häufiger eine Alternative zum eigenen Fahrzeug wird, nimmt für die Fahrt von einem Dorf ins Nachbardorf kaum jemand freiwillig lieber den Bus als das eigene Auto.

5.1.2 Alternativen zum eigenen Auto

Wer aber eben ohne eigenes Fahrzeug von A nach B kommen wollte, der hatte lange Zeit im Wesentlichen drei Alternativen: den öffentlichen Nah- und Fernverkehr zu nutzen, sich mit einem Taxi fahren zu lassen oder einen Mietwagen zu leihen. Darüber hinausgehende Angebote, wie Mitfahrzentralen für Fahrten von Stadt zu Stadt, die privat organisierte gemeinsame Nutzung privater Pkw oder der Einsatz von durch Unternehmen gecharterte Busse, die Mitarbeiter von Fabriken an den Arbeitsplatz oder Kunden in große Einkaufszentren bringen, stellten im Mobilitätsmarkt seltene und enge Marktnischen dar.

Doch dieses überschaubare Angebot hat sich innerhalb der letzten zehn Jahre deutlich verändert. Zwischen dem eigenen Pkw oder Zweirad, dem relativ preisgünstigen, aber unflexiblen öffentlichen Nahverkehr und dem relativ teuren Mietwagen hat sich eine Vielzahl neuer Angebote etabliert; Mobilitätskunden können heute somit weitaus differenzierter die für ihre persönliche Situation optimale Lösung wählen. Für diese deutliche Marktveränderung sind drei parallele Effekte verantwortlich:

- Neue Optionen durch Digitalisierung: Die Möglichkeit, über Smartphones jederzeit und überall seinen Mobilitätswunsch abzusetzen und verfügbare Angebote abrufen zu können, ermöglicht es den Dienstleistern, preislich attraktive und auf den persönlichen Bedarf der Kunden angepasste Mobilitätsangebote auf den Markt zu bringen.
- Zunehmende Unzufriedenheit mit der Ist-Situation: Besitz und Nutzung eines eigenen Pkw sind speziell in den Städten durch die sich verschlechternde Verkehrs- und Parksituation, steigende Kosten wie Steuern oder Mautgebühren und regulatorische Zwänge wie beispielsweise Zufahrtsbeschränkungen mit immer mehr Unannehmlichkeiten verbunden. Gleichzeitig machen überfüllte Züge und Busse sowie

Unzuverlässigkeit auch den öffentlichen Nahverkehr vielerorts immer unattraktiver.

- Wertewandel: Speziell bei jüngeren Menschen nimmt die Bedeutung des Autos als Statussymbol und Grundlage der persönlichen Freiheit zunehmend ab.

Wann also sind Menschen dazu bereit, auf ein eigenes Auto zu verzichten? Ausschlaggebend dafür ist das Maß, in dem Attraktivität und gesellschaftliche Wertschätzung alternativer Mobilitätsoptionen steigen und gleichzeitig die mit der Nutzung eines eigenen Autos verbundenen „Schmerzen" zunehmen. Wer beispielsweise in einer Kleinstadt wohnt und dort nie ernsthaft (und schon gar nicht regelmäßig) im Stau stand oder nach einem freien Parkplatz suchen musste, wird sich kaum jemals wirklich Gedanken über Alternativen zum eigenen Auto gemacht haben. In vielen Fällen stehen den Alternativen dazu auch berufliche oder private Notwendigkeiten gegenüber oder schließen sie kategorisch aus. Wer etwa häufig kurzfristig mobil sein muss, als Sportler oder Handwerker spezielles Equipment benötigt, das im Auto verbleiben soll, oder regelmäßig von Orten abfährt oder Ziele anfährt, an denen keine Alternativen verfügbar sind, wird viele Unannehmlichkeiten in Kauf nehmen, bevor er auf ein eigenes Auto verzichtet. Und sicherlich wird der Besitz eines eigenen Fahrzeugs – selbst wenn nicht zwingend erforderlich – für viele Menschen auch weiterhin einen so hohen Wert an sich darstellen, dass sie dafür auch einen noch so hohen Preis zu zahlen bereit sein werden.

Was die Entscheidung erleichtert, auf ein eigenes Auto zu verzichten, sind die neuen, digitalen Mobilitätsdienstleistungen, welche die bestehende, fahrplangebundene öffentliche Mobilität sinnvoll ergänzen. Abgesehen vom Umstieg auf alternative Fahrzeuge wie Fahrrad oder Motorroller bestehen damit zwei hauptsächliche Alternativen:

- Carsharing, also mit einem fremden Auto selbst zu fahren
- Ride Hailing, also sich in einem fremden Auto fahren zu lassen

Da es dabei in der Regel um das Aufgeben gewohnter und vor allem auch lieb gewonnener Verhaltensweisen geht, vollzieht sich dieser Abnabelungsprozess vom eigenen Auto gewöhnlich in zwei Stufen: Der erste

Schritt ist die Nutzung von Carsharingangeboten. Man hat zwar kein eigenes Auto mehr, fährt aber „wie früher" noch selbst. Die Nutzung von Ride-Hailing-Diensten stellt dann die zweite Stufe dar und erfordert mit dem Verzicht darauf, selbst zu fahren, ein weiteres Loslassen.

„Egal wo auf der Welt: Auf dem Land und in den Kleinstädten wird das eigene Auto auch in zehn oder zwanzig Jahren noch das vorherrschende Verkehrsmittel sein. In dieser Hinsicht müssen sich die Automobilhersteller also wenig Sorgen machen."

5.2 Car Sharing: selbst fahren im geliehenen Auto

Die Statistiken zeigen ein klares und ernüchterndes Bild: In Europa werden Fahrzeuge im Privatbesitz täglich im Durchschnitt circa eine Stunde lang gefahren, die verbleibenden 23 Stunden bleiben sie geparkt. Hinzu kommt, dass in der Regel auch das Parken mit Kosten verbunden ist. In nicht wenigen Innenstädten liegt inzwischen der Mietpreis für einen Fahrzeugstellplatz in der Größenordnung der Leasingrate eines Mittelklassewagens. Nüchtern betrachtet zahlt der Fahrzeugbesitzer hier also für die Nicht-Nutzung seine Fahrzeugs noch mal genauso viel wie er bereits für dessen Nutzung bezahlt – ein betriebswirtschaftlicher Irrsinn, der sich durch steigende Nutzungskosten immer weiter verschlimmert.

Sich bei Bedarf ein Fahrzeug zu leihen, bietet dagegen die Möglichkeit, wirklich nur für die Zeit der tatsächlichen Nutzung zu bezahlen. Je nach individueller Situation ist Carsharing deshalb in vielen Fällen die wirtschaftlichere Alternative, nicht nur zum Zweit-, sondern in vielen Fällen auch zum Erstwagen.

5.2.1 Angebote und Geschäftsmodelle

5.2.1.1 Business-to-Consumer (B2C)-Carsharing

Beim *B2C-Carsharing* verfügt die Betreiberfirma über eine Fahrzeugflotte und stellt diese ihren Kunden gegen Bezahlung zur Verfügung. Zur Absicherung von Risiken des Betreibers, um gesetzlichen Forderungen zu entsprechen und schließlich auch zur Vereinfachung der Nutzungsprozesse müssen sich Kunden vor Nutzung des Dienstes als Mitglied registrieren. Diese Registrierung beinhaltet dabei die Sicherstellung von Identität, einer gültigen Fahrerlaubnis sowie einer Zahlungsoption.

Mietwagen

Das Geschäftsmodell der klassischen Autovermieter wie Enterprise, Hertz oder Sixt besteht darin, dass Kunden ihre Fahrzeugbedarfe möglichst vorab in Form einer Reservierung anmelden (ansonsten kann das Fahrzeugangebot sehr eingeschränkt sein), ein Mitarbeiter des Autovermieters das entsprechende Fahrzeug gewaschen und vollgetankt an einer der gewünschten Station an den Kunden übergibt und dieser es nach Abschluss der Fahrt in der Regel an der gleichen Station wieder abgibt, wo es durch weitere Mitarbeiter auf Vollständigkeit und Schäden überprüft wird. Abgerechnet wird taweise, mit deutlichen Preisreduzierungen bei mehrtägigen oder mehrwöchigen Fahrten. Fahrten, bei denen das Fahrzeug an einer anderen Station abgegeben wird, als es abgeholt wurde, sind zwar möglich, aber deutlich teurer.

Während Mietwagen auf Geschäfts- und Urlaubsreisen schon mangels Alternativen auch heute noch die übliche Mobilitätslösung darstellen, sind sie durch die Bindung an Stationen, die zeitaufwendigen Reservierungs- und Rücknahmeprozesse sowie die taweise Abrechnung für Nutzungsarten wie regelmäßiges Pendeln oder spontane und kurze Stadtfahrten höchst unattraktiv.

Station-based Carsharing

Die nächste Stufe schon ein gutes Stück flexiblere und attraktivere Stufe nach dem Mietwagen ist das schon länger verfügbare *Station-based Carsharing*. Die Fahrzeuge müssen zwar immer noch an festen Stationen abgeholt und zurückgegeben werden, der Prozess dazu ist allerdings deutlich vereinfacht und läuft üblicherweise ohne Interaktion mit einem Mitarbeiter über Zugangskarte oder Smartphone ab – was Kosten spart und deutlich niedrigere Preise ermöglicht. Abgerechnet werden kann hier normalerweise pro Stunde. Die Kraftstoffkosten sind im Preis enthalten.

Sollte im Laufe der Fahrt nachgetankt werden müssen, erfolgt dies über den Kunden selbst an Vertragstankstellen, wo er dann mit einer dem Fahrzeug beigelegten Tankkarte bezahlt.

Dass die Fahrzeuge immer wieder zu ihrer Station zurückgebracht werden, macht das stationsbasierte Carsharing für den Betreiber vergleichsweise aufwands- und risikoarm. Aufgrund der Synergien mit dem Kerngeschäft kommen die wichtigsten Anbieter aus dem Bereich der klassischen Autovermietung, Beispiele sind hier Enterprise Car-Share oder der Vorreiter und Marktführer Zip-Car, der 2013 von Avis übernommen wurde. Dass das Geschäftsmodell allerdings nicht immer erfolgreich ist, zeigt Hertz on Demand: Das Carsharingangebot von Hertz wurde schon 2014 wegen Unwirtschaftlichkeit eingestellt.

Neben den Autovermietern haben auch einige Fahrzeughersteller Carsharing als neues Geschäftsmodell aufgegriffen, wie etwa der Dienst Maven von General Motors oder auch das nur in München verfügbare BMW on Demand. Angeboten werden dabei verständlicherweise ausschließlich Fahrzeuge der eigenen Marken, wodurch Carsharing neben einer neuen Geschäftssparte auch zum Marketinginstrument wird: Dem Angebot liegt dabei die Absicht und Hoffnung zugrunde, dass der Carsharingkunde vom gebuchten Fahrzeug so begeistert ist, dass er über kurz oder lang ein gleiches oder ähnliches Modell kauft. Eine solche „bezahlte Probefahrt" steht aber klar im Widerspruch zu der speziell von Kommunen dem Carsharing zugedachten Rolle als Enabler des Verzichts auf das eigene Auto und wird deshalb von diesen gerade bezüglich einer möglichen Förderung oder Unterstützung durchaus kritisch gesehen.

Eine weitere Anbietergruppe für Station-based Carsharing sind die Betreiber des öffentlichen Fernverkehrs, die damit ihre Angebote auch bei dezentralen Fahrzielen als Alternative zur Fahrt mit dem eigenen Pkw positionieren können. So kommt beispielsweise in Deutschland eine Fahrt mit der Bahn für deutlich mehr Kunden infrage, wenn auch entlegene Ziele vom Ankunftsbahnhof aus mit Fahrzeugen des hauseigenen Carsharingdienstes Flinkster komfortabel erreicht werden können. Dass das geliehene Auto am Ende wieder zum Bahnhof zurückgebracht werden muss, bedeutet in diesem Fall für den Kunden dann auch keinen zusätzlichen Aufwand.

Free-floating Carsharing

Für spontane Stadtfahrten aber stellen die stundenweise Abrechnung sowie eben die Stationsbindung des Station-based Carsharing ein echtes
Hindernis dar. Dessen Nutzung scheidet vor allem dann von vornherein
aus, wenn das entsprechende Fahrzeug am Ende der Fahrt wieder an die
Abholstation zurückgebracht werden muss.

Die Möglichkeit, über Smartphones und vernetzte Fahrzeuge die genauen Standorte von Nutzern und Fahrzeugen zu erfassen, ermöglicht in
diesem Fall eine deutlich praktischere Alternative: Das seit einigen Jahren
in vielen Städten angebotene *Free-floating-Carsharing*, bei dem die verfügbaren Fahrzeuge quer über die Stadt verteilt sind, und dem anfragen-
den Nutzer dann die angezeigt werden, die für ihn am nächsten gelegen
sind. Das gewünschte Fahrzeug wird über die App des Anbieters lokalisiert, geöffnet und betriebsbereit gemacht; Vollständigkeit, Sauberkeit
und Unversehrtheit werden über ein Menu im Fahrzeug abgefragt und
vom Nutzer bestätigt. Nach Erreichen des Ziels wird das geparkte Fahrzeug per App abgesperrt und die Fahrt über zuvor hinterlegte Zahlungs-
mittel minutengenau abgerechnet.

Fahrtbeginn und -ende können also irgendwo innerhalb eines vorgegebenen Bereichs einer Stadt oder eines Ballungsraums liegen. Die Akzeptanz von Free-floating-Carsharingdiensten steht und fällt dabei mit einer
dem Bedarf der Nutzer entsprechenden Verteilung der Fahrzeuge über
das Betriebsgebiet. Bei größeren Abweichungen zwischen Soll- und
Ist-Verteilung müssen hier die Fahrzeuge entweder einzeln mit Fahrern
oder durch Verladung auf Transporter umverteilt werden, etwa wenn sich
am frühen Sonntagmorgen zu viele Fahrzeuge in der Stadtmitte konzentrieren und dafür in den Wohnvierteln am Stadtrand fehlen.

Auch beim Free-floating-Carsharing sind die Kosten für Kraftstoff
oder Strom im Preis enthalten. Bei der Anzeige der verfügbaren Fahrzeuge in der Buchungs-App wird auch deren aktueller Tankfüllstand oder
der Ladezustand der Batterie angezeigt, sodass der Nutzer abschätzen
kann, ob dies für die geplante Fahrt ausreicht. Getankt, geladen oder gewaschen werden die Fahrzeuge dann von den Kunden selbst, die dafür
vom Betreiber Freiminuten für die Nutzung des Dienstes erhalten. Eine
geschickter Kniff, durch den sich die Betreiber die entsprechenden Personalkosten sparen: Hier haben sich in kürzester Zeit Nutzergruppen

gefunden, die sich gezielt nur Fahrzeuge suchen, die getankt oder geladen werden müssen, und sich so ihre individuelle Mobilität finanzieren.

Einen erheblichen Kostenfaktor für die Betreiber von Free-floating-Carsharingflotten stellen die hohen Aufwände für Instandhaltung und Reparatur dar. Zum einen werden die Fahrzeuge innerhalb des gleichen Zeitraums deutlich länger und intensiver genutzt als Fahrzeuge im Privatbesitz und unterliegen somit natürlicherweise einem stärkeren Verschleiß. Zum anderen verleiten das Fehlen einer Zustandsüberprüfung durch den Anbieter bei der Fahrzeugabgabe, die Unabhängigkeit des Fahrtpreises vom Verbrauch sowie das Gefühl, während der Fahrt unbeobachtet zu sein, viele Nutzer ganz offensichtlich zu einer wenig schonenden Fahrweise und einem achtlosen und zum Teil auch bewusst schädigenden Umgang mit den Fahrzeugen. Sowohl Verschleiß als auch die Häufigkeit von Unfallschäden liegen bei Sharing-Fahrzeugen deutlich über den Werten von vergleichbaren Fahrzeugen im Privatbesitz.

Betrieben werden Free-floating-Carsharingflotten heute in der Regel von Fahrzeugherstellern – wie etwa FREE NOW als Zusammenschluss von Daimler Car2Go und BMW DriveNOW oder We Share von Volkswagen. Einer der Hauptgründe dafür ist die bereits beschriebene Marketingerwartung der Hersteller, dass sich der Kunde auf der Fahrt mit dem Shared Car für den Kauf eines Fahrzeugs begeistern lässt. Aus diesem Grund spielen einige dieser Betreiber auch mit dem Gedanken, dem Nutzer am Fahrtende bei Gefallen direkt aus dem Menu heraus mit einem Klick den Erwerb des Fahrzeugs als Gebrauchtwagen zu ermöglichen, sodass er gleich mit „seinem" Fahrzeug weiterfahren kann. Ein anderer Grund, der das Betreiben von Carsharingdiensten für Fahrzeughersteller besonders attraktiv macht, ist, dass sie Wartungs- und Reparaturarbeiten an der Fahrzeugflotte durch ihre hauseigenen oder Vertragswerkstätten vergleichsweise kostengünstig durchführen können.

5.2.1.2 Peer-to-Peer (P2P)-Carsharing

Das Geschäftsmodell des *P2P-Carsharing* beruht darauf, dass Privatpersonen bereit sind, ihr eigenes Auto temporär und gegen Gebühr anderen Nutzern zu überlassen. Über Websites oder Apps hinterlegen die Fahrzeugbesitzer auf der Plattform des Betreibers ihre Fahrzeuge mit Standort und Verfügbarkeit. Der Betreiber gleicht diese Angebote dann mit den bei ihm gleichzeitig eingegangenen Nachfragen ab und bringt damit Fahrzeugbesitzer und -suchende zusammen. Diese verabreden sich dann am Fahrzeugstandort, prüfen gemeinsam den Zustand des Fahrzeugs, tauschen den Fahrzeugschlüssel aus und vereinbaren den Rückgabezeitpunkt und -ort.

Zusätzlich zu diesem Matching kümmert sich der P2P-Carsharingbetreiber um einen sicheren und reibungslosen Ablauf – nicht zuletzt, um dadurch sein Geschäftsmodell gegen Risiken abzusichern: Fahrzeugnutzer müssen sich beim Betreiber vorab registrieren und den Besitz einer gültigen Fahrerlaubnis nachweisen; Fahrzeugbesitzer müssen ihrerseits ein verkehrssicheres, zugelassenes, gereinigtes und vollgetanktes Fahrzeug zur Verfügung stellen. Besondere Ein- oder Umbauten am Fahrzeug sind nicht erforderlich. Der Betreiber stellt den nötigen Versicherungsschutz des Autos im Carsharingbetrieb sicher, wickelt auf seiner Plattform den Bezahlvorgang ab und stellt über Ranking und entsprechendes Ausfiltern von Risikogruppen bei Fahrzeugnutzern und -besitzern ein möglichst zuverlässiges Netzwerk an Sharingpartnern sicher.

P2P-Carsharing wird typischerweise tageweise abgerechnet, wobei der Fahrzeugbesitzer die Gebühr selbst festlegt und damit die Nachfrage nach seinem Auto steuern kann. Bei der Abwicklung des Bezahlvorgangs behält der Betreiber einen – durchaus signifikanten – Anteil der Fahrtgebühr als Ertragsmarge für sich ein, üblich sind hier 25 Prozent. Für den Fahrzeugbesitzer stellt die zeitweise Überlassung seines privaten Fahrzeugs eine Möglichkeit dar, dessen laufende Kosten deutlich zu reduzieren oder auch ganz zu neutralisieren. Ein besonders attraktiverer Use Case ist hierbei die Überlassung des eigenen Autos in Situationen, in denen ansonsten hohe Parkgebühren anfallen würden – etwa auf dem Flughafenparkplatz während einer Flugreise. Als Risiko bleiben Reparaturkosten durch Pannen, die häufig durch den erhöhten Fahrzeugverschleiß verursacht werden und im Gegensatz etwa zu unfallbedingten Reparaturkosten nicht durch die Versicherung des Betreibers abgedeckt sind.

Das Geschäftsmodell des P2P-Carsharing funktioniert also analog zur Kurzzeitvermietung privater Wohnungen über Plattformen wie AirBnB oder FeWo-direkt. Und genau wie dort entsteht auch im Schatten der eigentlichen Plattformen ein weiteres Geschäftsmodell: Zu den anfangs hauptsächlich privaten Anbietern, die durch die zeitweise Überlassung ihres Fahrzeugs an andere dessen Kosten senken möchten, gesellen sich auf den Plattformen immer mehr Anbieter, die – zumeist gebrauchte – Fahrzeuge möglichst günstig und zu dem alleinigen Zweck erwerben, sie im P2P-Carsharing anzubieten und dadurch Profit zu erwirtschaften – ohne sich dazu als gewerblicher Autovermieter anmelden zu müssen.

Im Vergleich zu den oben genannten B2B-Angeboten ist P2P-Carsharing allerdings noch eine klare Nische. Die meisten Anbieter wie Getaround in den USA, Easy Car Club oder Hiyacar in England, Snapp-Car in den Niederlanden oder iCarsclub in Singapur bieten ihre Dienste nur national oder gar lokal an. Nur wenige Betreiber sind wie die amerikanische Firma Turo (früher RelayRides) oder die französische Firma drivy international tätig.

5.2.1.3 Corporate Carsharing

Die genannten Vorteile des Carsharing nutzen auch immer mehr Unternehmen und bieten ihren Mitarbeitern anstelle von Führungskräftedienstwagen und Mitarbeiterfuhrpark die Nutzung eines Corporate-Carsharing-Angebots an. Dabei stellt das Unternehmen einen Fahrzeugpool zur Verfügung, dessen Fahrzeuge von Mitarbeitern für dienstliche oder auch private Fahrten verwendet werden können. Der Zugriff auf die Fahrzeuge sowie die Abrechnung der Fahrten erfolgen in Abhängigkeit der jeweiligen Unternehmensvereinbarungen je nach Art der Fahrt, Fahrzeugklasse und dienstlicher Stellung des Mitarbeiters.

Gegenüber öffentlichem Carsharing hat Corporate Carsharing klare Vorteile: Zum einen sind alle potenziellen Nutzer als Firmenangehörige bekannt und können somit gegebenenfalls zur Rechenschaft gezogen werden, ein sorgsamer und disziplinierter Umgang mit den Fahrzeugen ist damit weitaus wahrscheinlicher. Zudem lassen sich in Corporate-Carsharing-Angeboten Elektrofahrzeuge relativ leicht integrieren, da die meisten Fahrten an einem Standort des Unternehmens beginnen oder enden, an dem dann eine zentrale Ladeinfrastruktur bereitgestellt werden kann.

Am einfachsten können Unternehmen Corporate Carsharing realisieren, indem sie es komplett an einen der etablierten Carsharinganbieter vergeben. Dieser stellt dann die entsprechende Nutzersoftware zur Verfügung, erledigt Buchung und Abrechnung und übernimmt Beschaffung und das gesamte Management der Fahrzeuge. Wer bereits über einen Fahrzeugpool verfügt und diesen auch selber managen möchte, kann sein Corporate-Carsharing-Angebot durch die Nutzung einer der vielen am Markt verfügbaren Softwareplattformen umsetzen.

5.2.1.4   Non-Profit-Carsharing

Bereits in den 80er-Jahren gab es privat organisierte Clubs, deren Mitglieder sich aus finanziellen oder ökologischen Gründen ein oder mehrere Autos teilten. Ähnlich der kooperativen Finanzierung gemeinsam genutzter Gebäude oder Maschinen in der Landwirtschaft wurden in diesen Clubs die Kosten für Anschaffung und Betrieb nach einem nutzungsabhängigen Schlüssel auf die Mitglieder umgelegt. Rechte und Pflichten regelte eine von allen Mitgliedern zu unterzeichnende Vereinbarung. Besonders attraktiv werden solche kooperativen Modelle dadurch, dass sich die Mitglieder am gemeinschaftlichen Nutzen orientieren – sich also beispielsweise an getroffene Vereinbarungen zur Fahrzeugübernahmen und -rückgabe halten, flexibel auf die Bedarfe anderer Mitglieder reagieren oder auf den Werterhalt der gemeinsam genutzten Fahrzeuge achten. Genau genommen könnte das von Eltern und Kindern gemeinsam genutzte Familienauto als die einfachste Ausprägung eines *Non-Profit-Carsharing* bezeichnet werden.

Diese Form des privat organisierten Non-Profit-Carsharing wird heute vielerorts durch kommunal betriebene Angebote abgelöst. Um etwa die Anbindung des öffentlichen Nahverkehrs zu verbessern und dadurch ihren Bürgern den Verzicht auf das eigene Auto so schmackhaft wie möglich zu machen, betreiben viele Städte eigene Carsharingplattformen ohne Profiterwartung zum Selbstkostenpreis und können so kostengünstige und somit für die Bürger attraktive Angebote machen.

5.2.2 Akzeptanz von Car Sharing

Für wen aber ist nun Carsharing tatsächlich eine Alternative zum eigenen Auto? Die Bereitschaft, vollständig auf ein eigenes Fahrzeug zu verzichten und sich stattdessen immer darauf zu verlassen, sich bei Bedarf kurzfristig ein Shared Car leihen zu können, ist selbst unter vergleichbaren Randbedingungen von Person zu Person höchst unterschiedlich. Hier spielen persönliche Vorlieben und Gewohnheiten genauso eine Rolle wie individuelle Notwendigkeiten. Und: Die Entscheidung ist in mindestens gleichem Maße emotional wie rational. Der Entscheidungsprozess wird dabei durch drei Fragen gesteuert: Wie gut entsprechen verfügbare Sharingangebote den persönlichen Bedarfen und Vorlieben des Nutzers? Mit welchen nicht nur finanziellen „Schmerzen" ist der Besitz und die Nutzung eines eigenen Fahrzeugs verbunden? Wie wichtig ist ein eigenes Fahrzeug im jeweiligen konkreten Fall, sowohl nach objektiven als auch nach subjektiven Kriterien?

5.2.2.1 Match und Attraktivität des Angebots

Erstes und notwendiges Kriterium ist hier die grundsätzliche Nutzbarkeit des Angebots für den jeweiligen persönlichen Mobilitätsbedarf: Liegen mein Wohnort, mein Arbeitsplatz sowie sonstige Ziele, die ich üblicherweise anfahren möchte, innerhalb des Betriebsbereichs der verfügbaren Carsharingdienste? Von den Anbietern abgedeckt werden in erster Linie Stadtzentren und angrenzende zentrumsnahe Viertel. Wer von hier aus aber mit dem Sharingfahrzeug beispielsweise Freunde in der Vorstadt besuchen möchte, kann dort unter Umständen die Fahrzeugbuchung nicht abschließen, sondern muss das Fahrzeug wieder zurück in den Betriebsbereich bringen und dort abstellen. Somit bezahlt er die Zeit des Aufenthalts am Zielort als Nutzungszeit mit. In Städten mit ausgeprägt dezentraler Verwaltung – wie etwa den Boroughs in London – ist es außerdem durchaus möglich, dass Carsharing nur in einzelnen Stadtvierteln zugelassen und somit nicht flächendeckend verfügbar ist – was die Nutzbarkeit des Dienstes für viele dramatisch einschränkt.

Deckt sich das Angebot grundsätzlich mit dem persönlichen Bedarf, stellt sich die Frage der Verfügbarkeit: Bekomme ich immer sofort ein Fahrzeug, wenn ich eines brauche? Wie weit muss ich bis zum nächsten verfügbaren Fahrzeug gehen? Wer dauerhaft Sharingfahrzeuge nutzen möchte, wird hier in der Regel nicht mehr als drei Minuten akzeptieren, zu Stoßzeiten vielleicht auch mal fünf. Ein Netz aus Verleihstationen müsste dafür extrem engmaschig sein, was gerade im urbanen Bereich höchst unwirtschaftlich und damit unrealistisch ist. Wer Carsharing häufiger nutzen möchte, wird also auf Free-floating-Angebote zurückgreifen. Einen Hub in Verfügbarkeit, Leistung und preislicher Attraktivität von Free-floating-Carsharingangeboten können Städte durch die Zulassung mehrerer Wettbewerber im gleichen Betriebsgebiet erreichen.

Genauso wichtig wie die schnelle Übernahme eines Fahrzeugs am Abfahrtsort ist der schnelle und problemlose Abschluss der Fahrt am Zielort. Reservierte Parkplätze in Innenstadtbereich tragen hier beispielsweise enorm zur Attraktivität des Carsharing bei. Die ansonsten unter Umständen langwierige und damit teure Parkplatzsuche am Ankunftsort kann außerdem vermieden werden, wenn der Anbieter eine *On-the-fly-Übergabe* an den nächsten Nutzer vorsieht: Dem ankommenden Fahrer wird dabei bereits bei Annäherung an den Zielort signalisiert, dass dort ein anderer Nutzer das Fahrzeug gleich übernehmen möchte. Die Übergabe kann dann schnell und unkompliziert auf einem Kurzzeitparkplatz oder auch im Parkverbot oder in zweiter Reihe haltend erfolgen.

Das nächste Kriterium sind die angebotenen Fahrzeuge selber. Erfüllen die verfügbaren Fahrzeuge meine praktischen Anforderungen hinsichtlich der benötigten Anzahl von Sitzplätzen oder Größe des Laderaums? Sind Kindersitze vorhanden? Entsprechen sie darüber hinaus auch meinem persönlichen Geschmack, etwa meinen Vorlieben für bestimmte Fahrzeugtypen und -marken? Werden besonders attraktive Fahrzeuge angeboten, besteht die Chance, dass sie nicht nur aus reiner Notwendigkeit, sondern auch aus Spaß gebucht werden, etwa ein Cabrio bei gutem Wetter oder eine stylisches Coupé für den Abend. Last but not least ist auch der technische und optische Zustand der Fahrzeuge für die Akzeptanz des Sharingangebots ausschlaggebend. Gerade die Sauberkeit des Innenraums wird von Nutzern immer wieder als wesentliche Anforderung genannt, ist aber vom Anbieter gerade bei Free-floating-Diensten nur schwer sicherzustellen. Die wohl häufigste im Nutzerfeedback geäußerte Beschwerde bezieht sich auf vom Vorbenutzer im Fahrzeug hinterlassene Flaschen oder Essensverpackungen.

Neben diesen substanzbezogenen Kriterien sind vor allem auch die Kosten des Carsharingangebots für dessen Attraktivität maßgeblich. Bevor ein Autofahrer sich dazu entschließt, auf sein eigenes Auto zu verzichten, möchte er Alternativen wie Carsharing verständlicherweise ausprobieren. Hier spielt die Preisflexibilität der Anbieter eine entscheidende Rolle: Was muss ich zahlen, bevor ich das erste Mal ein Sharingfahrzeug nutzen kann? Fixkosten wie Aufnahmegebühren oder regelmäßige Mitgliedsbeiträge verderben die Lust auf ein einfaches Ausprobieren. Danach kommt die Tarifgestaltung zum Tragen: Kann ich minutengenau abrechnen? Wird der Minutenpreis bei längeren Fahrten günstiger? Nach 15 Minuten Fahrt für eine ganze Stunde oder gar einen Tag bezahlen zu müssen, ist für viele Kunden absolut unakzeptabel.

Schließlich ist wie bei allen digitalen Diensten auch beim Carsharing die Kundenbetreuung erfolgskritisch. Wie schnell, effektiv und freundlich geholfen wird, wenn bei der Buchung oder der Fahrt eine Frage aufkommt oder auch mal ein Problem auftritt, ist eine wichtige Voraussetzung für die Akzeptanz von Mobilitätsdienstleistungen aus Kundensicht.

5.2.2.2 Unannehmlichkeiten des Fahrzeugbesitzes

Wer auf dem Weg zur Arbeit nie länger im Stau steht und vor jedem Geschäft oder jeder Wirtschaft kostenfrei parken kann, hat verständlicherweise wenig Anlass, in Erwägung zu ziehen, auf sein Auto zu verzichten. Egal wo auf der Welt: Auf dem Land und in den Kleinstädten wird auch in zehn oder zwanzig Jahren das eigene Auto noch das vorherrschende Verkehrsmittel sein.

Ganz anders in den Großstädten: Dort werden temporäre oder dauerhafte Einfahrtverbote, der Rückbau von Straßen sowie die Verknappung von öffentlichen Parkplätzen zum Teil ganz bewusst zur Beherrschung oder Verringerung des innerstädtischen Fahrzeugaufkommens eingesetzt, während gleichzeitig zunehmende Straßennutzungsgebühren und steigende Preise für privates sowie öffentliches Parken in Verbindung mit rigoroser Ahndung des Falschparkens die Kosten des Fahrzeugbesitzes in die Höhe treiben. All das zusammen macht den privaten Fahrzeugbesitz in diesen Städten heute quasi Monat für Monat unattraktiver. Fahrzeugbesitzer suchen irgendwann aus reiner Verzweiflung nach Alternativen, die Generation der Fahranfänger sieht das früher so wichtige erste eigene Auto als immer weniger erstrebenswert.

Zudem verhindert der Fahrzeugbesitz häufig auch die Nutzung von alternativen Mobilitätsmodi wie dem öffentlichen Nah- oder Fernverkehr, selbst wenn diese im konkreten Fall sinnvoller, schneller oder angenehmer wären als das eigene Auto. Wer die Bereitstellungskosten wie Kaufpreis, Steuer, Versicherung oder Leasinggebühr für seinen Pkw bereits bezahlt hat, entscheidet sich verständlicherweise weniger leicht dafür, spontan auch mal mit öffentlichen Verkehrsmitteln zur Arbeit zu fahren und damit für die Fahrt letztlich doppelt zu zahlen.

Eine weiterer bereits angesprochener Nachteil des Fahrzeugbesitzes gegenüber dem Carsharing ist, dass das eigene Fahrzeug aufgrund der Vielzahl der daran gestellten Anforderungen zwangsläufig immer ein Kompromiss und damit für den aktuellen Fahrtzweck nie optimal ist. Für die Fahrt alleine zur Arbeit ist es gewöhnlich zu groß und übermotorisiert, für die Fahrt mit der Familie in den Urlaub könnte es mehr Platz haben und bequemer sein, und für den Restaurantbesuch zu zweit könnte es ein bisschen eleganter sein. Im Carsharing dagegen kann für jeden Anlass das passende Fahrzeug gewählt werden.

5.2.2.3 Notwendigkeit des Fahrzeugbesitzes

Doch auch wenn verfügbare Carsharingangebote noch so passend sind und der Fahrzeugbesitz mit noch so vielen Unannehmlichkeiten verbunden ist: Jeder misst dem Besitz eines eigenen Autos eine ganz individuelle Wichtigkeit oder Notwendigkeit zu. Ausschlaggebend sind hier unter anderem die folgenden Faktoren:

- Erfordernis spezieller Fahrzeuge oder Fahrzeugausstattungen, beispielsweise für Handwerker, Großfamilien oder auch für Menschen mit körperlichen Einschränkungen oder Behinderungen

- Viele, schwere oder sperrige Gegenstände, die im Fahrzeug verbleiben sollen wie Werkzeuge, Arbeitsunterlagen, Warenmuster, Sportgeräte oder auch Kindersitze
- Erfordernis, gegebenenfalls zuverlässig und schnell ein Fahrzeug zur Verfügung zu haben, beispielsweise bei technischen und gesundheitlichen Notdiensten
- Persönliche Affinität zum Fahrzeug. Ein echter Autoliebhaber würde viel mehr aufgeben als nur eine bequeme Fortbewegungsmöglichkeit.

Ein Schlüsselrolle bei der Bewertung der Notwendigkeit des Fahrzeugbesitzes spielt natürlich die Frage, ob es um den vollständigen Verzicht auf ein eigenes Auto oder nur den Verzicht auf einen Zweitwagen geht. Die Bereitschaft für Letzteres ist verständlicherweise deutlich höher; wer, wenn es darauf ankommt, immer noch schnell und unkompliziert auf ein Fahrzeug zurückgreifen kann, der tut sich mit dem Gedanken deutlich leichter, an Stelle des Zweitwagens Mobilitätsdienstleistungen zu nutzen.

„In den Metropolen wird Fahrzeugbesitz Monat für Monat teurer und unattraktiver. Die Mietkosten für einen Stellplatz in der Stadtmitte erreichen inzwischen die Größenordnung der Leasingkosten eines Mittelklassewagens, der Besitzer zahlt dann für das Parken noch mal so viel wie für das Fahren. Auch und gerade wer sich das leisten kann, will das irgendwann einfach nicht mehr mitmachen."

5.2.3 Geeignete Fahrzeugkonzepte

Neben den im vorangegangenen Abschnitt diskutierten Faktoren stellen vor allem auch die eingesetzten Fahrzeugmodelle eine wesentliche Einflussgröße auf die Attraktivität, Akzeptanz und Verbreitung von Carsharingangeboten dar. Die im Sharing angebotenen Fahrzeugtypen, -marken und -konfigurationen bestimmen zum einen ganz klar die Attraktivität und Nutzbarkeit des Dienstes aus Sicht der Fahrzeugnutzer, zum anderen aber vor allem auch über Anschaffungs- und Betriebskosten sowie die Qualität der Fahrzeuge seine Wirtschaftlichkeit aus Sicht des Betreibers. Heute, im Anfangsstadium des Carsharings, kommen hier aus wirtschaftlichen Gründen noch fast ausschließlich handelsübliche Fahrzeuge mit

Standardausstattung zum Einsatz. Mit zunehmender Verbreitung von Carsharingangeboten ist aber davon auszugehen, dass die eingesetzten Fahrzeuge deutlich stärker an die spezifischen Anforderungen nicht nur der Nutzer, sondern auch der Betreiber angepasst werden.

5.2.3.1 Anforderungen an Carsharingfahrzeuge aus Nutzersicht

Wer einen Carsharingdienst bucht, möchte in der Regel keine sharing-spezifischen Sondermodelle nutzen, sondern bekannte Konzepte, die nach Marke und Modell in das bestehende automobile Weltbild einge-ordnet und somit dann auch nach Preis und Leistung miteinander ver-glichen und priorisiert können. Eine einfache Fahrzeugausstattung – bei-spielsweise Stoffsitze mit manueller Verstellung – wird akzeptiert, solange keine deutlichen Einschränkungen von Funktionalität oder Komfort ge-genüber den im Handel angebotenen Modellen wahrgenommen werden, was etwa beim Entfall von Zierleisten, Textilbeschichtungen oder der Klimaanlage der Fall wäre. Carsharingnutzer möchten also das vom je-weiligen Fahrzeugtyp bekannte oder erwartete Fahrerlebnis bekommen, und erwarten zusätzlich den sharingspezifischen Support.

Ganzheitlich gesehen muss ein Carsharinganbieter mit seiner Fahr-zeugflotte möglichst gut die diversen, unterschiedlichen Mobilitätsbe-darfe der möglichen Nutzer decken. In der Kaufsituation, in der der Kunde letztendlich die Entscheidung trifft, welches der angebotenen Fahrzeuge (und damit auch welchen Anbieter) er wählt, wird er zunächst auf die objektive Nutzbarkeit für seinen Fahrtzweck schauen, sich aber dann durchaus auch von der subjektiv wahrgenommenen Attraktivität der Angebote leiten lassen. Eine sinnvolle Markteinführungsstrategie be-steht deshalb darin, zunächst kleine, wendige Hatch-Konzepte mit wenig Parkraumbedarf für die typische Stadtfahrt allein oder zu zweit und dann größere viertürige Konzepte mit bis zu fünf Plätzen für weitere Strecken und Fahrten mit Familie oder Kollegen zur Verfügung zu stellen. Wenn dieser Grundbedarf abgedeckt wird, kann die Fahrzeugflotte um attrak-tive, emotionale Konzepte wie Cabrios oder Coupés oder auch stärker motorisierte Modelle erweitert werden, die das Angebot dann auch preislich nach oben erweitern.

5.2.3.2 Anforderungen an Carsharingfahrzeuge aus Betreibersicht

Bei der Auswahl der Fahrzeuge für seine Flotte steckt der Anbieter von Carsharingdiensten in einem Zielkonflikt. Zum einen möchte er attraktive Fahrzeuge anbieten, mit denen er möglichst viele Kunden für sich gewinnen und auch deren Preisbereitschaft anheben kann. Zum anderen ist er wirtschaftlich auf möglichst niedrige Gesamtkosten angewiesen, die sich aus Anschaffungskosten, Betriebskosten und dem Restwert bei Wiederverkauf zusammensetzen.

Gegenüber Leasing oder Privatbesitz weisen Sharingfahrzeuge zum einen durch den Einsatz im Dauerbetrieb ein Vielfaches der Laufleistung auf, zum anderen unterliegen sie durch den teilweise wenig schonenden Umgang einem vergleichsweise starkem Verschleiß. Beides zusammen führt dazu, dass sie bereits nach relativ kurzer Zeit wieder als Gebrauchtwagen weiterverkauft werden. Zur wirtschaftlichen Attraktivität des Angebots für den Betreiber trägt deshalb neben dem Anschaffungspreis und den laufenden Kosten für Wartung und Reparatur vor allem auch ein gesicherter Abfluss der gebrauchten Fahrzeuge und der dabei erzielbare Wiederverkaufspreis (Restwert) bei. Aus diesem Grund setzen die Betreiber von Carsharingdiensten prinzipiell gerne handelsübliche und marktgängige Fahrzeuge mit eher niedrigem Ausstattungslevel und einem vergleichsweise hohen Grad an Robustheit ein. Sind Wartungs- oder Reparaturarbeiten erforderlich, wirkt sich diese Auswahl in der Regel nicht nur auf die Kosten für Arbeitszeit und Ersatzteile aus, sondern über die Größe des zugehörigen Werkstattnetzes auch auf die bis zum Abschluss der Arbeiten erforderliche Zeit, in der ja das Fahrzeug nicht im Sharing eingesetzt werden kann und somit keinen Umsatz generiert.

Zur Nutzung im Carsharing sind an den Fahrzeugen in der Regel spezielle Erweiterungen nötig, insbesondere der Einbau des sogenannten *Carsharingmoduls*, über welches das Fahrzeug durch den Nutzer reserviert, geöffnet und in Fahrbereitschaft versetzt, der Benutzerdialog geführt und am Fahrtende das Fahrzeug wieder abgeschlossen und die Fahrpreisbuchung veranlasst wird. Ein- und Ausbau dieser Erweiterungen sollten aus Kostengründen möglichst einfach erfolgen können. Beispiele hierfür sind:

- Das Carsharingmodul wird üblicherweise nicht im Rahmen der Serienproduktion als Sonderausstattung ins Fahrzeug integriert, sondern erst nachträglich als Zubehör verbaut. Dieser Verbau sollte möglichst einfach durchführbar sein, insbesondere sollte sich das Modul im Sinne des Fahrzeugrestwerts aber auch wieder einfach entfernen lassen, ohne dabei sichtbare Spuren wie Verschraubungslöcher oder ähnliches im Innenraum zu hinterlassen.
- Die äußere Kennzeichnung des Fahrzeugs als Sharingfahrzeug – etwa mit dem Schriftzug des Betreibers – sollte als rückstandsfrei entfernbare Beklebung auf einer marktgängigen Grundfarbe ausgeführt werden. Werden Fahrzeuge temporär in unterschiedlichen Angeboten eingesetzt (etwa tagsüber im Corporate Carsharing und nachts im freien Carsharing), bieten sich für die entsprechende Kennzeichnung anstelle der Beklebung schnell austauschbare Magnetschilder an.
- Teile wie zum Beispiel Türeinstiegsleisten, die im kurzstreckenorientierten Sharingbetrieb besonderem Verschleiß ausgesetzt sind, sollten so ausgeführt werden, dass sie ohne größeren Aufwand erneuert werden können.

Ein großes Potenzial bestünde hier in einer softwareseitigen Integration der Funktionalität des Carsharingmoduls in die vorhandene Systemarchitektur des Fahrzeugs. Auf diese Weise könnte das Carsharingmodul ohne zusätzliche Hardware und ohne mechanische Eingriffe in das Fahrzeug durch einfaches Codieren als Teil der Fahrzeugfunktionalität dargestellt und durch Auscodieren wieder entfernt werden.

Die Möglichkeit, *over-the-air* mit den Fahrzeugen der eigenen Sharingflotte interagieren zu können bietet den Betreibern bei der Gestaltung kundenorientierter Angebote eine Reihe zusätzlicher interessanter Optionen. Zum einen können im Sinne des *X on Demand* einzelne Funktionen für die Dauer der Fahrt gegen Aufpreis freigeschaltet werden. So könnte etwa die Nutzung des Schiebedachs, eines Parkassistenten oder eines Musikstreamingdienstes im Sharingfahrzeug gegen Gebühr gebucht und am Fahrtende mit abgerechnet werden. Auf die gleiche Weise kann der Betreiber etwa für neue Kunden oder noch ungeübte Fahrer die Motorleistung seiner Fahrzeuge zunächst reduzieren und erst nach über die Erfassung von Fahrdaten nachgewiesener Erfahrung und Zuverlässigkeit stufenweise wieder erhöhen, wodurch sich Unfälle und Fahrzeugmissbrauch und damit Kosten im Carsharingbetrieb reduzieren lassen.

5.2.4 Zweirad Sharing

Neben Pkw werden speziell im urbanen Bereich auch immer mehr Zweiräder im Sharing angeboten: Fahrräder, Pedelecs, Motorroller, Motorräder und in letzter Zeit zum Teil massiv auftretend auch E-Scooter. Auf den ersten Blick ähneln diese Angebote denen für Autos: Der Nutzer findet verfügbare Fahrzeuge per Smartphone oder an festen Stationen, der Betreiber stellt die entsprechende Fahrzeugflotte zur Verfügung, die Abrechnung erfolgt online. Hinsichtlich ihrer Rolle im Mobilitätssystem, der Nutzer und des Geschäftsmodells der Betreiber unterscheiden sich Zweiradsharingangebote jedoch beträchtlich, nicht nur vom Carsharing, sondern auch je nachdem, um welchen Typ von Zweirad es geht, auch untereinander. Grundsätzliche Kriterien dafür, ob Zweiräder als Mobilitätsalternative erfolgreich sein können, sind dabei wie bereits in Abschn. 1.2 beschrieben die klimatischen Verhältnisse wie Temperatur und Niederschlag sowie die topografische Bedingungen wie Steigungen, vor allem aber auch die gesellschaftliche Akzeptanz und der Status, den Zweiräder genießen. Kurz gesagt: Wo niemand mit einem eigenen Fahrrad, E-Bike oder Motorroller fährt, wird auch ein entsprechendes Sharingangebot keine Freunde finden.

5.2.4.1 Bikesharing

Mit *Bikesharing* wird das Sharing von Fahrrädern und in jüngster Zeit vermehrt auch elektrisch unterstützten Pedelecs bezeichnet. Während mit der Förderung von Carsharingangeboten seitens der Kommunen klar das Ziel verfolgt wird, die Anzahl der Privatfahrzeuge in der Stadt zu reduzieren, wird mit Bikesharing natürlich nicht die Hoffnung verbunden, dass sich weniger Fahrräder im Eigenbesitz befinden. Wer heute schon regelmäßig mit dem eigenen Fahrrad zur Arbeit fährt, hat keinerlei Veranlassung, dazu auf ein Bikesharingangebot umzusteigen – es sei denn, er hat jeden Tag Angst, dass sein teures Mountainbike gestohlen oder beschädigt wird. Auch dass Strecken, die bisher immer mit dem Auto zurückgelegt wurden, nun mit dem Fahrrad gefahren werden, ist eher als Nebeneffekt anzusehen. Der maßgebliche Benefit des Bikesharings für die Städte liegt in seiner Enabler-Funktion: Für viele Bürger und Pendler wird die Nutzung des öffentlichen Nahverkehrs erst über eine solche flexible *Last-Mile-Lösung* zur Anbindung an Bahnhöfe und Haltestellen möglich oder attraktiv.

Bikesharing stellt also primär eine Ergänzung des öffentlichen Nahverkehrs dar und wird – üblicherweise von kleineren lokalen Firmen – auch in enger Kooperation mit den Kommunen betrieben. Das Netz der Bikesharingstationen, aber auch Tarife und Bezahlsysteme werden dabei in den öffentlichen Nahverkehr integriert: Wer etwa ein Ticket für die U-Bahn gelöst hat, findet idealerweise gleich am Bahnhof ein Fahrrad zur Weiterfahrt, dessen Nutzung im Fahrpreis bereits inbegriffen ist. Da dieser positive Effekt mit vergleichsweise geringen Investitions- und Betriebskosten verbunden ist, wird Bikesharing im Gegensatz zum Carsharing nicht nur in den großen Metropolen, sondern auch in kleineren Städten sowie in Urlaubsregionen angeboten.

Anforderungen der Nutzer

Aus Sicht eines Bikesharingnutzers sind die Anforderungen an entsprechende Angebote vergleichsweise einfach: Auf der organisatorischen Seite sollten die Fahrräder möglichst flächendeckend verfügbar und einfach zu buchen, zu öffnen, abzustellen und zu bezahlen sein. Preislich ist die Nutzung idealerweise im Tarifsystem des öffentlichen Nahverkehrs integriert, gegebenenfalls auch in dessen Buchungssystem. Was die Fahrzeuge selbst angeht, sind Leichtgängigkeit (die im Zielkonflikt zur erforderlichen Robustheit steht), Unterbringungsmöglichkeiten für Taschen oder Ähnliches und natürlich Verkehrssicherheit gefordert. Bei Pedelecs sollte vor Antritt der Fahrt der Ladezustand und damit die Reichweite erkennbar sein und außerdem eine ausreichende Anzahl von Rückgabestationen mit Lademöglichkeit zur Verfügung stehen. Im Gegensatz zum Carsharing ist der Wunsch nach sportlichen oder emotionalen Fahrzeugen beim Bikesharing in keinem Markt erkennbar.

Wie beim Carsharing werden auch beim Bikesharing Station-based und Free-floating-Systeme unterschieden. Dabei ist ganz natürlich aus Nutzersicht die Option, das Fahrzeug direkt am Zielort abstellen zu können und es nicht zu einer Verleihstation zurückbringen zu müssen, deutlich attraktiver; für die oben beschriebene Rolle als Last-Mile-Lösung ist es sogar die einzig mögliche.

Anforderungen der Betreiber

Aufgabe der Anbieter ist es, innerhalb des Betriebsgebiets an den richtigen Orten Sharingstationen einzurichten, speziell bei Free-floating-Angeboten die Fahrräder der Sharingflotte gleichmäßig und nachfragegerecht über das Betriebsgebiet zu verteilen und schließlich die Systeme zur Buchung und Bezahlung zuverlässig und kundengerecht zu betreiben. Ein für die Wirtschaftlichkeit dieses Geschäftsmodells ausschlaggebender Aspekt ist dabei der für den Erhalt der Betriebsbereitschaft der angebotenen Fahrzeuge erforderliche Aufwand. Während beim Carsharing hier das Problem im – bei Rückgabe nicht immer offensichtlichen – Missbrauch des Fahrzeugs durch Nutzer liegt, sind beim Bikesharing in vielen Großstädten zusätzlich offener Vandalismus sowie Diebstahl von Teilen und Fahrzeugen durch Dritte an der Tagesordnung. Immer wieder führt dies dazu, dass sich Anbieter ganz oder teilweise aus Märkten zurückziehen, wie zuletzt die chinesische Firma GoBee aus Belgien und Frankreich. Vor diesem Hintergrund ist auch verständlich, warum viele Betreiber trotz der Vorzüge von Free-floating-Angeboten auf Verleihstationen setzen, in denen die Fahrräder bis zur Ausleihe fest verankert sind.

Aus genannten Gründen müssen Fahrräder und Pedelecs aus Betriebersicht auch in erster Linie robust sein. Damit bei erforderlichen Reparaturen Teile möglichst einfach ausgetauscht werden können, gleichzeitig aber Diebstahl von Fahrrädern oder Teilen so schwer und so unattraktiv wie möglich gemacht wird, kommen in Sharingbikes größtenteils proprietäre Komponenten zum Einsatz, die zum einen mit üblichen Fahrrädern nicht kompatibel und somit für die Weiterverwendung wertlos sind und zum anderen mit Verbindungselementen befestigt werden, die im Handel nicht erhältliche Spezialwerkzeuge erfordern. Die Kehrseite der Medaille: Da die Fahrräder somit für private Nutzer mehr oder minder wertlos sind, ist auch ein Weiterverkauf von Gebrauchträdern analog zum Carsharing nicht möglich. Die Fahrzeuge werden bis zum technischen Ende eingesetzt, haben dann keinerlei Restwert und werden somit einfach verschrottet.

Anforderungen der Kommunen

Auf den ersten Blick möchte man meinen, dass Kommunen Bikesharinganbieter grundsätzlich mit offenen Armen empfangen müssten. Was dabei häufig übersehen wird ist, dass sich Bikesharingangebote in der Regel wie beschrieben zu integralen Bestandteilen der urbanen Mobilitätssysteme entwickeln. Der Fokus der Kommunen darf also nicht nur auf der inhaltlichen und preislichen Attraktivität der Angebote liegen, sondern muss auch deren Betriebssicherheit und Zuverlässigkeit beinhalten. Da diese im öffentlichen Interesse liegt, gelten für die Betreiber von Bikesharingsystemen seitens der Kommunen strenge Auflagen, nicht zuletzt bezüglich ihrer wirtschaftlichen Robustheit. Eine plötzliche Nichtverfügbarkeit von Angeboten, wie sie etwa Anfang 2018 in Paris in Folge eines Betreiberwechsels beim seit 2007 bestehenden Dienst Vélib entstand, stellt die Pendler und Bürger, die sich auf den Dienst verlassen, vor große Probleme und die Stadtverwaltung vor die Herausforderung, seine Funktionsfähigkeit schnell wiederherzustellen oder Alternativen anzubieten.

Wie wichtig diese Kontrolle der Kommunen über Bikesharingsysteme ist, zeigt auch das Beispiel O-Bike. Das Start-up aus Singapur brachte quasi über Nacht und teilweise ohne vorherige Genehmigung tausende von vergleichsweise minderwertigen Sharingbikes in europäische Städte, die mittels einer App relativ günstig gebucht und einfach genutzt werden konnten. Nach wenigen Monaten meldete O-Bike dann Insolvenz an und ließ die Städte mit der Entsorgung der meist ramponierten und fahruntüchtigen Fahrräder alleine, die oft noch monatelang überall herumlagen. Um für solche Fälle zumindest finanziell gerüstet zu sein, fordern inzwischen viele Städte von Bikesharinganbietern vor Erteilung der Betriebsgenehmigung die Zahlung einer Kaution.

5.2.4.2 Motorscooter- und Motorcyclesharing

Mit dem Flugzeug in den Sommerurlaub und dort mit einem geliehenen Motorroller zwischen Hotel, Strand und Sehenswürdigkeiten mobil bleiben – ein seit Jahrzehnten gelebtes Modell. In die Alltagsmobilität dagegen zieht das Sharing von motorisierten Zweirädern erst in den letzten Jahren und nur langsam ein. Im Vordergrund stehen dabei Angebote mit großen und kleinen Elektrorollern. Dabei gilt analog zum Auto: Wer einen eigenen Motorroller besitzt, wird sich zumindest am gleichen Standort keinen anderen leihen. *Motorscooter-Sharing*angebote richten sich also vor allem auch an Menschen, die normalerweise nicht Motorroller fahren. Im Gegensatz aber etwa zum für jedermann sofort nutzbaren Bikesharing stehen der Akzeptanz eines Motorscooter-Sharingangebots eine ganze Reihe von Hemmnissen im Wege:

- Führerscheinpflicht:
  Wer mit einem geliehenen Motorroller fahren möchte, muss den Besitz des dafür erforderlichen Führerscheins nachweisen. Aus diesem Grund ist für die Anmietung und Freischaltung wie beim Carsharing immer eine persönliche Registrierung erforderlich.
- Sicherheitsgefühl:
  Selbst wenn dafür ein Autoführerschein ausreicht und auch vorhanden ist: Wer nicht regelmäßig Motorroller fährt, dem ist bei der Vorstellung, sich damit völlig ungeübt direkt in den Verkehr einer vielleicht auch noch fremden Stadt zu wagen, nicht unbedingt wohl. Sowohl beim Carsharing als auch beim Bikesharing liegt diese Hemmschwelle hier deutlich niedriger.
- Eingeschränkte Intermodalität:
  Wer dann mal auf dem geliehenen Motorroller sitzt, fährt damit auch bis zum Ziel – und steigt nicht noch mal beispielsweise in öffentliche Verkehrsmittel um. Schon gar nicht, wenn er vernünftigerweise eine Schutzjacke und feste Schuhe trägt und vielleicht einen eigenen Helm

dabei hat. Umgekehrt verhindert die Erfordernis genau dieser Utensilien auch die spontane Entscheidung für einen Motorroller als Verkehrsmittel der Wahl zur Weiterfahrt.

- Helmpflicht:
Einen Helm tragen zu müssen empfinden einige bereits an sich als unangenehm. Einen Helm aufzusetzen, den vorher schon andere anhatten, ist für viele eine geradezu grauenvolle Vorstellung und ein klares Ausschlusskriterium für die Nutzung eines Sharing-Motorscooters. Wer hier Vorbehalte hat, dem bleibt nur, einen eigenen Helm mitzubringen – was aber wie schon gesagt bei der Weiterfahrt etwa in der U-Bahn ausgesprochen unkomfortabel sein kann. Wer auf den vom Betreiber im Ablagefach des Motorrollers bereitgestellten Helm zurückgreifen muss oder möchte, muss damit leben, dass dieser rein zufällig richtig passt und auch mit verpackter Baumwollhaube getragen aus hygienischer Sicht grenzwertig bleibt.
- Emissionsfreiheit:
Für viele mögliche Nutzer sind gerade im urbanen Bereich die mit herkömmlichen Motorrollern verbundenen Schall- und Abgasemissionen unakzeptabel. Hier kommen nur elektrisch angetrieben Roller infrage.

Angesichts dieser Hürden wird deutlich, warum Motorscootersharing nur für eine relativ kleine Gruppe von Nutzern in Betracht kommt und zur Entlastung urbaner Verkehrssysteme auch in Zukunft vergleichsweise wenig beitragen wird.

Faktisch keinen Markt gibt es für *Motorcyclesharing*, also das Sharing von Motorrädern. Sie spielen schon im Eigenbesitz als Mobilitätslösung nur eine marginale Rolle, als Element intermodaler Mobilität sind sie aus den oben genannten Gründen noch weniger geeignet als Motorroller, ein breites Angebot ist heute nicht existent und in absehbarer Zeit auch nicht zu erwarten.

Anforderungen der Nutzer

Die Kriterien, nach denen sich am Motorscootersharing Interessierte dann für oder gegen ein Angebot entscheiden, entsprechen größtenteils denen des Carsharing: Verfügbarkeit, Preis sowie der *„ease of use"* beim

Buchen, Starten und Abschließen der Fahrt geben den Ausschlag, ob ein Angebot grundsätzlich infrage kommt oder nicht. Deutlich mehr als bei Pkw wiegt bei Motorrollern aber der Aspekt der Sicherheit; Nutzer schauen sehr genau auf den technischen Zustand des angebotenen Fahrzeugs, speziell auf die Funktion von Bremse und Lenkung oder auch das Reifenprofil. Erst danach kommen Anforderungen an den Fahrkomfort (wobei die bereits ausgeführten Vorbehalte gegenüber dem Helmtragen im Vordergrund stehen) sowie die subjektive Attraktivität der verfügbaren Modelle.

In Summe zeigen die oben aufgeführten Hemmnisse, dass aus Sicht der Nutzer sämtliche heute verfügbaren Motorscooter-Sharingangebote mit Nachteilen belegt sind. Der Grund dafür liegt dabei ausschließlich in den Eigenschaften den angebotenen Fahrzeuge. Die Akzeptanz ließe sich deutlich steigern, wenn die eingesetzten Motorroller etwa die folgenden Merkmale aufwiesen:

- Elektroantrieb für leisen und schadstofffreien Betrieb mit einer für den urbanen Einsatz ausreichenden maximalen Reichweite von 30 bis 50 Kilometern
- Mit normalem Autoführerschein zu fahren, kein Moped- oder Motorradführerschein erforderlich
- Darf ohne Helm gefahren werden – und ist auch ohne Helm im Falle eines Unfalls mindestens so sicher wie ein herkömmlicher Motorroller mit Helm

Ein solches Fahrzeugkonzept ist heute noch bei keinem der Hersteller erhältlich, hätte aber das Potenzial, dem urbanen Motorscootersharing einen deutlichen Boost zu verleihen und es nachhaltig als Mobilitätslösung zu etablieren.

Anforderungen der Betreiber

Schon ein Vergleich der Anzahl der Anbieter macht deutlich, dass der Betrieb von Motorscootersharing heute deutlich weniger attraktiv ist als der von Carsharing. Einer der Hauptgründe hierfür sind die lokalen Witterungsbedingungen. Zum einen gehen die Buchungszahlen bei Kälte und Regen drastisch nach unten, zum andern können Motorroller in vielen Städten wegen Schneefalls nur saisonal angeboten werden. Die Fahrzeuge müssen im Winter dann zum Teil komplett eingesammelt und eingelagert werden, was neben dem ausgefallenen Umsatz zusätzliche Kosten generiert. Obendrein schränken die bereits genannten Nachteile wie die geringe passive Sicherheit und die Erfordernis von Führerschein und Helm den möglichen Kundenkreis stark ein.

Im Ergebnis kann ein Angebot von Motorrollern im Sharing nur dann ein erfolgreiches Geschäftsmodell sein, wenn es innerhalb des bestehenden Mobilitätssystems eine sinnvolle, vom Nutzer jederzeit wählbare Alternative darstellt. Der typische Use Case ist hier die Fahrt quer durch die Innenstadt, bei der man mit dem geliehenen Motorroller schneller vorankommt als mit dem Auto und am Ende keinen Parkplatz suchen muss. Bei der Gestaltung seines Angebots muss der Betreiber dabei die oben genannten Akzeptanzhemmnisse berücksichtigen. Schlüssel ist hierbei die Auswahl der für den konkreten Ort und Fall richtigen Fahrzeuge.

Anforderungen der Kommunen

Motorscootersharing ist heute noch wenig verbreitet und weit weniger als Bikesharing integraler Bestandteil urbaner Mobilitätskonzepte. Ob es in seiner heutigen Form einen Beitrag zur Lösung der Verkehrsprobleme von Städten und Gemeinden löst, ist fraglich. Insofern ist es kaum verwunderlich, dass diese einem möglichen Zuwachs oder auch einer finanzieller Förderung des Scootersharing eher skeptisch gegenüberstehen. Konkrete Gründe dafür sind:

- Solange Motorroller anstelle von Pkw und als Erweiterung des öffentlichen Nahverkehrs genutzt werden, werden Straßenverkehr und Parkraum entlastet. Wie das Carsharing hat aber auch Scootersharing das Potenzial, Nutzer aus dem öffentlichen Nahverkehr auf die Straßen zu ziehen und damit dort für zusätzliche Verkehrsbelastung zu sorgen
- Die überwiegende Anzahl der heute eingesetzten Motorroller wird von Zweitaktmotoren angetrieben und verursacht damit die dafür typischen Abgas- und Schallemissionen

- Das Verletzungsrisiko auf einem Motorroller ist grundsätzlich vergleichsweise hoch. Bei ungeübten Fahrern ohne Schutzkleidung – wie im Sharingbetrieb üblich – steigt es nochmals deutlich
- Oft bestehen keine kommunalen Regelungen für das Parken von Motorrollern. Parken auf Gehwegen und öffentlichen Plätzen wird zwar vielerorts geduldet, eine Zunahme von Motorrollern, wie sie durch entsprechende Sharingangebote zu erwarten ist, würde hier aber zu spürbaren Problemen führen.

Die Nachfrage von Kommunen nach Motorscooter-Sharingangeboten sowie politische Ansätze für eine entsprechende finanzielle Förderung sind heute dementsprechend durchwegs deutlich zurückhaltend.

> *„Für ein attraktives und erfolgreiches Motorscooter-Sharingangebot fehlen heute noch die richtigen Fahrzeuge. Ein sicherer, komfortabler und elektrisch angetriebener Motorroller, für den man weder Helm noch Schutzkleidung braucht, würde Motorscootersharing in den Städten zur einer echten Mobilitätsalternative machen."*

5.2.4.3 E-Scooter-Sharing

E-Scooter, die inzwischen weltweit eingesetzten kompakten Tretroller mit Elektroantrieb, sind zwar sicherlich nicht für das tägliche Pendeln aus der Vorstadt zum Arbeitsplatz in der Stadtmitte oder für andere längere Strecken geeignet, stellen aber genau wie Fahrräder oder Pedelecs eine wirksame Ergänzung urbaner Mobilitätsysteme dar. Gerade weil sie auf Straßen und Radwegen gefahren und auch mal über den Gehweg oder eine Rolltreppe mitgenommen werden können, sind sie eine ideale Last-Mile-Lösung für die Innenstädte und bieten sich für den Einsatz in Sharingsystemen an. Andererseits wird aktuell kaum ein Verkehrsmittel so kontrovers diskutiert wie eben diese im Sharing eingesetzten E-Scooter, was in erster Linie am oft gedanken- oder rücksichtslosen Verhalten der Nutzer beim Fahren und besonders beim Abstellen der Roller liegt.

Ob in einer Stadt E-Scooter-Sharing angeboten wird oder nicht, liegt in erster Linie an den dort geltenden Vorschriften – denn interessierte

Anbieter gibt es inzwischen genügend. In vielen US-amerikanischen und europäischen Städten, in denen E-Scooter auf öffentlichen Wegen analog zu Fahrrädern bewegt werden dürfen (also ohne Betriebserlaubnis, Führerschein oder Helmpflicht), haben sich E-Scooter-Sharingsysteme schnell etabliert. Auch in weitläufigen privaten Umgebungen wie etwa auf den Campus von Universitäten oder Firmengeländen werden E-Scooter-Sharingsysteme angeboten. Bekannte international tätig Betreiberfirmen sind beispielsweise Bird, Circ, Lime, Scoot, Skip, Spin oder Voi. Diese kommen teilweise aus dem Carsharing oder Motorscootersharing-Business, es gibt aber auch eigenständige neue Player, die mit dem Angebot von E-Scootern groß geworden sind.

Bei der überwiegenden Anzahl der Angebote handelt sich dabei um Free-floating-Systeme. Nach erfolgter Registrierung über eine App werden vom Nutzer in seiner Nähe verfügbare E-Scooter über eine App lokalisiert und in Betriebsbereitschaft versetzt. Am Ende der Fahrt können sie überall im Betriebsgebiet abgestellt werden, die Bezahlung erfolgt dann wiederum über die App.

Mit dem üblichen Lithium-Ionen-Akku verfügen E-Scooter typischerweise über eine Reichweite von 30 bis 45 Kilometern. Da dies in den meisten Fällen nicht für die im Sharing erforderliche Tagesfahrleistung ausreicht, müssen die E-Scooter ein oder mehrmals täglich geladen werden. Dies erfolgt über Partner der Betreiberfirmen, die dann auch für die Verteilung der Fahrzeuge sorgen. Wer als „Bird Charger" oder „Lime Juicer" mit dem Laden und Verteilen von E-Scootern Geld verdienen möchte, kann sich dazu online registrieren und dann über eine spezielle App Fahrzeuge mit niedrigem Ladestand finden, diese zu Hause oder an öffentlichen Ladestationen laden und dann an einem zugewiesenen Standort abstellen – und wird am Ende entsprechend seinem Aufwand vergütet. Durch dieses Geschäftsmodell wird zum einen sichergestellt, dass die Fahrzeuge immer geladen und optimal im Betriebsgebiet verteilt sind, zum anderen spart sich der Betreiber dadurch die für Verleihstationen erforderlichen Investitionen und behördlichen Genehmigungen und benötigt keine festangestellten Mitarbeiter.

Anforderungen der Nutzer

Auch beim E-Scooter-Sharing sind Verfügbarkeit, Preis, „ease of use" und Restreichweite die primären Akzeptanzkriterien. Aus technischer Sicht sind zusätzlich die Qualität der Räder, die Wirksamkeit der Bremsen, eine einfache Höhenverstellung der Lenkstange sowie für Fahrten in der Dunkelheit eine ausreichende und gesetzeskonforme Beleuchtung wichtig.

Ausschlaggebend für die Akzeptanz eines E-Scooter-Sharingangebots ist aber auch, wie kulant oder rigoros die jeweilige Stadtverwaltung dessen Nutzung reglementiert: Grundsätzlich verlangen die Verkehrs- und Nutzungsregeln, dass E-Scooter auf der Straße gefahren werden, in der Realität werden aber aus Sicherheits- und Bequemlichkeitsgründen oft auch Gehwege benutzt. Wo dies in gewissem Rahmen toleriert wird oder wo E-Scooter nicht ausschließlich auf speziell dafür ausgewiesenen Flächen abgestellt werden dürfen, wird sich ein E-Scooter-Sharing deutlich leichter durchsetzen. In vielen Städten haben die Nutzer allerdings inzwischen den Bogen überspannt, sodass dort Regelverstöße – sowohl seitens der Nutzer als auch seitens der Betreiber – jetzt rigoros geahndet werden.

Anforderungen der Betreiber

Noch stärker als bei Fahrrädern besteht bei E-Scootern die Gefahr von Vandalismus und Diebstahl. Da die Fahrzeuge nicht physisch gesichert werden – etwa durch ein Fahrradschloss oder Verschließen an einer Docking Station – können sie leicht entwendet werden. Aus Betreibersicht ist deshalb neben einer grundsätzlichen Robustheit wichtig, dass das Sharingmodul möglichst fest in das Fahrzeug integriert ist und sich somit nur schwer entfernen oder deaktivieren lässt, da nur über dieses die Fahrzeuge geortet und so zurückgeholt werden können.

Zusätzlich ist die gezielte Beschränkung des möglichen Nutzerkreises ein probates Mittel zur Reduzierung des Risikos von Schäden durch Unachtsamkeit. Auch wenn vom Gesetzgeber nicht vorgeschrieben (in Europa darf man einen E-Scooter bereits mit 14 Jahren fahren), fordern die meisten Betreiber von E-Scooter-Sharingsystemen für die Registrierung ein Mindestalter von 18 Jahren oder sogar den Nachweis eines – eigentlich nicht erforderlichen – Führerscheins. Gleichzeitig behalten sie sich das Recht vor, registrierte Kunden bei Fehlverhalten jederzeit wieder von der Nutzung auszuschließen.

Mit ausschlaggebend für die Wirtschaftlichkeit des Geschäftsmodells ist der regulatorische Rahmen, den die lokalen Behörden für die Betreiber von E-Scooter-Sharingsystemen aufspannen. Dieser enthält zum einen Auflagen wie eine Beschränkung der Fahrzeuganzahl, Vorschriften für das Abstellen von Fahrzeugen oder Kautionszahlungen. Zum anderen ist die Zusammenarbeit mit den oben genannten „selbstständigen" Servicepartnern essenzieller Bestandteil des Geschäftsmodells. Voraussetzung aus Betreibersicht ist hier, dass die Erbringung der Dienstleistung durch diese Servicepartner (Laden und Positionieren von Fahrzeugen) im Rahmen einer Vereinbarung zwischen unabhängigen Vertragspartnern erfolgen kann und kein formales Beschäftigungsverhältnis darstellt. Auch hier ist die kommunale Rechtslage ausschlaggebend.

Anforderungen der Kommunen

Die Konflikte, zu denen die für Tech-Start-ups typische schnelle Umsetzung von E-Scooter-Sharingangeboten zunächst in amerikanischen und nun auch in europäischen Städten geführt hat, belegen wie wichtig eine sorgfältige Integration neuer Lösungen in bestehende Mobilitätsysteme ist. Als beispielsweise im eigentlich durchaus technologieaffinen San Francisco im Frühjahr 2018 mehrere Betreiber ohne vorherige Einbindung der lokalen Behörden quasi über Nacht über tausend E-Scooter in der Stadt platzierten, reagierte die Stadt schon nach wenigen Wochen mit einem vollständigen Verbot, nachdem sich Bürger immer massiver über rücksichtsloses Fahren und Parken von E-Scootern beschwert hatten. In einem zweiten Schritt wurden dann Neubewerbungen entgegengenommen und daraus zwei Anbieter ausgewählt, welche dann unter restriktiven Auflagen die Zulassung für den Betrieb von E-Scooter-Sharingsystemen im Stadtbereich bekamen.

Neben der Gefährdung und Behinderung von anderen durch rücksichtsloses Fahren und Parken stellt die Gefährdung der eigenen Gesundheit durch mangelnde Erfahrung und Selbstüberschätzung beim Fahren ein weiteres Problem des E-Scooter-Sharings dar. Üblicherweise schnellen nach Einführung entsprechender Angebote in einer Stadt die typischen Verletzungen in die Höhe. Dass keine Helmpflicht besteht, hilft zwar der Akzeptanz, erhöht aber natürlich auch das Risiko von Kopfverletzungen bei Unfällen und Stürzen. Die Angaben darüber, wie gefährlich die Nutzung von E-Scootern tatsächlich ist und wie hoch die Verletzungsrate nach der Einführungsphase bleibt, schwanken stark von Stadt zu Stadt.

Darüber, dass E-Scooter-Sharingsysteme ein absolut sinnvolles Element nachhaltiger urbaner Mobilität sind, besteht kein Zweifel. Um den genannten Auswüchsen und Nebeneffekten effektiv gegensteuern, aber gleichzeitig die Kontinuität des Angebots für die Bürger sicherstellen zu können, möchten die Kommunen – wie auch beim Bike oder Motorscootersharing – aus verkehrs- und ordnungspolitischen Gründen die Kontrolle über das Gesamtangebot der angebotenen Dienste behalten. Im Fokus stehen dabei Vorschriften für das Fahren und Abstellen der Fahrzeuge sowie der Ahndung entsprechenden Fehlverhaltens der Nutzer. Aber auch an das Verhalten der Betreiber werden Anforderungen gestellt, beispielsweise wie schnell in Einfahrten oder auf Rollstuhlrampen abgestellte E-Scooter entfernt werden.

Dabei ist jedoch sowohl das Wohl der Bürger als auch das der Betreiber der Sharingdienste im Auge zu behalten. Geht die kommunale Regulierung zu weit, können Anbieter von E-Scooter-Sharingdiensten ihre Fahrzeuge genauso schnell aus der Stadt wieder abziehen, wie sie diese dort vorher platziert haben. Auch hier zeigt sich die Flexibilität und Schnelllebigkeit digitaler Geschäftsmodelle, die keine Hardwareinfrastruktur benötigen.

5.3 Mitfahrdienste: gefahren werden statt selber fahren

Sich fahren zu lassen, war in der Mobilität lange Zeit die Regel, nicht die Ausnahme – anfangs mit der Kutsche, später mit dem Zug, dann mit der „Motordroschke" oder dem Autobus. Noch Anfang des zwanzigsten Jahrhunderts, zu Beginn des automobilen Zeitalters, fuhr auch, wer vermögend genug war, ein eigenes Auto zu besitzen, damit nicht etwa selbst, sondern ließ sich darin von einem angestellten Chauffeur fahren – Spezialisten, die in Rang und Ansehen einem Maschinisten gleichkamen. Wie absurd zu dieser Zeit die Vorstellung gewesen sein muss, mit einem eigenen Auto selbst zur Arbeit oder wohin auch immer zu fahren, belegt die Kaiser Wilhelm II zugeschriebene und häufig zitierte Prognose, dass die weltweite Nachfrage nach Kraftfahrzeugen schon allein aus Mangel an verfügbaren Chauffeuren die Zahl von einer Million niemals überschreiten werde.

Als Autos dann aber Mitte des 20. Jahrhunderts zuerst in den USA und später auch in Europa für eine deutlich breitere Käuferschicht erschwinglich wurden, wurde deren Privatbesitz und -nutzung langsam zu dem Mobilitätstandard, der er bis heute geblieben ist. Wer jedoch in der Großstadt oder über längere Entfernungen nicht mit einem eigenen Auto fahren konnte oder wollte, dem blieben – abgesehen eben vom Ausnahmefall der Verfügbarkeit eines eigenen Chauffeurs – bis in die Anfänge des 21. Jahrhunderts hinein faktisch nur zwei Alternativen: die Nutzung des öffentlichen Nah- und Fernverkehrs oder das komfortablere, aber durch seine regulatorisch geschützte Monopolstellung auch erheblich teurere Taxi.

Flankiert von Veränderungen der rechtlichen Rahmenbedingungen wie etwa dem Entfall des Bahnmonopols auf den Betrieb von Fernbussen in Deutschland 2013 sowie von technischen Innovationen wie der Digitalisierung entstehen in genau dieser Lücke in den letzten Jahren die unterschiedlichsten neuen Geschäftsmodelle zum „Gefahrenwerden", mit denen neue Anbieter den Mobilitätskunden eine ganze Reihe zusätzlicher Alternativen bieten.

5.3.1 Angebote und Geschäftsmodelle

Wie im vorangegangenen Kapitel aufgezeigt, stellt bereits der Übergang vom eigenen Fahrzeug zum Carsharing durch den Verzicht auf das eigene Auto nicht nur für die Fahrzeugnutzer eine Abkehr von lange gewohnten Verhaltensweisen dar; er stellt auch lange etablierte Geschäftsmodelle infrage. Nicht nur der Autohandel selbst spürt den Einfluss des Carsharing, speziell beim Rückgang des Zweitwagenabsatzes in den Ballungsräumen;

auch der Bedarf an Zubehör und Pflegeprodukten sinkt, wenn sich die Fahrzeuge nicht mehr im Eigenbesitz befinden. Und wer etwa bislang in Großstädten das Angebot von teurem Parkraum in Innenstädten als langfristig wirtschaftliches Erfolgsrezept sah und in zentral gelegene Parkhäuser investierte, wird heute genau beobachten, ob und wie dort durch Carsharing die Anzahl privater Pkw und somit seine Kundschaft abnimmt.

Bei der nächsten Stufe des Wandels, dem Übergang vom Selbstfahren zum Gefahrenwerden, tritt dieser Effekt noch dramatischer auf. Zum einen ändern sich die Anforderungen an die genutzten Fahrzeuge dramatisch, wenn der zahlende Kunde nun nicht mehr auf dem Fahrersitz sitzt und das Fahrzeug lenkt, sondern Passagier ist; zum anderen entstehen dadurch völlig neue Dienstleistungsbedarfe und damit entsprechende Angebote. Zum Entsetzen der alteingesessenen Player der, was das Thema Wettbewerb angeht lange Jahre eher mit sich selbst beschäftigten Automobilindustrie, drängen auch hier völlig neue Wettbewerber auf den Markt und wollen am großen Mobilitätskuchen teilhaben. In einer so noch nie da gewesenen Wettbewerbssituation stehen die etablierten Marktteilnehmer wie Fahrzeughersteller, Taxiunternehmen oder Betreiber von öffentlichem Nah- und Fernverkehr plötzlich jungen, hochinnovativen und zum Teil unbekannten Unternehmen der digitalen Welt gegenüber, die ohne hundertjährige Markentradition – aber eben auch ohne die damit zusammenhängenden Altlasten – schnell und zielgerichtet agieren können. So ist unter den heute bekannten Anbietern von individuellen Mitfahrdiensten keiner zu finden, der älter als zehn Jahre ist:

- Als Erfinder des digitalen Ride Hailing und globaler Pionier in Sachen Mobilitätsdienstleistungen gilt die 2009 in San Francisco gegründete Firma Uber. Uber ist als Anbieter heute in über 600 Städten auf allen fünf Kontinenten präsent
- Ebenfalls aus den USA kommt die Firma Lyft, die 2012 unter dem Namen Zimride als eine Art digitale Mitfahrzentrale für Langstrecken gegründet wurde. Lyft bietet heute weltweit in fast 200 Städten unterschiedlichste Mobilitätsdienstleistungen an
- Der was die Anzahl der Nutzer angeht zahlenmäßig weltweit größte Mobilitätsanbieter ist die chinesische Firma Didi Chuxing, deren Dienste in über 400 chinesischen Städten sowie in Australien, Brasilien

und Mexiko von über 550 Millionen registrierten Kunden genutzt werden. Nach eigenen Angaben hat Didi Chuxing 2017 weltweit über 7,4 Milliarden Fahrten durchgeführt

- Weitere bedeutende internationale Anbieter sind unter anderem die indische Firma Ola Cabs, die in Indien, Australien, Neuseeland und England operiert, die Firmen Go-Jek aus Indonesien und Grab aus Singapur, die Südostasien abdecken, sowie die Firma 99 in Brasilien

Allen diesen Anbietern gemein ist ein breites, kontinuierlich an die Kundenbedürfnisse angepasstes Produktportfolio: Angeboten werden Ride Hailing und Ridesharing in unterschiedlichsten Ausbaustufen von der Motorrikscha bis zum Limousine Service, Car-, Bike- und Bicyclesharing, aber auch urbane Transportdienste wie etwa die Lieferung von Lebensmitteln.

Welches bedeutende Wachstumspotenzial im Bereich der Mobilitätsdienste weiterhin gesehen wird, zeigt ein Blick auf die Liste der durchaus namhaften Investoren, die hinter diesen Firmen stehen. Über greift unter anderem auf Kapital von Google und Goldman Sachs zurück. In Lyft investierte 2016 General Motors 500 Millionen US-Dollar, um deren Erfahrungen im Bereich des autonomen Fahrens nutzen zu können, und seit 2018 kooperiert Lyft auch mit dem kanadischen Automobilzulieferer Magna. Und Didi Chuxing steht auch bei den Investoren an der Spitze, sie zählt unter anderem die drei großen chinesischen Tech-Konzerne Alibaba, Tencent und Baidu zu ihren Geldgebern.

Dabei wachsen die Anbieter nicht nur über die weltweite Skalierung des bestehender Geschäftsmodelle, sondern treiben auch die Entwicklung von Enabler-Technologien für neue Mobilitätsangebote voran. So entwickelt die Uber Advanced Technologies Group Lösungen für das autonome Fahren, das DiDi Research Institute befasst sich mit angewandter Forschung im Bereich des maschinellen Lernens und der Bilderkennung sowie intelligenter Lösungen für das Verkehrsmanagement. Aus dem Betrieb seiner international operierenden Fahrzeugflotten wertet DiDi täglich um die 70 Terabyte an Verkehrsdaten aus.

5.3.1.1 Ride Hailing

Grundsätzlich entspricht die Kerndienstleistung des *Ride Hailing* der eines Taxis: Eine oder mehrere Personen rufen per Telefon oder Handzeichen auf der Straße einen Fahrer mit Fahrzeug, der sie dann abholt oder mitnimmt und gegen Entrichtung einer Gebühr zum vereinbarten Ziel bringt. Der Fahrer hat dabei kein eigenes Ziel, sondern ist ausschließlich zum Zweck der erwerbsmäßigen Fahrgastbeförderung unterwegs. In zwei Punkten unterscheidet sich das Ride Hailing aber dann doch maßgeblich vom Taxi: Zum einen sind die Betreiber unabhängig von Verbänden und regulierten Lizenzen, weshalb Dienst und Preise frei gestaltet werden können und ein echter, leistungsbezogener Wettbewerb entsteht. Zum anderen wird Ride Hailing im Gegensatz zum Taxi ausschließlich über eine digitale Plattform betrieben: Fahrer und Fahrzeug werden immer über eine App gerufen – selbst wenn das Fahrzeuge direkt neben dem Kunden steht. Die Beförderung erfolgt dann nicht durch ausgebildete Fahrer mit lizenzierten Fahrzeugen, sondern durch unabhängige Dienstleister; bezahlt wird nicht direkt an den Fahrer, sondern bargeldlos über die App an den Dienstbetreiber, der dann seinerseits den Fahrer entlohnt.

Für die Fahrgäste ist Ride Hailing damit weit mehr als nur eine kostengünstige Alternative zum Taxi. Die zugrunde liegende digitale Plattform ermöglicht eine ganze Reihe zusätzlicher praktischer Features, wie beispielsweise:

- Einfache Fahrtanfrage per App durch Eingabe des Fahrtziels
- Direkte Sichtbarkeit verfügbarer Fahrer/Fahrzeuge in der App
- Erhöhte Sicherheit durch Angabe von Fahrerdaten, Foto und Nutzerranking
- Prognose von Abholzeit und Ankunftszeit
- Fahrpreisabschätzung vor Antritt der Fahrt
- Einfache bargeldlose Bezahlung am Fahrtende per App

Die Erfolgsgeschichte von Uber kann auch als Musterbeispiel dafür genommen werden, wie schnell sich innovative digitale Geschäftsmodelle im nicht regulierten Raum ausbreiten können. Als die Firma Uber im

Jahre 2009 den Ride-Hailing-Betrieb aufnahm, bestand ihre Dienstleistung formal lediglich darin, private Fahrtnachfragen und -angebote zu einer bilateralen Vereinbarung zusammenzuführen und die Bezahlung dafür zu steuern. Auch wenn Uber seitens seiner Kunden immer als Mobilitätsanbieter wahrgenommen wird („Ich fahre mit Uber."), wird die Personenbeförderung als Dienstleistung in diesem Geschäftsmodell formal nicht vom Anbieter erbracht, sondern vom Fahrer – und zwar im Rahmen einer privaten Vereinbarung zwischen Fahrer und Nutzer. Eine Gebühr erhebt Uber im Rahmen des geltenden Rechts wie ein Makler nur für das Matching von Angebot und Nachfrage – und nicht etwa für eine Fahrgastbeförderung, für die sich die Firma auch nicht verantwortlich sieht. In diesem Sinne beschäftigt der Anbieter auch weder Fahrer noch besitzt er eigene Fahrzeuge, wodurch alle Kosten und Risiken wie Verdienstausfall durch Krankheit, Schäden am Fahrzeug oder auch Ansprüche von Fahrgästen im Falle eines Unfalls beim Fahrer verbleiben. Auf der anderen Seite müssen Fahrer hier eben, um Fahrgäste transportieren und damit Geld verdienen zu können, lediglich den Besitz eines gültigen Führerscheins und eines verkehrssicheren, versicherten Autos nachweisen.

Verständlicherweise können Ride-Hailing-Anbieter auf Basis dieses Geschäftsmodells Fahrten deutlich günstiger anbieten als ein Taxiunternehmen und wurden dadurch für das weltweite Taxigewerbe quasi über Nacht zur existenziellen Bedrohung. Und zwar nicht nur dadurch, dass die Fahrgäste zur neuen, günstigeren und oftmals qualitätsbewussteren Konkurrenz abwanderten, sondern vor allem auch durch den Wertverfall der teuren Taxilizenzen. So lag beispielsweise in New York City der Preis für eine Taxilizenz 2013 noch bei etwa einer Million Dollar; heute werden diese Lizenzen dort bereits unter zweihunderttausend Dollar verkauft. Es wundert also nicht, dass Taxiunternehmen, die sich jahrelang in einer gesetzlich geschützten Monopolsituation befanden, alle Hebel in Bewegung setzen, um sich die neuen Wettbewerber vom Hals zu schaffen. Das reicht von Sternfahrten und Demonstrationen über Klagen der Interessensverbände bis hin zu bisweilen fragwürdigen und hilflos anmutenden Infokampagnen wie die der Londoner Black Cabs, die ihre Fahrgäste auf der Rückseite der Quittung darauf hinweisen, dass das Risiko, einem Gewaltverbrechen zum Opfer zu fallen, beim nicht lizenzierten

Wettbewerb deutlich höher sei. In Köln eskalierte der Protest im Früh-jahr 2019 auf offener Straße im „Uber-Krieg" in Form von Gewalt gegen Uber-Fahrer und ihre Fahrzeuge.

Zwischenzeitlich haben die Gesetzgeber aber vielerorts reagiert und eine Reihe – von Stadt zu Stadt unterschiedlicher – Regularien hinsicht-lich des Angebots von Ride-Hailing-Diensten in Kraft gesetzt. Insbeson-dere in Europa wird dabei die Geschäftsbeziehung zwischen Dienstanbie-ter und Fahrer gesetzlich geregelt mit dem Ziel, die soziale Absicherung der Fahrer sicherzustellen, Lohndumping zu verhindern und dadurch gleichzeitig auch die Wettbewerbsfähigkeit des Taxigewerbes zu schützen. In Deutschland beispielsweise dürfen über Ride-Hailing-Apps nur noch lizenzierte Fahrdienstleister mit gültiger Personenbeförderungserlaubnis vermittelt werden. Für angestellte Taxifahrer wandeln sich Uber und an-dere Ride-Hailing-Anbieter somit von einer Bedrohung plötzlich zur Jobalternative und zu einem möglichen Weg in die Selbstständigkeit. Aber auch für die immer wieder diskutierte Sicherheit der Fahrgäste wer-den die Gesetzgeber aktiv. In den USA etwa müssen Fahrer inzwischen einen sogenannten Backgroundcheck absolvieren und ihr Fahrzeug einer technischen Inspektion unterziehen, bevor sie Fahrten im Ride Hailing anbieten dürfen.

Gleichzeitig profitieren die lizenzierten Taxis auch weiterhin von einer Vielzahl kommunaler Privilegien wie reservierten Standplätzen speziell an umsatzträchtigen Orten wie Bahnhöfen und Flughäfen oder Sonder-rechten wie eigenen Fahrspuren oder Zufahrtsgenehmigungen („Bus und Taxi frei"). Der Druck des neu entstandenen digitalen Wettbewerbs hat aber auch dazu geführt, dass der über lange Zeit unveränderte Leistungs-umfang von Taxidiensten an Dynamik gewonnen hat und zumindest in einigen Städten um die Möglichkeit der mobilen Onlinebuchung per Taxi-App erweitert wurde. Und noch eine Veränderung ist spürbar: Der neu entstandene Wettbewerb führt dazu, dass immer mehr Taxifahrer auf ihren Fahrstil, die Sauberkeit des Fahrzeugs und das eigene Auftreten achten – natürlich sehr zur Freude der Fahrgäste.

Aber auch den Wünschen und dem Druck der Ride-Hailing-Nutzer, die sich an das erweiterte und günstigere Mobilitätsangebot gerne ge-wöhnt haben und dieses in Zukunft nicht mehr missen wollen, schenken die kommunalen Verwaltungen inzwischen Gehör. Und obendrein ist

bereits jetzt spürbar, dass das um Ride Hailing erweiterte Mobilitätsangebot einen positiven Effekt auf die Verkehrs- und Parkplatzsituation in
den Innenstädten hat.

5.3.1.2 Ridesharing und Carpooling

Was den Vergleich und die Bewertung der unterschiedlichen Mitfahran-
gebote maßgeblich erschwert ist die uneinheitliche und mehrdeutige Verwendung der zugehörigen Fachbegriffe – nicht nur im täglichen Sprachgebrauch sondern auch durch die Medien. So wird etwa der Begriff
Ridesharing sowohl als Überbegriff für individuelle Mitfahrdienste als
auch für *Carpooling* verwendet wird. Die folgende Begriffsklärung soll
hier Eindeutigkeit schaffen.

Mit *Carpooling* werden private Mitfahrdienste bezeichnet, bei denen
der Fahrzeugbesitzer – im Gegensatz zum Ride Hailing – auf einer sowieso geplanten Fahrt in seinem Fahrzeug noch andere Personen mitnimmt. Dafür kann es unterschiedliche Gründe geben:

- Die vollständige oder teilweise Kompensation der Betriebskosten
  durch Erhebung einer Gebühr wie bei der klassischen Mitfahrzentrale
- Die Teilung der Betriebskosten wie etwa bei privaten Fahrgemeinschaften
  zum Arbeitsplatz, bei denen die Teilnehmer abwechselnd fahren
  und mitfahren
- Der Erhalt anderer Vergünstigungen wie beispielsweise der Erlaubnis
  zur Benutzung der schnelleren *„carpool lanes"* für Fahrzeuge mit mehreren Insassen in den USA
- Soziale Verantwortung wie beim unentgeltlichen Mitnehmen eines
  Anhalters

Wie beim Ride Hailing erfolgen auch hier Fahrtanfrage durch Eingabe
des gewünschten Fahrtziels, die Bestätigung des Fahrtendes sowie die Bezahlung über die zugehörige Carpooling-App.

Mit *Ridesharing* wird dagegen eine spezielle Angebotsform des Ride
Hailing bezeichnet, bei der mehrere Personen mit unterschiedlichen aber
relativ gut zusammenpassenden Start- und Zielpunkten im gleichen

Fahrzeug befördert werden. Die zugrunde liegende Ridesharingplattform sorgt dafür, dass der Fahrer von der jeweiligen Strecke und Personenzahl gut zueinander passende Fahraufträge erhält, dadurch zum Abholen in Summe wenig Umwege fahren muss und gleichzeitig möglichst immer alle verfügbaren Plätze seines Fahrzeugs besetzt hat. Sowohl für die Nutzer als auch für den Fahrer entstehen dadurch klare Vorteile gegenüber dem normalen Ride Hailing: Für die Nutzer, weil sie sich den Fahrpreis mit anderen Fahrgästen teilen können und somit entsprechend günstiger unterwegs sind als wenn sie alleine fahren würden, und für die Betreiber und Fahrer, weil dadurch die Auslastung der eingesetzten Fahrzeug steigt und sich so pro Minute oder pro Kilometer am Ende deutlich mehr Geld verdienen lässt.

Ob allerdings bei einem entgeltlichen Mitfahrangebot der Fahrer nun in der Praxis wirklich einen eigenen Fahrtzweck hat oder die Fahrt doch nur allein der erwerbsmäßigen Fahrgastbeförderung dient, mag zwar aus rechtlicher Sicht bedeutsam sein, lässt sich aber im Einzelfall nicht immer eindeutig klären und ist aus Sicht der zahlenden Mitfahrer letztlich auch nebensächlich. Im Sinne einer eindeutigen Bezeichnung werden deshalb Mitfahrdienste, bei denen die Entrichtung eines Fahrpreises im Vordergrund steht und die Fahrt über eine App gebucht und abgerechnet wird, dem Geschäftsmodell *Ride Hailing mit Ridesharing* zugeordnet. Steht dagegen die eigene Fahrt im Vordergrund, wird das per App organisierte Mitnehmen weiterer Personen – sei es gegen Gebühr oder umsonst – als *Carpooling* bezeichnet.

Nachvollziehbarerweise werden Carpoolingdienste im Gegensatz zu Ride-Hailing-Diensten deutlich häufiger auf Langstrecken zwischen den Ballungsräumen als für innerstädtische Kurztrips genutzt. Für die Betreiber scheint dabei das Anbieten von Ridesharing-/Carpoolingdiensten wirtschaftlich weit weniger attraktiv zu sein als das von Ride-Hailing-Diensten, in vielen Fällen werden die entsprechenden Apps und Plattformen sogar ganz ohne wirtschaftliche Interessen betrieben – etwa von Firmen, Behörden oder Universitäten für ihre eigene Mitarbeiter oder Studenten. Bekannte kommerzielle Betreiberfirmen sind beispielsweise BlaBlaCar, Carma, Waze oder carpooling.com. Diese erhalten für die erfolgreiche Vermittlung einen Anteil am Fahrpreis; im Gegenzug überprüfen sie die Zuverlässigkeit der registrierten Fahrer und Mitfahrer und stellen für die von ihnen vermittelten Fahrten eine Fahrzeug- und Personenversicherung.

5.3.1.3 Potenziale

Ein besonders für die Städte hochinteressanter Aspekt des Ridesharing ist dessen mögliche Integration in öffentliche Mobilitätsangebote. Werden hier nicht nur Pkw, sondern auch Fahrzeuge mit mehr Platz für Passagiere und Gepäck wie etwa Minivans eingesetzt, kommt das Geschäftsmodell aus Sicht der Nutzer dem öffentlichen Nahverkehr sehr nahe. Öffentliche Rufbusse, wie sie heute bereits von vielen Gemeinden auf wenig genutzten Strecken an Stelle von Buslinien mit starren Fahrplänen eingesetzt werden, fahren ebenfalls auf Anruf oder Wunsch innerhalb eines bestimmten Korridors um die Fahrtstrecke herum beliebige Punkte an, um dort Fahrgäste aufzunehmen oder aussteigen zu lassen. Auch die in weiten Teilen Asiens und Afrikas eingesetzten Sammeltaxis stellen eine – nicht digitale – Form des Ridesharing dar, der Fahrer passt hier die Route anhand der Fahrtziele der aufgenommenen Fahrgäste an. Würde eine gemeinsame Plattform existieren, ließe sich ein aus Nutzersicht höchst praktischer, nahtloser Übergang zwischen privatem Ridesharing und öffentlichen Mobilitätsdiensten realisieren.

Weiteres wirtschaftliches Potenzial liegt in der Möglichkeit, in Ridesharingdienste auch Transportdienstleistungen zu integrieren und so neben Personen zusätzlich auch Briefe und Pakete mit auf die Reise zu nehmen. Abholung und Übergabe der Fracht werden per App vereinbart, in die Routenplanung integriert, bestätigt und bezahlt. Vorteil für den Betreiber: Ein Paket belegt je nach Größe und Fahrzeugtyp keinen Sitzplatz und beschwert sich im Normalfall auch nicht, wenn es mal einen weiteren Umweg bis zum Ziel fahren muss.

Als drittes sei hier noch das in Fachkreisen häufig diskutierte Potenzial diskutiert, dass neben den Gebühren, die von den Nutzern dieser Dienste an deren Betreiber entrichtet werden, noch weitere Umsatzmöglichkeiten über zusätzliche Angebote im Bereich Marketing und Vertrieb bestehen müssten. Dieser Idee liegt die Annahme zugrunde, dass sich Nutzer von Mitfahrdiensten für die üblicherweise nur kurze Dauer ihrer Fahrt eigentlich nicht anderweitig beschäftigen können oder wollen und somit in diesem Zeitraum besonders offen dafür sind, auf sie zugeschnittene Werbeclips anzusehen und dann die darin beworbenen Produkte möglichst auch gleich direkt im Fahrzeug online zu kaufen – die Kontoverbindung wäre ja über die entsprechende App bereits bekannt und eingerichtet. Bei Kaufabschluss erhält der Betreiber dann vom Anbieter des Produkts eine entsprechende Provision.

Abgesehen von vereinzelt in asiatischen Taxis sowie im öffentlichen Nahverkehr anzufindenden Bildschirmen mit Dauerwerbung hat sich dieses Geschäftsmodell jedoch noch nirgends durchgesetzt. Ein solches On-Board-Shopping mag auf Langstreckenflügen funktionieren, wo es keinen oder nur teuren Internetzugang gibt und Passagiere deshalb ihr eigenes Smartphone über Stunden nicht nutzen können. Wer aber durch die Stadt gefahren wird und sein Smartphone eh in der Hand hält, weil er damit gerade das Fahrzeug gerufen hat, in dem er sitzt, nutzt dieses oder genießt die kurze Ruhe, braucht aber sicherlich keinen zusätzlichen Onlineshoppingkanal. In der digitalen Gesellschaft wird „zwangsweise" Werbung allgemein zunehmend kritischer gesehen. Auch die Bereitschaft, analog zum bekannten Muster „Sehen Sie sich diesen 20-sekündigen Clip bis zum Ende an, danach können Sie weiter kostenlos Musik hören oder Videos ansehen", durch Werbekonsum Zusatzleistungen zu bekommen oder den Fahrpreis zu senken, ist nicht erkennbar. Aus gutem Grund bietet ja bis heute auch keine Flug-, Bahn- oder Buslinie reduzierte Tickets für Passagiere an, die sich dafür verpflichten, während des Flugs oder der Fahrt Werbespots anzusehen.

> *„Im innerstädtischen Bereich ist Carsharing ganz klar eine Übergangslösung. Eine Phase, die der ein oder andere braucht, um nach dem eigenen Fahrzeug auch das Lenkrad loszulassen. Erst dann erschließen sich die wirklichen Vorteile der Nutzung von Mobilitätsdienstleistungen."*

5.3.2 Akzeptanz von Mitfahrdiensten

Wer in einer Großstadt wohnt und aufgrund der immer weiter steigenden Unterhaltskosten bei gleichzeitig sinkender Gesamtnutzungsdauer schweren Herzens auf sein eigenes Auto verzichtet und – um dann trotz-

dem noch „wie früher" selbst fahren zu können – auf Carsharing um-
steigt, wird sehr bald feststellen, dass das Autofahren in der Stadt auch im
geliehenen Fahrzeug frustrierend sein kann: Wo man vorher mit dem eigenen Auto auf der Suche nach einem Parkplatz eine halbe Stunde um
den Block fuhr, sucht man nun im Carsharingfahrzeug genauso lange
nach einem Platz zum Abstellen – allerdings mit dem Unterschied, dass
die Suche jetzt 50 Cent pro Minute kostet. Spätestens in diesem Augenblick stellt sich der Kunde dann die Frage, ob es wirklich so wichtig ist,
selbst hinter dem Steuer zu sitzen, oder ob es am Ende nicht doch deutlich angenehmer und gegebenenfalls auch günstiger gewesen wäre, einfach nur zuzusteigen, sich ans Ziel fahren zu lassen und dort wieder auszusteigen. Hier wird deutlich, warum Carsharing innerstädtisch eine
Übergangslösung ist – eine Phase, die der ein oder andere braucht, um
nach dem Loslassen des eigenen Fahrzeugs in einem zweiten Schritt auch
das Lenkrad loszulassen.

Doch bei allem Schmerz mit dem eigenem oder geliehenen Auto: Die
persönliche Bereitschaft an Stelle dessen Mitfahrdienste zu nutzen, hängt
im Rahmen der jeweiligen individuellen Mobilitätssituation primär von
zwei Faktoren ab:

- Wichtigstes Akzeptanzkriterium ist die Verfügbarkeit. Dazu zählen die
  aus der lokalen Abdeckung mit Fahrzeugen und Fahrern resultierende
  durchschnittliche Wartezeit *Estimated Time of Arrival* (ETA), die
  Service Hours, also an welchen Wochentagen und zu welchen Uhrzeiten
  die Dienste angeboten werden, sowie die Zuverlässigkeit – also wie
  häufig dann eben doch kein Fahrzeug rechtzeitig zur Verfügung steht
- Erst wenn eine akzeptable Verfügbarkeit gegeben ist, kommt als zwei-
  tes Kriterium das für die persönliche Situation und den jeweiligen
  Fahrtzweck als passend empfundenen Verhältnis zwischen Komfort
  zum Preis ins Spiel

5.3.2.1 Die Angebotslücke zwischen Taxi und ÖPNV

Die Verfügbarkeit von Mitfahrdiensten nimmt dabei durch die immer
neuen Anbieter in immer mehr Städten stetig zu und erreicht so für im-

mer mehr Mobilitätskunden den individuellen Grenzwert, ab dem sie zur Nutzung solcher Mitfahrdienste bereit wären. Dieser Grenzwert unterliegt innerhalb eines Mobilitätssystems einer Art Normalverteilung, mit nur wenigen Menschen mit sehr niedriger Wechselschwelle, einer Mehrheit, für die vor einem solchen Wechsel noch bestimmte Voraussetzungen geschaffen werden müssen, und wiederum einem kleineren Anteil von Autofahrern, für die ein Wechsel nicht oder nur unter stärkstem Druck infrage käme.

Was die Wahlfreiheit beim Verhältnis zwischen Preis und Komfort angeht, ist der Markt der Mobilitätsdienstleistungen aktuell aber immer noch sehr übersichtlich, was der Vergleich mit anderen Dienstleistungssektoren verdeutlicht: Möchte man heute beispielsweise in München eine Nacht im Hotel verbringen, kann man für die gleiche Art der Dienstleistung (nämlich schlafen, duschen und frühstücken zu können) auf einer Preisskala zwischen etwa 50 bis über 5000 Euro pro Nacht genau sein persönliches Preis-Leistungs-Verhältnis wählen. Möchte man dort aber abends vom Hauptbahnhof in den Biergarten am Chinesischen Turm gefahren werden, musste man sich bis noch vor kurzem zwischen der Taxifahrt für knapp 15 Euro und der Fahrt mit U-Bahn und Bus für 3 Euro entscheiden, dazwischen gab es nichts. Kein Wunder, dass eine solche Angebotslücke einen idealen Nährboden für die neuen digitalen Mobilitätsalternativen von Uber und anderen Anbietern darstellt.

Denn die persönlichen Anforderungen und Erwartungen an Mitfahrdienste, aber auch die Preisbereitschaft für ihre Nutzung variieren stark, sowohl innerhalb einer Stadt als auch über Städte und Länder hinweg. So wären beispielsweise Tuk-Tuks, also die in Asien üblichen dreirädrigen Motorrikschas, als Angebot in New York City kaum vorstellbar, die dort durchaus üblichen Stretchlimousinen wiederum sind in europäischen Großstädten allenfalls Exoten, wo sich aber inzwischen wiederum die in Afrika und China weit verbreiteten Fahrradrikschas zumindest in den Sommermonaten als flexible und emissionsfreie Alternative zum Taxi etablieren. Die Betreiber der Dienste können ihre Angebote dabei sehr genau auf die jeweils bestehenden Bedarfe auslegen: So kann über die Art des eingesetzten Fahrzeugs, die Anzahl der mitfahrenden Fahrgäste oder Fahrgastparteien, die Funktionalitäten der Buchungs-App, aber auch die bei der Auswahl der Fahrer angesetzten Kriterien quasi stufenlos eingestellt werden, wo auf der Skala zwischen preiswert und komfortabel der angebotene Dienst platziert werden soll.

5.3.2.2 Mitfahren in autonomen Fahrzeugen

Von Mitfahrdiensten mit fahrerlosen autonomen Fahrzeugen (sogenannte *Robo-Cabs*) erhoffen sich deren Anbieter einen Quantensprung in puncto Wirtschaftlichkeit. Die dahinterliegende Rechnung ist recht einfach: Durch die autonome Fahrzeugsteuerung sind Fahrer mit all ihren Kosten, Einschränkungen, Ausfall- und Unfallrisiken nicht mehr erforderlich, wodurch die Betriebskosten sinken, während die Fahrzeuge gleichzeitig besser ausgelastet werden und dann unterm Strich die Gewinnmarge steigt. Angesichts dieses wirtschaftlichen Potenzials investieren neben Automobilherstellern und IT-Unternehmen seit Jahren auch die Dienstbetreiber wie Uber und Didi Chuxing Milliarden in die Entwicklung von vollautonomen Level-5-Fahrzeugen.

Im Gegensatz zur Begeisterung der Anbieter fällt der Vergleich zwischen fahrergesteuertem und autonomem Fahrzeug aus Sicht der Nutzer von Mitfahrdiensten allerdings deutlich differenzierter aus. Gegenüber dem möglichen Preisvorteil werden hier in erster Linie Sicherheit und Komfort abgewogen, wobei neben sachlichen durchaus auch emotionale Aspekte berücksichtigt werden, wie die folgenden Punkte zeigen:

- Wer sich fahren lässt, möchte nicht nur sicher im Sinne von unverletzt ankommen, sondern diese Sicherheit auch während der Fahrt fühlen (wer sich einmal mit einer Fahrradrikscha durch eine chinesische Großstadt fahren lassen hat, kennt diesen Unterschied). Dafür sollte das Fahrzeug sicher, souverän und möglichst gleichmäßig bewegt und gegebenenfalls sollten dabei auch Fehler anderer Verkehrsteilnehmer kompensiert werden. Gerade Menschen, die selber Auto fahren, sind beim Mitfahren hier häufig hochempfindlich und treten, wenn die erwartete Reaktion des Fahrzeugs auch nur für Bruchteile einer Sekunde ausbleibt, angespannt und in den Beifahrersitz gestemmt mit aller Kraft das nicht vorhandene Bremspedal gegen das Bodenblech.

Auch wenn die Statistik deutlich zeigt, dass die überwiegende Anzahl von Verkehrsunfällen durch Unachtsamkeit und damit durch menschliches Versagen verursacht wird, kann die Aufgabe, ein Fahrzeug sicher zu bewegen, sowohl von menschlichen Fahrern als auch von autonomen Fahrzeugsteuerungen unterschiedlich gut erfüllt werden. Auf der einen Seite reicht die Bandbreite hier vom übernächtigten, durch sein Smartphone abgelenkten oder auch aggressiven Gelegenheitsfahrer bis hin zum souveränen, professionellen Chauffeur; auf der anderen Seite können auch die zur autonomen Fahrzeugsteuerung eingesetzten Systeme und damit das Kundenerlebnis bei der Fahrt im Robotaxi von ganz unterschiedlicher Qualität sein – von sich ruckartig und in nicht nachvollziehbarer Weise vorwärtsbewegend bis hin zu sicher, ruhig und vorausschauend im Verkehr mitschwimmend.

Ob ein Nutzer nun die Fahrt mit Fahrer oder im autonomen Fahrzeug als sicherer empfindet, hängt in erster Linie von seinen individuellen Erfahrungen ab. Wer häufiger mitfährt, kann normalerweise bereits auf den ersten Metern erkennen, wie sicher ein Fahrer unterwegs ist. Zudem besteht hier – selbst bei Sprachunterschieden im Ausland – immer noch die Möglichkeit, den Fahrer anzusprechen und aufzufordern, seinen Fahrstil zu ändern, ihn im Notfall noch rechtzeitig auf eine übersehene kritische Situation hinzuweisen oder aber schlimmstenfalls die Fahrt auch abzubrechen. Gerade diese theoretische Möglichkeit, selbst eingreifen zu können, trägt in hohem Maße zum Sicherheitsgefühl bei. Wer dagegen in ein fahrerloses Fahrzeug steigt, liefert sich dessen Steuerung vollständig aus. Vorausschauendes Fahren, niedrige Geschwindigkeiten und Beschleunigungen sowie ruckfreie harmonische Lenkbewegungen fördern hier das Gefühl der Sicherheit. Aber erst wer ein paar Mal mit einem Robotaxi gefahren ist und dabei ein gutes, sicheres Gefühl hatte, wird langsam auch entspannt darauf vertrauen, dass das autonome Fahrzeug nicht plötzlich Dinge tut, die ihn in Gefahr bringen. Der in der IT-Community geläufige Spruch „Irren ist menschlich, aber um richtigen Bockmist zu bauen, braucht man einen Computer!" hat durchaus auch beim autonomen Fahren seine Gültigkeit. Und auch der zur Beruhigung oft gebrauchte Hinweis, dass Menschen ja auch in Flugzeuge steigen, die nicht von Menschen, sondern von einem Autopiloten gesteuert werden, greift beim genaueren Vergleich ins Leere: Wer würde sich in ein Verkehrsflugzeug setzen, in dessen Cockpit nicht auch noch Pilot und Copilot sitzen? Ausschlaggebend ist dabei ihre bloße Anwesenheit, selbst wenn sich die beiden den ganzen Flug dort nur unterhalten würden.

- Neben der Anforderung, unverletzt anzukommen und sich auf der Fahrt sicher zu fühlen, ist auch die Zuverlässigkeit im Sinne von „Wie hoch ist das Risiko, dass mich das Fahrzeug aus welchen Gründen auch immer doch nicht zum Ziel bringt?" ein für die Nutzer relevanter Aspekt. Was, wenn unterwegs eine ungesicherte Baustelle die Straße verengt? Was, wenn sich auf der Fahrbahn Glatteis gebildet hat? Was, wenn das Fahrzeug über einen Nagel fährt und ein Reifen platzt? Einem halbwegs erfahrenen Fahrer traut man zu, mit solchen Situationen umzugehen. Aber ist die autonome Fahrzeugsteuerung auf solche Fälle ebenfalls vorbereitet? In dieser Hinsicht müssen sich Robotaxis (und die gegebenenfalls vorgesehenen Funktion zur Fernsteuerung aus einem Leitstand heraus) das Vertrauen ihrer Fahrgäste erst noch erarbeiten.

- Ein dritter Aspekt der Sicherheit von Mitfahrdiensten liegt in dem subjektiven Gefühl, das – ganz unabhängig vom fahrerischen Können – die Anwesenheit und Nähe des Fahrers beim Fahrgast auslöst. Ob dies als positiv oder negativ empfunden wird, hängt zum einen vom jeweiligen Fahrer, zum anderen aber auch vom Fahrgast ab. Auf der einen Seite kann ein Fahrer maßgeblich zum Komfort beitragen, indem er etwa beim Ein- und Aussteigen hilft, das Gepäck aus dem Kofferraum holt oder Ortsunkundigen Restaurantempfehlungen gibt. Auch kann alleine das Wissen, dass im Falle eines Falles jemand an Bord ist, der schnell helfen oder Hilfe holen kann, zum Gefühl der Sicherheit beitragen. Auf der anderen Seite können Fahrgäste die räumliche Nähe eines Fahrers aber auch als störend oder sogar bedrohlich empfinden. Wie bereits beschrieben, haben die Betreiber von Mitfahrdiensten auf Berichte ihrer Kunden von Übergriffen durch Fahrer reagiert und die Auswahlkriterien für ihre Fahrer angehoben.

Auch die konkrete Situation, in welcher der Mitfahrdienst genutzt wird, spielt bei der Beantwortung der Frage „Fahrer oder autonome Steuerung" eine wesentliche Rolle. So sind die Anforderungen an das Sicherheitsempfinden tagsüber im Stadtverkehr des eigenen Wohnorts sicherlich weniger stark ausgeprägt als nachts in einer unbekannten Gegend auf einer abgelegenen Landstraße.

Zusammenfassend lässt sich sagen, dass ein erfahrener, zuverlässiger und freundlicher Fahrer, der auch auf die individuellen Wünsche der Fahrgäste eingeht, nicht nur Sicherheit vermittelt, sondern vor allem auch ein echtes Komfortmerkmal eines Mitfahrdienstes darstellt, für welches bestimmte Kunden in bestimmten Situationen auch ein Preis-Premium zu bezahlen bereit sein werden. Bevor man sich auf der anderen Seite aber für eine kostengünstige Kurzfahrt durch die Stadt zu jemandem ins Auto setzt, bei dem man sich auf irgendeine Art und Weise unwohl oder unsicher fühlt, lässt man sich wohl doch deutlich lieber vom Robotaxi ans Ziel chauffieren.

5.3.2.3   Sicherheit im Zusammenhang mit Mitfahrdiensten

Ein hinsichtlich der Akzeptanz von Mitfahrdiensten durchaus kritischer Aspekt ist deren Sicherheit, und zwar sowohl im Sinne der Sicherheit im Straßenverkehr (*Safety*) als auch wie im vorangegangenen Abschnitt bereits erwähnt dem Schutz vor Angriffen (*Security*). Medienberichte über Unfälle und vor allem über Gewalttaten gegenüber Mitfahrern – ob fundiert oder nicht – führen zu Vorsicht und Vorbehalten und werden vom Wettbewerb wie etwa Taxifahrern oder -unternehmern nur zu gerne weiterverbreitet. Transparenz im Sinne eines ersten datengestützten Einblicks in die Sicherheitslage beim Ride Hailing gab hier der 2019 zum ersten Mal von Uber für den US-Markt vorgelegte Sicherheitsbericht *US Safety Report 2017/2018*. Dem Bericht nach wurden bei 1,3 Milliarden von Uber im Jahr 2018 in den USA durchgeführten Fahrten in Summe 3045 Fälle sexueller Gewalt sowie 9 Angriffe mit Todesfolge gemeldet – und zwar sowohl von Fahrgästen als auch von Fahrern sowie von Dritten. Überraschenderweise gingen die Angriffe dabei zu etwa gleichen Teilen von Fahrern wie Passagieren aus. Außerdem kamen bei Verkehrsunfällen, in die mindestens ein Uber-Fahrzeug verwickelt war, 58 Menschen ums Leben – auch hier sowohl Fahrer als auch Mitfahrer oder Passanten.

Auch wenn hier natürlich jeder einzelne Fall ein Fall zu viel ist: Die vorgelegten Zahlen bedeuten umgekehrt auch, dass 99,9 Prozent der Fahrten ohne Sicherheitsvorfälle abgeschlossen wurden. Die Unfallrate pro Fahrt als auch pro Kilometer liegt für Fahrten mit Uber bei etwa der Hälfte der allgemeinen Werte. Zudem stieg in fast allen Kategorien des Berichts das Sicherheitslevel von 2017 auf 2018 an.

5.3.2.4 Mitfahrdienste für Kinder, Senioren und Menschen mit Behinderung

Wird über die Attraktivität von Mitfahrdiensten gesprochen, stehen zumeist die Umstände im Fokus, unter denen jemand bereit ist, auf sein eigenes Fahrzeug zu verzichten und sich stattdessen auf eben solche Dienste zu verlassen. Besonders attraktiv sind Mitfahrdienste aber vor allem auch für diejenigen Menschen, die wegen ihres Alters oder aus physiologischen Gründen gar nicht selbst fahren könnten. So sind Kinder, aber auch ältere Menschen oder Menschen mit Krankheiten, Verletzungen oder Behinderungen darauf angewiesen, dass jemand sie zur Schule, zum Sportverein, zu Freunden oder zum Arzt fährt. Für viele dieser Nutzergruppen ist die Nutzung des öffentlichen Nahverkehrs zu mühsam oder unsicher, die von Taxis aus Kostengründen nur in Ausnahmefällen möglich. Neue, günstigere aber immer noch sichere und komfortable Mobilitätsangebote können hier ein deutliches Plus an Lebensqualität bringen.

Genau diese Personengruppen werden dabei häufig auch als spezielle Zielgruppe des autonomen Fahrens hervorgehoben. Bei genauerem Hinsehen zeigt sich aber, dass gerade diese Menschen, aus den gleichen Gründen, aus denen sie nicht selbst fahren können, auch häufig eines gewissen, von Fall zu Fall unterschiedlichen Maßes an Aufsicht und Fürsorge bedürfen. Selbst wenn es nur darum geht, sicherzustellen, dass beim Aussteigen nichts im Fahrzeug vergessen wurde, jemanden, der sich erschrocken hat, zu beruhigen oder in kritischeren Fällen schnell eine Kontaktperson anzurufen: Solche Aufgaben kann keine Fahrzeugsteuerung übernehmen, sondern nur ein zuverlässiger Fahrer. Bei allem Vertrauen in die zugrunde liegende Technik: Welche Eltern würden ihr sechsjähriges Kind morgens alleine im Robotaxi in die Schule schicken?

„Digitale Mitfahrdienste können in puncto Verfügbarkeit, Preis und Komfort zielgenau auf die jeweiligen lokalen Bedarfe ausgelegt werden und haben damit das Potenzial, die Angebotslücke zwischen Taxi und öffentlichem Nahverkehr auf ganzer Breite zu schließen."

5.3.3   Geeignete Fahrzeugkonzepte

Wer sich heute fahren lässt, egal ob im Taxi, im hoteleigenen Flughafenshuttle oder im Ride Hailing von einen Uber-Fahrer, steigt in den meisten Fällen wie auch beim Carsharing in ein Fahrzeugmodell, wie es vom Hersteller auch als Serienmodell für den Eigenbesitz angeboten wird. Beim Ride Hailing ist das nicht überraschend, da die Fahrten ja in der Regel von unabhängigen Fahrern mit ihren privaten Autos durchgeführt werden. Aber auch Taxis sind grundsätzlich Serienmodelle, die sich je nach Land von der jeweiligen Standardausführung lediglich durch Sonderzubehör unterscheiden – wie das Taxameter zur Berechnung und Anzeige des Fahrpreises, eine spezielle Lackierung oder Folierung, außen angebrachte Signale und Kennzeichnungen, die das Fahrzeug als Taxi sowie seinen Buchungszustand erkennen lassen, sowie je nach Hersteller durch geringfügige technische Änderungen wie etwa verstärkte Sitze oder Stoßfänger.

5.3.3.1   Vergeudete (Pferde-)Stärken

Dabei brächten speziell auf die Beförderung von Fahrgästen hin ausgelegte Konzepte den Anbietern von Mitfahrdiensten eine ganze Reihe von Vorteilen, schließlich unterscheiden sich die technischen Anforderungen an solche Fahrzeuge doch maßgeblich von den Anforderungen, die an die heute üblichen Fahrzeuge zum Selberfahren gestellt und von diesen erfüllt werden.

So möchte beispielsweise kein Kunde – wenn er nicht gerade quasi als Sonderform eines Mitfahrdienstes das Renntaxi auf dem Nürburgring

gebucht hat – mit übermäßig hoher Längs- und Querbeschleunigung gefahren werden, nicht einmal wenn er sich mit Verspätung auf dem Weg
zum Flughafen befindet. Gerade Dynamik und Agilität gehören aber zu
den primären Fahrzeugeigenschaften, die in unterschiedlich starker Ausprägung von Fahrzeugkunden gefordert und von Herstellern in ihren
Fahrzeugkonzepten umgesetzt werden – und dabei einen signifikanten
Beitrag zu deren Herstellkosten leisten. Beispielsweise verfügt heute ein
Mercedes E 220 D, in Deutschland lange Zeit das klassische Taxifahrzeug
schlechthin, über eine Antriebsleistung von 143 Kilowatt, eine Höchstgeschwindigkeit von 220 Kilometern pro Stunde und ein Fahrwerk, mit
dem er locker durch jeden Handlingskurs ziehen kann. Diese Eigenschaften werden bei der Anschaffung des Fahrzeugs vom Taxiunternehmer
teuer bezahlt, werden aber im Fahrgastbetrieb auch nicht ansatzweise abgerufen beziehungsweise benötigt.

Aber auch jenseits von Dynamik und Agilität sind die Gesamtfahr-
zeugkonzepte der existierenden Serienmodelle nicht auf den Fahrgast,
sondern immer auf den Fahrer hin ausgelegt. Sitzkomfort, Klimatisierung, Entertainment – alles ist auf den Fahrer beziehungsweise die vor-
dere Sitzreihe ausgelegt. Viele Taxinutzer nehmen auf dem Beifahrersitz
Platz, weil es dort oft deutlich komfortabler und geräumiger ist als auf
der Rückbank – was ja eigentlich genau umgekehrt sein sollte. Aber mit
Ausnahme von Oberklasselimousinen mit verlängertem Radstand haben
die Hersteller heute noch keine Fahrzeuge im Angebot, die auf das Kundenerlebnis beim Gefahrenwerden hin optimiert sind.

Auf schon fast komische Weise wurde diese Diskrepanz zwischen Angebot und Nachfrage deutlich, als 2017 in Indien kurzfristig ein Gesetz
erlassen wurde, demzufolge bei allen zum kommerziellen Personentransport eingesetzten Fahrzeugen die Höchstgeschwindigkeit durch technische Maßnahmen auf 80 Kilometer pro Stunde reduziert werden musste.
Vom Gesetz und der Geschwindigkeitsreduzierung betroffen waren aber
nicht nur Taxis, sondern auch die Shuttles der großen Hotelketten und
damit hunderte von Premiumfahrzeugen der Ober- und Mittelklasse mit
ihren entsprechend leistungsstarken Sechs- und Achtzylindermotoren.
Hätte ein Hersteller zu diesem Zeitpunkt eine Limousine gleicher Größe
im Produktportfolio gehabt, bei der zehntausend Euro an Herstellkosten
bei Dynamik und Agilität eingespart und dann auch nur ein Bruchteil

davon in verbesserten Fahr-, Sitz- und Klimakomfort sowie On-Board Entertainment und Connectivity für Passagiere investiert worden wären – ein solches Fahrzeug wäre aus Betreibersicht ein absolut konkurrenzloses Angebot gewesen.

5.3.3.2 Anforderungen aus Nutzersicht

Hat ein Nutzer die Wahl zwischen mehreren, unterschiedlich ausgeprägten Mitfahrangeboten, wird er sich immer für das Angebot entscheiden, das seiner persönlichen Preis-Leistungs-Erwartung am besten entspricht. Grundleistung ist in jedem Fall der reine Transport zum Zielort, bei den darüber hinausgehenden Leistungsbestandteilen von Mitfahrdiensten lassen sich grob drei Kategorien unterscheiden: Ergonomie und Sitzkomfort, Entertainment und Connectivity sowie last but not least Sicherheit.

Fahrkomfort und Innenraumgestaltung
Wie komfortabel man als Passagier die Fahrt in einem bestimmten Fahrzeug empfindet, hängt von einer Vielzahl von Faktoren ab: wie mühelos man ein- und aussteigen kann, wie bequem man sitzt, über wie viel Platz und speziell Beinfreiheit man verfügt, wie laut oder leise es im Innenraum ist oder welchen vom Fahrwerk übertragenen Schwingungen man ausgesetzt ist, die dann gegebenenfalls zu Unwohlsein führen können. Der individuelle Anspruch variiert hier natürlich und hängt auch von der Fahrtdauer ab.

Maßgeblicher Bestandteil des Fahrkomforts ist der Sitzkomfort. Differenzierungskriterien von Fahrzeugsitzen sind hier deren Größe, die Art der Polsterung, das Oberflächenmaterial sowie Heiz- und Klimatisierbarkeit. Gerade für längere Fahrten sind individuell verstellbare Einzelsitze ein Komfortplus, im Idealfall lässt sich die präferierte Sitzeinstellung dann im persönlichen Profil des Nutzers abspeichern und sich damit der Sitz auf der nächsten Fahrt wieder exakt so einstellen. Insbesondere ist auch die wahrgenommene Sauberkeit und Hygiene von Sitz und Innenraum ein wichtiger Komfortaspekt. Glatte Oberflächen wirken sauberer als Stoffe, Velours oder andere strukturierte Materialien und wirken aber auch nach längerem Gebrauch noch neuwertig.

Erst auf längeren Fahrten wird die Praktikabilität des Innenraums relevant. Ausklappbare Tische können zum Arbeiten oder Essen genutzt werden. Geeigneter Stauraum erlaubt das Ablegen von Taschen, Flaschen, Smartphones oder Ähnlichem, ohne dass diese beim Aussteigen im Fahrzeug vergessen werden. Beim Thema Praktikabilität ist besonders auf lokale Eigenheiten zu achten, beispielsweise wird in Asien keine Frau ihre Handtasche auf dem Fahrzeugboden abstellen wollen. Ein weiterer Pluspunkt ist die Möglichkeit, für Fahrgäste an Bord Getränke aufbewahren und gegebenenfalls sogar kühlen zu können.

Spezielle Differenzierungsmöglichkeiten im Fahrzeuginnenraum ergeben sich für den Einsatz im Ridesharing. Wer gemeinsam fährt, möchte auch gerne zusammen sitzen und sich unterhalten können. Hier bieten sich in der Art einer Sitzecke zueinander positionierbare Sitze an. Sitzen dagegen mehrere Parteien in einem Fahrzeug, sorgen geeignete Einrichtungen zur optischen und akustische Trennung zwischen den Fahrgastparteien für den adäquaten Abstand und die gewünschte Diskretion.

In-Car Connectivity und Entertainment

In Cafés, Restaurants und Hotels hat sich einfacher WLAN-Zugang mit dem Smartphone in den letzten Jahren vom Zusatzdienst zum Hygienefaktor entwickelt. Spätestens seit der Abschaffung der Störerhaftung für die Betreiber von WLAN-Netzen erwarten Kunden kostenfreien Zugang ohne aufwendige Anmeldung und Registrierung. Die gleiche Erwartungshaltung gilt für Fahrzeuge, in die man als Mobilitätskunde einsteigt. Gerade bei wiederholter Nutzung sollte sich das Smartphone möglichst ganz von alleine verbinden.

Während sich auf Stadtfahrten die meisten Kunden, wenn überhaupt, dann eher mit dem eigenen Smartphone beschäftigen wollen, ist das Verhalten auf längeren Fahrten höchst unterschiedlich, und zumindest ein Teil der Kunden sieht Audio- und Videoentertainment als attraktiven Zusatzdienst. Wie schnell und direkt im digitalen Geschäftsmodell hier auf Kundenwünsche reagiert werden kann, lässt sich gut an einem Beispiel von ReachNOW zeigen, dem ehemaligen US-Zweig von Drive-NOW. Eine Auswertung des Kundenfeedbacks ergab dort, dass sich Nutzer des Dienstes über zwei Dinge am meisten ärgern: Wenn der Fahrer sie in ein Gespräch verwickelt, obwohl sie lieber ihre Ruhe hätten, und wenn im Fahrzeug ein Radiosender läuft, der ihnen nicht gefällt. Als schnelle Reaktion darauf wurde Kunden die Möglichkeit eingeräumt, bei der Buchung der Fahrt über die App anzugeben, ob man sich während der Fahrt mit dem Fahrer unterhalten möchte oder nicht und man gerne Radio hören möchte – und falls ja welchen Sender. Diese Information wird dann vor Fahrtantritt dem Fahrer über seine App zugespielt, sodass er entsprechend reagieren kann. Für den Fahrgast verläuft die Fahrt dann genau wie er es möchte, ohne dass er den Fahrer persönlich darauf hinweisen muss.

Sicherheit

Dass der Fahrer mit seinem Fahrstil und Verhalten ein wesentliches Kriterium für das Sicherheitsgefühl der Fahrgäste darstellt, wurde bereits erwähnt. Fahrzeugseitig tragen dazu in erster Linie die Grundfunktionen der passiven Sicherheit wie eine crashsichere Karosserie und geeignete Rückhaltesysteme bei. Wenn Mitfahrer wie in vielen innovativen Innenraumkonzepten zum Ride Hailing dargestellt nicht mehr in Fahrtrichtung sitzen, sind hier allerdings für Sitze, Gurte und Airbags neue technische Lösungen erforderlich.

Mit zusätzlichen Funktionen kann ein weiterer Beitrag zum Sicherheitsgefühl geleistet werden. Über ein Notruftelefon kann gegebenenfalls eine direkte Sprachverbindung zum Betreiber oder zur Polizei hergestellt werden kann. Für ausländische Fahrgäste kann hierbei wichtig sein, sich dann in einer vertrauten Sprache unterhalten zu können. Insbesondere in fahrerlosen Fahrzeugen sollten Eingriffsmöglichkeiten vorgehalten sein, über die das Fahrzeug im Notfall sicher angehalten werden kann.

Status

Über alle sozialen Grenzen hinweg verfügen Pkw über ihre rein funktionalen Eigenschaften hinweg auch über eine emotionale, gesellschaftliche Komponente. Unterschiedliche Fahrzeugtypen und -marken senden bewusst oder unbewusst Botschaften über den Fahrer und Besitzer des Fahrzeugs aus – selbst wenn diese Botschaft nur heißt „Mir bedeutet ein

Auto nicht viel". Und auch wenn das eigene Auto bei den heute 20-Jäh-
rigen im Vergleich zur Generation ihrer Eltern als Statussymbol stark an
Wert verloren hat, so haben trotzdem noch viele eine klare Vorstellung
davon, mit was für einem Fahrzeug sie beim ersten Date, beim 20-jähri-
gen Klassentreffen oder auch beim ersten Besuch bei den zukünftigen
Schwiegereltern am liebsten vorfahren würden.

Auch hier sieht die Situation beim Gefahrenwerden gänzlich anders
aus. Welcher Anbieter und welches Fahrzeug macht hier den „richtigen"
Eindruck auf die Außenwelt? Ist Uber wirklich cooler als Taxi? Bleibt es
immer eher peinlich, vor dem Club aus einer Stretchlimo auszusteigen?
In einem Geschäftsfeld, das sich so stark im Wandel befindet wie die
Mobilitätsdienstleistungen, gibt es hierzu heute noch keine langfristigen
Aussagen. Noch gilt alles außer Taxi und öffentlichem Nahverkehr zunächst einmal als innovativ. Eine differenzierte Wahrnehmung wird sich
erst mit zunehmender Ausweitung und Akzeptanz von Mobilitätsdienstleistungen herauskristallisieren.

5.3.3.3 Anforderungen aus Betreibersicht

Genau wie beim Carsharing werden die eingesetzten Fahrzeuge auch bei
traditionellen Mitfahrdiensten wie Taxis oder Hotel-Shuttles vom Dienstanbieter als Betriebsmittel zunächst nach rein wirtschaftlichen Gesichtspunkten ausgewählt, angeschafft und betrieben. Bei den neuen, digitalen
Angeboten wie Ride Hailing, Carpooling oder Ridesharing sehen das
Geschäftsmodell und damit die Anforderungen an die eingesetzten Fahrzeuge aber gänzlich anders aus, der Dienstanbieter tritt hier schließlich
nur mehr als Vermittler auf, der sich in manchen Fällen maximal noch an
den Kosten einer Unfall- und Insassenversicherung beteiligt. Das Fahrzeug aber gehört dem selbstständig agierenden Fahrer, und der ist auch
selbst für dessen Anschaffung und Unterhalt verantwortlich.

Welche Anforderungen stellt nun also eine Privatperson an ein Fahrzeug, mit dem sie zumindest ab und zu gegen Gebühr Fahrgäste befördern möchte? Dies hängt in erster Linie von den folgenden Kriterien ab:

- Soll das Fahrzeug nur gelegentlich oder dauerhaft zum Personentransport eingesetzt werden?
- Wie gut eignet sich das Fahrzeug generell für den Einsatz im Personentransport? Wie geräumig und komfortabel ist die hintere Sitzreihe? Wie einfach der Zustieg?
- Wie hoch sind die Anschaffungs- und Betriebskosten?
- Gibt es für das Fahrzeug in der näheren Umgebung eine zuverlässige und dennoch preisgünstige Werkstatt, die im Falle eines Schadens die Verfügbarkeit des Fahrzeugs schnell wieder herstellen kann?
- Hat der oder haben gegebenenfalls die Betreiber bestimmte Fahrzeugklassen oder -typen vorgegeben?
- Müssen Schilder oder andere Kennzeichnungen temporär oder dauerhaft am Fahrzeug angebracht werden können?
- Für welchen Fahrzeugtyp ist der lokale Bedarf bei Mitfahrdiensten am höchsten? Eher für Limousinen, Kombis oder Minibusse? Welche Preisbereitschaft besteht hier?
- Gerade wenn das Fahrzeug nur gelegentlich zum Personentransport eingesetzt werden soll: Welche über diesen Einsatz hinausgehenden, persönlichen Anforderungen und Vorlieben werden daran gestellt?

5.3.3.4   Bedarf ohne Angebot

Wenn man es genau betrachtet, werden also sowohl seitens der Nutzer als auch der Anbieter von Mitfahrdiensten an die eingesetzten Fahrzeuge ein ganzes Bündel an Anforderungen gestellt, die von den heute verfügbaren Serienfahrzeugen nicht erfüllt werden. Die einzige, weltberühmte Ausnahme stellen hier heute die seit fast 100 Jahren vornehmlich in London als Taxi eingesetzten *Black Cabs* dar. Auch wenn deren Hersteller über diesen Zeitraum mehrfach gewechselt hat, ist dieses London Taxi mit seinem großen und komfortabel zugänglichen Fahrgastraum das einzige Pkw-Konzept, das als Purpose Design ausschließlich für den kommerziellen Personentransport konstruiert wurde.

Dass es hier nicht mehr Angebote gibt, ist angesichts des weltweit zunehmenden Bedarfs an Mitfahrdiensten mehr als überraschend. Wer heute hauptberuflich als Fahrer bei Uber oder Lyft sein Geld verdienen

möchte und ein Fahrzeug sucht, das ihm hierbei durch klare Kunden-
orientierung einen echten Wettbewerbsvorteil gegenüber anderen Fahrern beziehungsweise Fahrzeugen bringen würde, sucht auf dem Markt
vergeblich. Auch spezielle Sonderausstattungen oder Zubehörpakete, mit
denen Serienfahrzeuge etwa für den temporären Einsatz zur Fahrgastbeförderung eingesetzte Fahrzeuge attraktiver gemacht werden könnten,
sind nirgends erhältlich.

Während aber im streng regulierten Taximarkt mit seinen festen Regeln und fixen Tarifen die Motivation, die eingesetzten Fahrzeuge für die
Kunden besonders attraktiv zu gestalten, eher gering ist (der im Tarif
festgelegte Fahrpreis ist davon schließlich unabhängig), hängt bei den
digitalen Mobilitätsdiensten wie Ride Hailing oder Ridesharing die
Nachfrage und damit der wirtschaftliche Erfolg stark von der im Rating
des Fahrers öffentlich dokumentierten Zufriedenheit der Fahrgäste ab:
Einträge wie „Superbequeme Sitze, W-LAN-Zugang, Klima und Entertainment konnte ich selbst einstellen" lassen die Buchungsanforderungen
schnell wachsen. Gleichzeitig ließen sich beim für den Fahrer wirtschaftlich attraktiven Transport mehrerer Parteien im gleichen Fahrzeug diese
durch flexible Elemente wie Trennwände oder Vorhänge akustisch und
optisch voneinander trennen. Den Fahrgästen könnte so ein deutlich höherer Grad an Komfort und Wohlgefühl geboten werden. Gefragt wäre
hier Zubehör im Bereich Ergonomie und Innenraumkomfort, Entertainment und Connectivity sowie Sicherheit, das kostengünstig angeschafft
und im Fahrzeug einfach installiert, aber im Sinne der Restwerterhaltung
aus diesem auch wieder einfach und spurlos entfernt werden kann.

> *„Fahrdienstleister müssen mangels Alternativen Serienfahrzeuge einsetzen,*
> *deren Dynamik und Agilität sie nicht einmal ansatzweise abrufen können,*
> *aber bei der Anschaffung des Fahrzeugs teuer bezahlen müssen. Auch wer sein*
> *Fahrzeug nur temporär für die Personenbeförderung nutzen will, sucht am*
> *Markt vergeblich nach entsprechendem Zubehör. Fahrzeuge und Zubehör für*
> *Mitfahrdienste mit Fokus auf Komfort, Entertainment und Connectivity wä-*
> *ren heute konkurrenzlose Angebote."*

5.4 Öffentliche Mobilität

5.4.1 Was heißt hier öffentlich?

Im Zusammenhang mit Mobilitätsangeboten ist der Begriff „öffentlich" zunächst ziemlich irreführend: Zum einen sind auch Taxis oder Ride-Hailing-Dienste der Öffentlichkeit zugänglich, zum anderen werden „öffentliche" Busse und Bahnen, aber auch Schiffs-, Zug- und Flugzeuglinien fast überall auf der Welt inzwischen deutlich häufiger von privaten als von öffentlichen, also kommunalen oder staatlichen Unternehmen betrieben. Mit dem Begriff „öffentlich" wird aber das Mobilitätsangebot zum einen von der individuellen Mobilität abgegrenzt, zum anderen wird damit die Regulierung von Angebot und Preis durch die öffentliche Hand sowie die zum Betrieb erforderliche öffentliche Infrastruktur zum Ausdruck gebracht.

5.4.1.1 Öffentliche versus individuelle Mobilität

Das eigene Fahrzeug, Carsharing, Taxi und „normales" Ride Hailing werden der individuellen Mobilität zugeordnet. Diese zeichnet sich dadurch aus, dass dabei unabhängig von der Wahl des Transportmittels immer nur genau eine Partei unterwegs ist. Diese kann ganz unterschiedlich aussehen, etwa eine mit dem geliehenen Elektroroller fahrende Einzelperson, eine Gruppe von Kollegen im Taxi oder eben auch die Familie auf der Urlaubsreise mit dem eigenen Auto. Sie zeichnet sich aber immer durch soziale Zusammengehörigkeit (man ist „unter sich") sowie gemeinsame und frei wählbare Abfahrts- und Zielorte aus. Auch Station-based-Car-, Bike- oder Scootersharingdienste zählen zur individuellen Mobilität, stellen aber hinsichtlich des zuletzt genannten Kriteriums der freien Wahl von Abfahrts- und Zielort einen Grenzfall dar.

Im Gegensatz dazu fahren bei der öffentlichen Mobilität immer mehrere, voneinander unabhängige Parteien mit unterschiedlichen Abfahrts- und Zielorten gemeinsam im selben Fahrzeug. Man befindet sich auf der Fahrt also „in der Öffentlichkeit". Die Anzahl der Personen oder Parteien kann dabei von wenigen Passagieren im fast leeren Regionalbus im Bayerischen Wald über die auf den letzten Platz besetzte Linienmaschine von New York nach Chicago bis hin zum völlig überfüllten Vorortzug in London gehen.

Ebenfalls der öffentlichen Mobilität zuzuordnen sind die bereits erwähnten Ridesharingdienste sowie die unter anderem in Afrika, Asien und Südamerika verbreiteten Sammeltaxis, bei denen sich immer mehrere Parteien einen Fahrdienst teilen. Auch wenn diese Dienste rein privat betrieben werden, stellen sie auf ihre Art die einfachste Ausprägung öffentlicher Mobilität dar.

5.4.1.2   Regulierung durch die öffentliche Hand

Zum anderen bedeutet „öffentlich" im Gegensatz zu „privat" in diesem Kontext wie gesagt, dass Art und Umfang des Angebots sowie dessen Preisstellung von der öffentlichen Hand reguliert werden, um so die – politisch gewollte – Grundversorgung der Bevölkerung mit Mobilität durch entsprechende Dienstleistungen sicherzustellen. An eine solche Mobilitätsgrundversorgung werden zwei Kernanforderungen gestellt:

- Fokussierung des Angebots auf den Mobilitätsbedarf der Mehrheit (zum Beispiel Verbindungen zwischen Vororten und den Stadtzentren) und erst im zweiten Schritt auf singuläre Bedürfnisse kleinerer Bevölkerungsgruppen
- Bezahlbare Mobilität, insbesondere auch für Nutzer mit geringerem Einkommen. Aus kommunaler Sicht darf private Mobilität und hier insbesondere die Nutzung eines eigenen Autos nur in Ausnahmefällen günstiger sein als die Nutzung öffentlicher Angebote

Speziell im Nahverkehr erfordert dies die Integration unterschiedlicher kommunaler und privater Angebote zu einem nach räumlicher Abdeckung (Streckennetz), zeitlicher Verfügbarkeit (Fahrplan) und Preisgestaltung (Tarif) stimmigen Gesamtsystem. Dazu ist nicht nur ein ständiger Abgleich von Mobilitätsangebot und -bedarf, sondern auch die Auflösung des natürlichen Konflikts zwischen dem kommunalen Wunsch nach breiter Abdeckung, angemessenem Komfort und niedrigen Kosten auf der einen und den wirtschaftlichen Zielen privater Betreiber auf der anderen Seite nötig. Aus diesem Grund verantworten die kommunalen Verkehrsbetriebe die Festlegung von Streckennetzen, Fahrplänen und Tarifstrukturen, den Verkauf von Fahrscheinen sowie gegebenenfalls Förderungen oder Ausgleichszahlungen an private Dienstleister, die ansonsten unter den vorgegebenen Rahmenbedingungen nicht wirtschaftlich agieren könnten.

5.4.1.3 Nutzung öffentlicher Infrastruktur

Um Mobilitätsdienstleistungen überhaupt anbieten zu können, reicht es nicht aus, Fahrzeuge anzuschaffen und diese dann mit oder ohne Fahrer zu betreiben – es muss auch die zum Betrieb nötige Infrastruktur vorhanden sein: Straßen und Wege, auf denen die Fahrzeuge bewegt werden, Haltestellen, an denen Fahrgäste warten sowie ein- und aussteigen können, aber auch Einrichtungen zur Energieversorgung der eingesetzten Fahrzeuge.

Während sich dies etwa bei Bussen auf die Einrichtung von Schildern oder Wartehäuschen am Fahrbahnrand oder den Ausbau separater Fahrspuren beschränkt, ist die Bereitstellung der Infrastruktur für schienengebundene Transportmittel extrem aufwendig. Schienen, Oberleitungen, Brücken und Tunnel für Straßenbahn, Schnellbahn und speziell U-Bahn sowie Bahnhöfe und Haltestellen sind integraler Bestandteil der tiefbaulichen Substanz einer Stadt und als solcher – auch wenn von privaten Firmen betrieben – in deren Besitz.

Wenn auch nicht alle Kommunen die Bereitstellung und den Betrieb dieser Infrastruktur selbst übernehmen können, bleibt die Kontrolle darüber einer der Schlüssel zur gesamthaften Gestaltung von Mobilitätssystemen und deshalb idealerweise in öffentlicher Hand. Nur so kann eine optimale, gleichsam von öffentlichen wie von privaten Mobilitätsdienstleistern genutzte Infrastruktur dauerhaft gewährleistet werden.

5.4.2 Öffentlicher Nahverkehr

Ob wie in alten Städten über Jahrhunderte gewachsen oder von Anfang an in die Stadtplanung integriert: In den Ballungsräumen und Städten setzt sich der *öffentliche Personennahverkehr* (ÖPNV) aus unterschiedlichen Mobilitätsdienstleistungen auf drei Ebenen zusammen, die es möglichst optimal aufeinander abzustimmen gilt. Von der ersten zur dritten Ebene hin nehmen dabei die Fahrgastkapazität, die durchschnittliche Fahrgeschwindigkeit sowie der Abstand zwischen den Haltestellen ab, sodass sich dann eine optimale, bedarfsgerechte Flächendeckung ergibt.

5.4.2.1 Ebene 1: Schnellbahnen im Großraum

Die oberste Ebene des öffentlichen Nahverkehrs der Metropolen wird von Schnellbahnen gebildet, welche über zumeist radiale Hauptverbindungen die Vororte im Umland mit den städtischen Subzentren des Großraums verbinden. Solche Vorortzüge oder S-Bahnen befördern eine große Menge von Fahrgästen schnell über weite Strecken, ein in Deutschland üblicher S-Bahn-Langzug etwa kann über 1600 Personen transportieren und dabei eine Höchstgeschwindigkeit von bis zu 140 Kilometern pro Stunde erreichen. Insbesondere an Werktagen bringen die Schnellbahnen tausende von Pendlern morgens aus den Schlafstädten im Umland an ihre innerstädtischen Arbeitsplätze und abends wieder dorthin zurück. In vielen Städten kommt zu diesen Stoßzeiten der öffentliche Großraumverkehr kapazitiv an seine Grenzen – was für viele Pendler ein Grund ist, weiterhin mit dem eigenen Auto in die Stadt und zurück zu fahren.

Großraumschnellbahnen verbinden üblicherweise unterschiedliche Gemeinden und Verwaltungsbereiche, in einigen Fällen auch mehrere Städte, was die Verwaltung und Regelung der Verantwortlichkeiten dafür deutlich erschwert. Ein gutes Beispiel für ein solches polyzentrisches Verkehrssystem stellt die S-Bahn Rhein-Ruhr dar, die rund um die sechs Großstädte Düsseldorf, Dortmund, Essen, Duisburg, Bochum und Wuppertal über 50 unabhängige Gemeinden miteinander verbindet.

Gleichzeitig stellen die Schnellbahnnetze der Ebene 1 über die Anbindung von Stadtbahnhöfen und Flughäfen auch den Übergang zu den Bahnlinien des öffentlichen Regional- und Fernverkehrs sowie den nationalen und internationalen Fluglinien sicher und sind somit Voraussetzung einer reibungslosen städteübergreifenden Mobilität.

5.4.2.2 Ebene 2: Urbane Schnellbahnen

Auf einer nächsten Ebene der öffentlichen Mobilität durchkreuzt ein deutlich engmaschigeres Netz an urbanen Schnellbahnen das Stadtgebiet. Diese verbinden nicht nur die großen Bahnhöfe mit den einzelnen Stadtvierteln, sondern vor allem auch die Stadtviertel untereinander. Urbane Schnellbahnen fahren unterirdisch als Untergrundbahn oder oberirdisch als Hochbahn.

Dicht besiedelte historisch gewachsene Metropolen bieten zwischen den Gebäuden wenig Raum für Schnellbahntrassen. Hier ermöglichen Untergrundbahnen oder U-Bahnen eine schnelle, staufreie und vor Witterungseinflüssen geschützte Möglichkeit der Personenbeförderung innerhalb des Stadtgebiets. Zu den ersten Städten, die sich ab Mitte des neunzehnten Jahrhunderts den dazu erforderlichen unterirdischen Tunnelbau leisten konnten, zählen London, Budapest und Berlin sowie in den USA Chicago, Boston und New York. Die Transportkapazität von U-Bahn-Zügen hängt von ihrer Bauart ab und kann über die Anzahl der Wagen an den Bedarf angepasst werden – wobei die maximale Transportkapazität von der maximal möglichen Zuglänge und damit von der Länge der vorhandenen Bahnhöfe begrenzt wird. Dabei bestehen von Stadt zu Stadt deutliche Unterschiede: U-Bahn-Züge in Paris beispielsweise verfügen über etwa 500 Sitz- und Stehplätze, Züge in Deutschland über etwa 1000 und in New York oder Toko über etwa 1500. Die Höchstgeschwindigkeit im Betrieb liegt im Bereich zwischen 50 und 80 Kilometern pro Stunde. Aufgrund des extrem hohen Investitions- und Umsetzungsaufwands verfügen bis heute weltweit nur relativ wenige Städte über ein flächendeckendes U-Bahn-Netz.

Im Vergleich dazu können Hochbahnen deutlich schneller und günstiger realisiert werden. Ihre Schienentrassen liegen gewöhnlich über dem regulären Straßenverkehr auf mächtigen Stützkonstruktionen aus Stahl, Gusseisen oder Beton und lassen sich deshalb aber auch im Gegensatz zu Untergrundbahnen deutlich schwieriger in die vorhandene städtische Bausubstanz integrieren. Klassische Hochbahntrassen aus dem Ende des neunzehnten Jahrhunderts, wie sie etwa aus New York, Chicago oder Paris bekannt sind, prägen nicht nur das Erscheinungsbild der Städte; die darauf fahrenden Züge tragen auch massiv zum innerstädtischen Lärm bei.

Eine in den letzten Jahren immer häufiger eingesetzte Sonderform der Hochbahn stellen Seilbahnen dar. Diese kommen ohne Schienen und deren aufwändige Stützkonstruktion aus und bieten sich speziell dort an, wo Stadtflächen wie Wohnviertel, Flüsse oder Seen aus städtebaulichen, topografischen oder auch finanziellen Gründen weder untertunnelt oder überbrückt noch befahren werden können oder wo große Höhenunterschiede überwunden werden müssen. Seilbahnen wurden ursprünglich für den Wintersport entwickelt, in ihrer Technik dort über die Jahrzehnte fortlaufend verbessert und können heute auch im öffentlichen Personennahverkehr eine sowohl ökonomisch als insbesondere auch ökologisch sinnvolle Lösung darstellen. Der entscheidende konzeptuelle Vorteil gegenüber schienengebundenen Bahnsystemen ist dabei die Trennung des Antriebsmotors von den Fahrgastkabinen. Der Motor muss dadurch nicht mitbewegt und während der Fahrt mit Energie versorgt werden, sondern kann fest installiert und direkt am Stromnetz angeschlossen werden. Auch wenn Seilbahnen in vielen Städten wie Rio de Janeiro, Barcelona oder Koblenz zur Anbindung von Sehenswürdigkeiten und somit in erster Linie für den Tourismus eingesetzt werden, werden sie auch bereits erfolgreich in den ÖPNV integriert. So kann etwa die seit 2014 in der bolivianischen Metropolregion La Paz/El Alto eingesetzte Seilbahn pro Stunde bis zu 3000 Personen je Richtung transportieren.

In allen Metropolen hat sich auf dem Wohnungsmarkt die Erreichbarkeit mit urbanen Schnellbahnen als wichtiges Kriterium etabliert. Ob eine städtische Wohnlage direkten Zugang zur U-Bahn hat oder nur mit der S-Bahn oder dem Bus erreicht werden kann, wirkt sich direkt auf deren Attraktivität und Preis aus.

5.4.2.3   Ebene 3: Stadtbahnen, Busse und Boote

Die dritte und unterste Ebene wird durch ein noch engeres Netz an Stadtbahnen und -bussen sowie mancherorts auch Booten gebildet, von deren Haltestellen sich dann jedes Ziel im Stadtgebiet fußläufig erreichen lässt. Bahnen haben hier gegenüber Bussen den Vorteil, durch die Schienen unabhängig von der aktuellen auf den Straßen herrschenden Verkehrslage fahren zu können. Busse stehen zwar – wenn sie nicht gerade über reservierte Fahrspuren verfügen – mit allen anderen Autos gemeinsam im Stau, sind dafür aber deutliche flexibler als Bahnen. Bis auf die Einrichtung von Haltestellen benötigen sie keine spezielle Infrastruktur und können ihre Route deshalb auch kurzfristig an veränderte Bedarfe oder Verkehrsbedingungen anpassen. Auch die Fahrgastkapazität kann jederzeit durch die Wahl der Fahrzeuggröße vom Kleinbus bis zum Gelenkbus in Stufen angepasst werden. Gleiches gilt für in den ÖPNV integrierte Passagierschiffe.

Beim oftmals dringend erforderlichen Ausbau des ÖPNV-Angebots steht die jeweilige Stadt vor der grundsätzlichen Entscheidung, ob Bus- oder Bahnlinien ausgebaut werden sollen. Beide haben Vor- und Nachteile:

- Bahnverbindungen sind unabhängig von der aktuellen Verkehrslage und damit schnell sowie durch die Fahrzeuggröße für sehr hohe Passagierzahlen geeignet. Sie funktionieren (von Problemen bei Vereisung einmal abgesehen) unabhängig von der Wetterlage und sind damit im Regelfall zuverlässig. Aufgrund der aufwendigen Infrastruktur wie Schienen, Tunnel, Brücken und Energieversorgungsleitungen ist der Neu- oder Ausbau von Bahnverbindungen allerdings extrem kostenintensiv und vor allem langwierig und damit inflexibel
- Busverbindungen sind schnell und flexibel umsetzbar, nutzen aber im Regelfall die gleichen Straßen wie die privaten Pkw und verschlimmern damit den Stau, der sie gleichzeitig davon abhält, zügig voranzukommen

Eine aus politischer Sicht häufig gewünschte deutliche Reduzierung der Anzahl privater Pkw in den Städten würde vielerorts zur völligen Überlastung des ÖPNV führen. Hier die richtige Balance herzustellen, ist verkehrspolitische Kernaufgabe der jeweiligen Stadtregierungen.

Einen Sonderfall stellen hier Autofähren dar. Sie sind zwar Teil des öffentlichen Nah- und Regionalverkehrs, dienen aber gleichzeitig dazu, die Fahrt mit dem eigenen Pkw auch dort fortzusetzen, wo Flüsse, Seen oder Meere nicht mit Brücken oder Tunneln überquert oder unterfahren werden können. So werden beispielsweise die in Küstennähe liegenden Inseln des östlichen Mittelmeers durch ein enges Netz an öffentlichen Autofähren untereinander und mit dem Festland verbunden. Autofähren liegen somit in der Schnittmenge von individueller und öffentlicher Mobilität.

> *„Urbane Seilbahnen sind heute noch Exoten. Da aber die zugrunde liegende Technik bereits ausgereift ist, sich ihr Betrieb energetisch besonders günstig darstellt und sie sich mit relativ geringem Aufwand in bestehende Mobilitätssysteme integrieren lassen, werden Seilbahnen als Teil des öffentlichen Nahverkehrs in Zukunft eine wichtige Rolle spielen."*

5.4.3   Öffentlicher Fernverkehr

Der öffentliche Fernverkehr umfasst – in Ergänzung zum öffentlichen Nahverkehr – die Verbindungen zwischen den Städten und Ballungsräumen, und zwar sowohl auf nationaler als auch auf internationaler Ebene. Entsprechend der großen dabei zurückzulegenden Entfernungen werden als Verkehrsmittel im öffentlichen Fernverkehr Fernbusse, Fernzüge und Flugzeuge sowie zwischen Hafenstädten auch Autofähren eingesetzt. Reine Passagierschiffe spielen auf diesen Strecken ausschließlich im touristischen Bereich als Kreuzfahrtschiffe eine Rolle.

Das politische Interesse an einer bezahlbaren Grundversorgung und damit eine aktive Einflussnahme der öffentlichen Hand auf die Angebotsgestaltung ist – im Gegensatz zum Nahverkehr – beim Fernverkehr eher gering ausgebildet. Fluglinien und Fernbusbetreiber richten als meist unabhängige Unternehmen ihre Streckennetze, Fahrpläne und Tarife rein nach wirtschaftlichen Gesichtspunkten aus, eine Regulierung erfolgt hier maximal über eine kartellrechtliche Vermeidung von Monopolen. Auch die Bahnlinien des Fernverkehrs werden eigenwirtschaftlich betrieben, hier haben sich die entsprechenden Länder jedoch oft auch nach erfolgter Privatisierung über Anteilsmehrheiten einen bleibenden Einfluss auf die Angebotsgestaltung gesichert, wie beispielsweise Deutschland bei der Deutschen Bahn AG.

5.4.4 Öffentlicher Regionalverkehr

Jenseits der urbanen Ballungsräume, zwischen öffentlichem Nah- und Fernverkehr, liegt der im Vergleich zu diesen schon immer eher stiefmütterlich behandelte öffentliche Regionalverkehr. Wer im kleinstädtischen oder ländlichen Bereich mit öffentlichen Verkehrsmitteln in den Nachbarort gelangen möchte, ist im Regelfall auf Regionalbahnen oder -busse angewiesen, die in relativ langen zeitlichen Abständen verkehren. Wer hier außerhalb der Stoßzeiten eine regionale Busverbindung nutzen möchte, muss gut und gerne auch mal eine Stunde oder länger auf den nächsten Bus warten. Regionale Buslinien zeichnen sich außerdem durch große Abstände zwischen den Haltestellen aus, oft wird schon ein eigenes Fahrzeug benötigt, um von zu Hause dorthin zu kommen. Zudem gehören hier auch Teilverbindungen oft unterschiedlicher Verkehrsverbünde an, was dann dazu führen kann, dass der Kunde auf seiner Fahrt nicht nur umsteigen, sondern auch weitere Fahrscheine kaufen muss.

Aufgrund der Weitläufigkeit und der geringen Bevölkerungsdichte des ländlichen Raums ist eine flächendeckende und aus Nutzersicht zufriedenstellende Abdeckung durch fahrplangebundene öffentliche Verkehrsmittel mit sinnvollem Aufwand nicht umsetzbar. Keine Gemeinde oder Regionalverwaltung kann oder will es sich leisten, Bus- oder Bahnverbindungen nur für den Fall vorzuhalten, dass sie vielleicht jemand nutzen möchte, die dann aber häufig leer oder mit nur wenigen Fahrgästen besetzt fahren. Aus diesem Grund ist hier im Gegensatz zum urbanen Bereich das eigene Fahrzeug, je nach Alter Fahrrad, Motorrad oder Auto, nach wie vor die vorherrschende Mobilitätslösung. Deutliches Potenzial haben in diesem Umfeld aber deshalb alle auf Nutzeranforderung operierenden Dienste, vom Taxi über Ride Hailing bis zum Ridesharing.

5.4.5 Geschäftsmodelle

In Europa wurden öffentlicher Nah- und Fernverkehr lange Zeit – ähnlich der Post und dem Telefonnetz – als eine selbstverständliche Dienstleistung der öffentlichen Hand verstanden, die von den Kommunen und Ländern zwar gegen Entrichtung eines Fahrpreises, aber ohne Gewinnabsicht verrichtet wurde. Unabhängig vom tatsächlichen Bedarf wurde streng nach Fahrplan jeder noch so kleine Bahnhof angefahren, das eingesetzte Personal bestand größtenteils aus Beamten. Ein weiterer wichtiger Aspekt für den Betrieb von staatlichen Bahn-, Flug- oder Schiffslinien war – neben der Versorgung der Bevölkerung mit Mobilität – das deutlich sichtbare Aufzeigen von technischer Überlegenheit und Wohlstand gegenüber den Nachbarländern. Ein gutes Sinnbild für das Kostenverständnis bei einer solchen Staatsbahn ist das Schrankenwärterhäuschen: Damit jeder Ort angefahren werden konnte, waren auch sehr entlegene Bahnübergänge nötig. Dem Beamten, der an einem solchen Bahnübergang vielleicht einmal täglich die Schranke bedienen musste, wurde vom Staat zusätzlich zum Beamtensold ein kleines Haus zur Verfügung gestellt, in dem er mit seiner Familie kostenfrei wohnen konnte. Wirtschaftlichkeit war damals ganz offensichtlich kein Ziel des Eisenbahnbetriebs.

Ganz anders verliefen die Anfänge in den USA: In dem noch jungen „Land der unbegrenzten Möglichkeiten", in dem zu allererst einmal jeder für sich selbst verantwortlich war, sahen es weder die schnell wachsenden Städte noch die Bundesstaaten und schon gar nicht die Union als ihre Aufgabe, sich um die Mobilität ihrer Bürger zu kümmern. Es waren private Unternehmer wie der legendäre Cornelius Vanderbilt, der in Erwartung langfristigen wirtschaftlichen Erfolgs Schienen durch das Land legte, dadurch Städte und Küsten miteinander verband und am so entstehenden Boom dann auch außerordentlich gut verdiente. Die Fernbusse der privaten Greyhound Lines verbinden bis heute auch die kleineren Städte in den USA. Manche der privaten Firmen, die vor über 100 Jahren am Aufbau des New Yorker U-Bahn-Netzes beteiligt waren, betreiben diese heute noch.

Die beiden Beispiele verdeutlichen das Spannungsfeld, in dem sich die öffentliche Mobilität seit jeher hin- und herbewegt: Auf der einen Seite steht die kommunale oder staatliche Kontrolle, die mit hohem Aufwand und eher behäbigen Strukturen darauf zielt, eine für jedermann bezahlbare Grundversorgung mit Mobilität sicherzustellen – eben auch in weniger dicht besiedelten Gebieten, in denen die Erschließungs- und Betriebskosten die Einnahmen weit übersteigen. Auf der anderen Seite stehen private Unternehmen mit klarer Kosten-Nutzen-Orientierung, kontinuierlicher Verbesserung von Angebot und Wirtschaftlichkeit sowie effizienten Entscheidungsstrukturen, die aber letztlich nur die Fahrgäste befördern, mit denen sie auch Geld verdienen.

Einen Königsweg zur Auflösung dieses Zielkonflikts zwischen staatlicher/kommunaler und privatwirtschaftlicher Steuerung gibt es nicht. So wurden beispielsweise 1923 in England 120 Bahnlinien zu vier privaten Betreibern und diese dann 1948 zur staatlichen British Railways zusammengefasst – die dann aber ab 1994 wieder in private Einzelunternehmen zerschlagen wurde. Ebenfalls 1994 entstand aus der Zusammenlegung von Deutscher Bundesbahn und Reichsbahn die Deutsche Bahn AG, ein privatrechtlich organisiertes Unternehmen, dessen Aktien sich zu 100 Prozent im Besitz der Bundesrepublik Deutschland befinden – womit der Einfluss der öffentlichen Hand auf den Betrieb sichergestellt ist. Die ursprünglich in Form eines Börsengangs geplante „echte" Privatisierung wurde jedoch nicht zuletzt durch den Druck der Öffentlichkeit bisher nicht vollzogen, die Deutsche Bahn AG läuft heute profitabel. Im Gegensatz dazu wird der 1991 privatisierte US-amerikanische Fern- und Regionalbahnbetreiber Amtrak von der Regierung subventioniert, um seinen Dienst aufrechterhalten zu können – was aber offensichtlich das eigenverantwortliche Streben nach Wirtschaftlichkeit in diesem Unternehmen untergräbt und die öffentliche Meinung zu diesen Subventionen stark negativ beeinflusst hat. In einer Gesamtbetrachtung scheint der Weg, einzelne, wettbewerbsfähige private Betreiber durch die öffentliche Hand zu einem inhaltlich und wirtschaftlich stimmigen Gesamtsystem zu integrieren, zumindest langfristig erfolgreicher zu sein als andere.

5.4.6   Akzeptanz und Potenziale

Egal ob im Nah-, Regional- und Fernverkehr: Ob jemand nun anstelle eines eigenen Fahrzeugs oder individueller Mobilitätsangebote ein, und wenn ja welches, öffentliche Verkehrsmittel wählt, hängt in erster Linie von deren Verfügbarkeit, der Fahrtdauer sowie dem Fahrkomfort ab – jeweils natürlich in Relation zum Fahrpreis. Darüber hinaus sind für diese Entscheidung aber in starkem Maße auch persönliche Vorlieben maßgeblich.

5.4.6.1   Verfügbarkeit und Fahrtzeit

Wer rein innerstädtisch unterwegs ist, hat heute in den meisten Städten der Welt kein Problem, sein Ziel mit öffentlichen Verkehrsmitteln zu erreichen – und ist dabei im Normalfall sogar deutlich schneller als mit dem Auto. Entsprechende Apps zeigen auch Orts- und Sprachunkundigen die optimale Verbindung und unterstützen bei der Bezahlung. Auf Basis dieser hohen Verfügbarkeit verzichten in den Metropolen immer mehr Menschen auf ein eigenes Fahrzeug. Einschränkungen gibt es allerdings in mittelgroßen und kleinen Städten etwa während der Abend- und Nachtstunden, wo oft die geringe Nachfrage ein durchgehendes Angebot nicht rechtfertigt und flexible Alternativen nicht zur Verfügung stehen.

Im Fernverkehr haben sich auf vielen nationalen Strecken Preise und Bruttoreisezeiten für Flug- und Bahnverbindungen inzwischen angenähert. Fernbusse sind dagegen deutlich langsamer – aber eben auch deutlich günstiger. Auf Interkontinentalverbindungen bleibt das Flugzeug als Mobilitätslösung natürlicherweise oft die einzige Lösung, Zug- oder Schiffsverbindungen sind hier die absolute Ausnahme. Möchte man also mit öffentlichen Verkehrsmitteln von Stadtzentrum zu Stadtzentrum, hat man dafür in der Regel genügend und zeitlich hochattraktive Möglichkeiten zur Auswahl: Von München Stadtmitte nach Frankfurt Stadtmitte beispielsweise kommt man mit der Bahn fast im Stundentakt in knapp über drei Stunden, was mit dem Pkw auch bei besten Verkehrsbedingungen kaum möglich ist. Von Paris nach London fährt man mit dem

Eurostar ebenfalls stündlich in völlig konkurrenzlosen knapp zweieinhalb Stunden, mit dem Auto hätte man hier in dieser Zeit zur Rushhour gerade mal den Großraum von Paris verlassen.

Deutlich unattraktiver wird die Situation aber im Umland der Kernstädte. Wer eben nicht von München Stadtmitte nach Frankfurt Stadtmitte sondern mit öffentlichen Verkehrsmitteln aus dem Münchner Speckgürtel in den Frankfurter Speckgürtel möchte, braucht für den Transfer zum und vom Bahnhof unter Umständen fast genau so lang wie für die eigentliche Bahnfahrt. Noch schlechter wird die Versorgung, wenn Start oder Ziel im ländlichen Bereich liegen, eine Verbindung ohne eigenen Pkw oder Taxi ist dann kaum möglich.

Was der Nutzung öffentlicher Angebote also einen echten Schub geben und damit die Straßen der Ballungsräume vom Individualverkehr entlasten würde, wäre eine deutliche Verbesserung der Anbindung des Umlands an das öffentliche Verkehrsnetz. Wer erst in sein Auto steigen muss, um den nächstgelegenen Bahnhof zu erreichen, wird sich gut überlegen, ob er damit nicht doch gleich bis ans eigentliche Ziel weiterfährt. Gleichzeitig sind die Gemeinden des Umlands sehr zurückhaltend, Steuergelder in die Verbesserung ihres öffentlichen Nahverkehrs zu stecken, nur um damit die Verkehrssituation in der angrenzenden Großstadt zu verbessern – der Stau entsteht ja schließlich dort und nicht in der eigenen Gemeinde. Privat betriebene, aber in das Tarifsystem des ÖPNV integrierte Ride-Hailing- oder Ridesharingdienste, die die Arbeits- oder Wohngebiete des Umlands an die Bahnhöfe der S-Bahnen und Vorortzüge anbinden, wären eine geschickte und praktikable Lösung dieses Dilemmas.

Ein weiterer, für die Akzeptanz des öffentlichen Nah- und Fernverkehrs relevanter Aspekt ist die Gestaltung von Verkehrsverbünden, innerhalb derer unterschiedliche Verkehrsmittel unterschiedlicher Anbieter mit der gleichen Fahrkarte genutzt werden können. Wer sich innerhalb eines zusammenhängenden Ballungsraumes fortbewegt, möchte nicht zwangsläufig umsteigen und zwei oder gar mehrere unterschiedliche Fahrscheine lösen müssen, nur weil er auf seiner Fahrt Stadt- oder Ländergrenzen überschreitet. Die städte- oder gar länderübergreifende Gestaltung von Strecken- und Tarifplänen, der Betrieb der entsprechenden Verkehrsmittel sowie der Verkauf von Fahrscheinen ist für die beteiligten

Behörden eine gewaltige organisatorische und politische Herausforderung, stellt aber einen wichtigen Schlüssel zur Akzeptanz öffentlicher Mobilitätsangebote dar.

5.4.6.2 Kosten

Wie bereits dargestellt, wird an die öffentliche Mobilität der grundsätzliche Anspruch gestellt, für jedermann eine erschwingliche Mobilitätsgrundversorgung sicherzustellen. Allerdings: Wer bereits ein eigenes Auto besitzt, für den ist die Nutzung öffentlicher Verkehrsmittel finanziell natürlich deutlich weniger interessant. Im Kostenvergleich stehen den Fahrtkosten für Flugzeug, Bahn oder Bus dann nämlich nur noch die Betriebskosten des eigenen Fahrzeugs gegenüber, die Ausgaben zur Anschaffung – ob Kauf oder Leasing – sind ja bereits getätigt. Genau das macht den Modalmix zwischen öffentlichen Verkehrsmitteln und eigenem Auto so uninteressant: Das bereits bezahlte Auto steht auf einem – üblicherweise auch noch kostenpflichtigen – Parkplatz, während sein Besitzer für die Weiterfahrt mit der U-Bahn zusätzlich ein entsprechendes Ticket kaufen muss.

In vielen Fällen ist zudem die Nutzung etwa eines eigenen gebrauchten Kleinwagens in der Vollkostenrechnung immer noch günstiger als die Nutzung öffentlicher Mobilitätsangebote. Dieser finanzielle Vorteil vergrößert sich noch weiter, wenn ohne zusätzliche Kosten weitere Personen im Auto mitfahren, die im öffentlichen Fernverkehr ja einzeln bezahlen müssten. Gruppevergünstigungen gibt es hier meistens erst ab 6 oder 10 Personen, sind also für die übliche private oder berufliche Parteigröße irrelevant.

Um öffentliche Mobilitätsangebote finanziell auch für die Besitzer eigener Fahrzeuge attraktiv zu machen, hat der Gesetzgeber also grundsätzlich zwei Möglichkeiten: Zum einen können etwa durch die Erhöhung der Kraftstoffsteuer, die Verknappung oder Verteuerung von innerstädtischen Parkmöglichkeiten sowie durch die Erhebung von Straßennutzungsgebühren oder einer City-Maut die Kosten pro Kilometer oder pro Fahrt mit dem eigenen Fahrzeug angehoben werden. Gleichzeitig können über die Preisgestaltung der öffentlichen Mobilitätsdienste deren

Nutzungskosten gesenkt werden. In diesem Sinne sind in den letzten Jahren bereits einige Städte wie Monheim am Rhein, das französische Dünkirchen oder das estnische Tallin dazu übergegangen, über einen kostenfreien öffentlichen Nahverkehr mehr Autofahrer aus dem eigenen Auto in Busse und Bahnen zu bringen. Die Kosten für den Betrieb werden dabei aus Steuermitteln gedeckt. Als weltweit erstes Land wird Luxembourg ab 2020 die Nutzung öffentlicher Busse und Bahnen vollständig kostenfrei anbieten.

5.4.6.3 Komfort

Auch wenn die Bedeutung des Komforts grundsätzlich abnimmt, je kürzer die zurückzulegende Strecke ist: Viele Menschen fühlen sich deutlich wohler, wenn sie von der Öffentlichkeit getrennt, vor Wind und Wetter geschützt und ohne umsteigen zu müssen, bequem in einem Auto sitzend, direkt zum Ziel gebracht werden – sei es im Taxi, per Ride Hailing, im geliehenen oder im eigenen Auto – und sind auch bereit, dafür einen Mehrpreis zu bezahlen und gegebenenfalls sogar länger unterwegs zu sein.

Die Fahrt mit öffentlichen Verkehrsmitteln dagegen kann besonders für den unkomfortabel werden, der mit Gepäck reist. Sperriges und schweres Gepäck in Zug, Bus oder Bahn mitzunehmen ist nicht nur beschwerlich (vor allem, wenn man ein paar Mal umsteigen muss), sondern in vielen Fällen auch schlicht nicht möglich. Genau in dieser Situation können Fernbusse, Taxis oder Mitfahrdienste beim Kunden punkten, wenn genug Platz zum Verstauen seines Gepäcks vorhanden ist und der Fahrer ihm dabei gegebenenfalls kurz zur Hand geht.

Mangel an Komfort ist einer der am häufigsten genannten Gründe dafür, nicht mit öffentlichen Verkehrsmitteln, sondern mit dem eigenen Auto zu fahren. Neben dem reinen Fahrkomfort tragen für viele Nutzer weitere Sekundäraspekte zum Komforterlebnis bei, etwa die Möglichkeit selbst zu fahren, sich anderen mit seinem eigenen Auto zu präsentieren oder einfach persönliche Gegenstände darin zu lassen. Für viele Menschen bietet das eigene Auto auch eine vertraute Umgebung, die ihnen persönlich wichtig ist und auf die sie nicht verzichten wollen.

5.4.6.4   Sicherheit

Wird im Zusammenhang mit öffentlichen Verkehrsmitteln von Sicherheit gesprochen, ist in den allermeisten Fällen die Wahrscheinlichkeit gemeint, dort als Fahrgast Opfer von Diebstahl oder von Gewalt zu werden. Wahrgenommene und tatsächliche Sicherheitslage hängen in erster Linie von der jeweiligen Stadt, dort gegebenenfalls von der jeweiligen Linie beziehungsweise des jeweiligen Stadtviertels sowie von der Tageszeit ab, zu der gefahren wird. In vielen Metropolen haben die Bewohner ein Gefühl dafür entwickelt, welche Stadtviertel und damit welche Abschnitte von Verbindungen des öffentlichen Nahverkehrs man spätabends und nachts besser meidet. Von Vorteil für die Akzeptanz sind Sicherheitseinrichtungen wie Notruftelefone und Kameras in den Wagen, insbesondere aber auch die wahrnehmbare Präsenz von Sicherheitspersonal, die seitens des Betreibers jedoch mit hohen Personalkosten verbunden ist. In den letzten Jahren konnten viele Städte so die Sicherheit im öffentlichen Nahverkehr nachhaltig verbessern. Im Bereich der New Yorker U-Bahn etwa gab es 1990 noch 26 Mordfälle, im Jahr 2018 nur noch einen.

Weitaus weniger öffentliche Beachtung als Überfällen und Gewalttaten wird Unfällen im Zusammenhang mit öffentlichen Verkehrsmitteln geschenkt. Ihre Nutzung gilt technisch gemeinhin als sicher, das Risiko verletzt oder getötet zu werden, ist nach wie vor im Flugzeug am geringsten, gefolgt von Bahn und Bus, und im Pkw am höchsten. Was in den Statistiken und der eigenen Wahrnehmung aber häufig ausgeblendet wird, sind die Gefahren beim Ein- und Aussteigen an den Haltestellen und in den Bahnhöfen. Im Bereich der Pariser Metro etwa kommt es hier jährlich zu etwa 400 Unfällen, einige davon tödlich. Um dem gegenzusteuern, setzen die Betreiber in der Regel auf geeignete Kommunikation in den Fahrzeugen und Bahnhöfen. Ein besonders erfolgreiches und bemerkenswertes Beispiel ist hier das 2012 in der Melbourne Metro als Sicherheitshinweis eingespielte Lied „Dumb Ways to Die", in dem auf unterhaltsame Weise auf die Gefahren im Umfeld von Bahnhöfen und Zügen hingewiesen wurde, und das sich kurze Zeit später weltweit viral im Internet verbreitete.

„Damit Autofahrer im großen Stil aus dem gewohnten und bereits bezahlten eigenen Auto in den öffentlichen Nahverkehr umsteigen, müssen zwei Voraussetzungen erfüllt sein: die Erreichbarkeit der Bahnhöfe und Haltestellen vom Wohnort und Arbeitsplatz aus und die Möglichkeit, die öffentlichen Angebote kostenlos zu nutzen."

6

Gesellschaftliche Trends
Welchen gesellschaftlichen Rahmenbedingungen unterliegt die Mobilität – und wie werden sich diese in Zukunft entwickeln?

Mobilität ist ein menschliches Grundbedürfnis. Und so wie es uns – sobald die grundlegenden Anforderungen erfüllt sind – beim Essen nicht mehr nur um die Aufnahme von Nährstoffen zur Aufrechterhaltung der Körperfunktionen und beim Wohnen nicht mehr nur um Schutz vor Wind und Wetter geht, stellen wir heute an die Mobilität in der Regel deutlich höhere Ansprüche, als nur irgendwie von A nach B zu kommen (ein Umstand, dem nicht zuletzt die Automobilindustrie weltweit einen Großteil ihrer Einnahmen verdankt …). Wie im ersten Kapitel diskutiert, bestimmen neben den geografischen, infrastrukturellen und rechtlichen Gegebenheiten in hohem Maße auch gesellschaftliche Werte und Trends die individuellen Wunschvorstellungen hinsichtlich eines Mobilitätssystems und damit am Ende des Tages auch die individuelle Entscheidung für eine der konkreten Mobilitätsalternativen. Dass beispielsweise in den letzten Jahren in den globalen Metropolen gut verdienende Akademiker statt wie bisher mit dem Auto nun mit hochpreisigen Mountainbikes ins Büro fahren, begründet sich bei vielen nicht ausschließlich im Bedarf nach gesunder Bewegung oder dem Versuch, dem Verkehrsstau zu entkommen, sondern einfach im Wunsch, genauso hip zu sein wie ihre Freunde und Kollegen, oder den Trendsettern in den sozialen Medien zu folgen. Wie in anderen Lebensbereichen, sind auch in der

© Springer Fachmedien Wiesbaden GmbH, ein Teil von Springer Nature 2020
J. Weber, *Bewegende Zeiten*, https://doi.org/10.1007/978-3-658-30311-2_6

Mobilität gesellschaftliche Trends eher heterogen und unterscheiden sich zwischen verschiedenen Räumen, Nationalitäten oder gesellschaftlichen Schichten und Gruppen teilweise massiv. Akzeptanz und Status des oben erwähnten Mountainbikes wären in einer Kleinstadt im Süden der USA vermutlich deutlich geringer als beispielsweise in der City of London.

Bleiben solche gesellschaftlichen Trends keine kurzfristigen Erscheinungen, sondern werden zu dauerhaft veränderten Verhaltensweisen, schlagen sie sich zumindest in demokratischen Ländern in von Land zu Land und Stadt zu Stadt sehr unterschiedlicher Geschwindigkeit in der Gesetzgebung und dadurch letztendlich in der Gestaltung des Mobilitätssystems nieder. Wer als Politiker wiedergewählt werden möchte, beobachtet sehr genau, was sich die Bevölkerung in puncto Mobilität wünscht und was nicht. Ein gutes Beispiel hierfür sind die gesetzlichen Vorgaben zur Nutzung von Elektrokleinstfahrzeugen in Deutschland: Die in den letzten Jahren auf den Markt gekommenen Geräte wie E-Boards oder E-Scooter bewegten sich zunächst im rechtsfreien Raum, 2017 wurde ihr Betrieb auf öffentlichen Straßen und Wegen dann generell verboten. Da sie für viele Nutzer jedoch – ob im Eigenbesitz oder Sharing – eine vernünftige Last-Mile-Anbindung im Stadtverkehr darstellten, erlaubt die vom Bundesverkehrsministerium erarbeitete und inzwischen in Kraft getretene Elektrokleinstfahrzeuge-Verordnung unter bestimmten Auflagen zumindest den Betrieb von E-Scootern im öffentlichen Raum. Nach den massiven Beschwerden der Bürger über rücksichtsloses Fahren und Abstellen steht genau dieses Gesetz aber bereits vielerorts wieder auf dem Prüfstand.

Wie das Beispiel des primär auf seine Außenwirkung bedachten Nutzers eines teuren Fahrrads zeigt, sind gesellschaftliche Trends im Zusammenhang mit Mobilität vielschichtig und stehen zueinander in sich verstärkenden oder sich aufhebenden Beziehungen. Trotzdem lassen sich in diesem komplexen Geflecht einige Leitstränge identifizieren, auf die deshalb im Folgenden näher eingegangen wird: allem voran der wachsende Wunsch nach umfassender Nachhaltigkeit, das komplizierte Verhältnis zwischen Gesellschaft und Automobil sowie die Bemühungen von Gesetzgebern und Verwaltungen zur Lenkung der Mobilität in Richtung eines Gesamtoptimums.

6.1 Megatrend Nachhaltigkeit

6.1.1 Bedeutung der Nachhaltigkeit

Der Begriff *Nachhaltigkeit* kommt zwar ursprünglich aus dem Bereich der Natur, hatte aber mit Naturschutz zunächst nur wenig zu tun. Anfang des achtzehnten Jahrhunderts wurde mit *nachhaltigem Wirtschaften* in der Forstwirtschaft das Prinzip bezeichnet, im Wald maximal so viel Holz zu schlagen und dann zu verkaufen, wie im gleichen Zeitraum nachwächst. Ziel dieser Selbstbeschränkung des Ertrags war dabei der langfristige Erhalt des Waldes, aber weniger in seiner Eigenschaft als schützenswerter Naturraum denn als gewinnbringendes Asset der Holzwirtschaft. Auf die allgemeine Geldwirtschaft übertragen bedeutet Nachhaltigkeit nach dieser Lesart dann, das vorhandene Kapital zu erhalten und nur von den Zinsen zu leben – ein inhaltlich auf den ersten Blick meilenweit von der heute gängigen ökologisch orientierten Deutung des Begriffs entfernter Gedanke.

Erst gegen Ende des zwanzigsten Jahrhunderts wurde der Begriff der Nachhaltigkeit dann aus der betriebswirtschaftlichen in die volkswirtschaftliche Ebene transferiert. Im 1987 von der Brundtland-Kommission herausgegebenen und rückblickend durchaus als bahnbrechend zu bezeichnenden Bericht „Unsere gemeinsame Zukunft" wird zum ersten Mal das Konzept einer nachhaltigen Entwicklung formuliert, welche „die Bedürfnisse der Gegenwart befriedigt, ohne zu riskieren, dass künftige Generationen ihre eigenen Bedürfnisse nicht befriedigen können." Hier taucht neben der *ökologischen Nachhaltigkeit*, also der auf die Zukunft gerichteten Erhaltung der Umwelt und ihrer Ressourcen, auch die auf die Gegenwart bezogene *soziale Nachhaltigkeit* auf, die auf die faire Partizipation aller an der Wertschöpfungskette für Produkte und Dienstleistungen beteiligten Menschen und damit den Ausschluss sozialer Missstände wie Ausbeutung, Kinderarbeit und Korruption abzielt. Erst später wurde dem Begriff der Nachhaltigkeit als dritte Säule auch die *ökonomische Nachhaltigkeit* zugeordnet, also die wirtschaftliche Sicherung der langfristigen Existenz der Unternehmen, welche die Produkte oder Dienstleistungen anbieten. Auch wenn wirtschaftlicher Erfolg und Umweltschutz lange Zeit als konträre Ziele angesehen wurden, hatte sich im Schatten einer anfänglichen Öko- und Sozialromantik langsam die Einsicht durchgesetzt, dass ein Unternehmen auch wirtschaftlich stabil und damit erfolgreich sein muss, um langfristig ökologisch und sozial operieren zu können.

Der Wunsch, das Leben auf unserem Planeten nachhaltiger zu gestalten, ist sicherlich der über die letzten Jahre weltweit am stärksten gewachsene gesellschaftliche Trend. Was das private Umfeld angeht, bezieht er sich grundsätzlich auf alle Lebensbereiche, ganz speziell aber auf Ernährung und Kleidung – und last but not least auf die Mobilität. Gab es früher eher einzelne Gruppen, die sich gesund ernährten, denen der Umweltschutz am Herzen lag, oder die bei Lebensmitteln zusätzlich auf Fair-Trade-Herstellung achteten, haben sich heute speziell in den Metropolen flächendeckend auf ganzheitliche Nachhaltigkeit gründende Lebensstile entwickelt. So wird im Marketing inzwischen neben den traditionell progressiven Kundenmilieus mit *Lifestyle of Health and Sustainability (LOHAS)* ein stark wachsendes und durchaus vermögendes Käufermilieu betrachtet, dessen Angehörige ihre eigene körperliche und seelische Gesundheit, aber auch ganzheitliche Nachhaltigkeit als Werte im Leben besonders hoch schätzen, sie gerne auch nach außen zeigen und bei allen ihren Kaufentscheidungen bewusst berücksichtigen.

Bei genauerem Hinsehen zeigte sich in der Vergangenheit allerdings auch, dass der Einfluss der Nachhaltigkeit auf individuelle Entscheidungen auch eine Frage der verfügbaren finanziellen Mittel ist und diese oft erst dann relevant wird, wenn die Befriedigung der Grundbedürfnisse sichergestellt ist. Wer sich täglich fragen muss, wie er Wohnung, Kleidung und Essen bezahlen soll, für den ist die Frage nach der Nachhaltigkeit oft zwangsläufig zweitrangig. Gerade bei Lebensmitteln und Kleidung ist Nachhaltigkeit heute noch eine Art Premiumeigenschaft, die nur speziellen, meist teureren Marken vorbehalten ist. Solange hier die regulatorischen Rahmenbedingungen nicht beispielsweise im Sinne einer Förderung von Nachhaltigkeit angepasst werden, muss man sich als Konsument Nachhaltigkeit auch leisten können.

Dieser Klassenbezug der Nachhaltigkeit wird in den letzten Jahren zunehmend noch von einem Generationsbezug überlagert: Heute Jugendliche und junge Erwachsene, die sogenannte *Generation Z*, sind mit einem hohen Gesundheits- und Umweltbewusstsein aufgewachsen und äußern im Netz und auf der Straße zunehmend lautstark ihre Sorge über die Art und Weise, in der aktuell mit der Erde umgegangen wird, auf der sie ja die nächsten 80 Jahre verbringen wollen. Von Politik und Wirtschaft fordern sie deshalb echte Nachhaltigkeit, einen grundsätzlichen Wandel weg von Abbau und Zerstörung der Ressourcen hin zu deren Erhalt. Eine Forderung, die bei vielen Älteren Ängste um den Verlust dessen schürt, was man sich über Jahre hinweg erarbeitet hat und was einem als wichtig oder wertvoll gilt – sei es ein Pelzmantel, Kunststoffbecher zum Kaffee, Böller zu Sylvester oder eben ein leistungsstarkes Auto. Wahlen und Umfragen zeigen dabei, dass die „Jungen" bei der Verfolgung dieses Anliegens immer mehr Unterstützung von den „Alten" bekommen, also aus der Generation ihrer Eltern und Großeltern. Es geht also inzwischen längst nicht mehr nur um die Kunden und Wähler von morgen. Nicht zuletzt deshalb hören Politiker und Manager inzwischen deutlich genauer hin, was da im Netz und auf der Straße so gefordert wird.

6.1.2 Nachhaltige Mobilität

6.1.2.1 Emissionsfreiheit und Ressourcenschonung

Mobilität und hier insbesondere private Pkw standen schon immer im Mittelpunkt jeder Diskussion um nachhaltiges Leben und Wirtschaften. Heute stehen hier die folgenden Aspekte im Fokus der kritischen Auseinandersetzung:

- Die Reduzierung der Erderwärmung durch die Vermeidung von Treibhausgasen, die bei der Verbrennung fossiler Brennstoffe in Fahrzeugmotoren, bei der Herstellung und Entsorgung der Fahrzeuge oder bei der Gewinnung von Kraftstoffen oder elektrischer Energie für den Antrieb entstehen und freigesetzt werden
- Die Verbesserung der Luftqualität durch Reduzierung der Schadstoffemissionen von Kraftfahrzeugen. Auch hier wird nicht nur die Nutzung, sondern der gesamte Lebenszyklus inklusive der Energiebereitstellung betrachtet

- Die Bewahrung der über Jahrmillionen entstandenen Ressourcen an fossilen Brennstoffen wie Öl, Gas und Kohle durch Verwendung alternativer und nachhaltiger Energieformen
- Die Reduzierung des von Privatfahrzeugen zum Fahren und Parken benötigten öffentlichen Raums
- Das möglichst rückstandsfreie Recycling von Altfahrzeugen an deren Lebensende, welches eine Endlagerung insbesondere auch von Problemstoffen in Deponien überflüssig macht

Von den auf den Markt gebrachten Kraftfahrzeugen wird seitens ihrer Nutzer, der Gesetzgeber und der Öffentlichkeit die Einhaltung der geltenden und für die nähere Zukunft absehbaren Emissionsvorschriften selbstverständlich erwartet. Und zumindest in Europa wird auch davon ausgegangen, dass die Hersteller zudem die Verantwortung für die Rücknahme und das Recycling ihrer Altfahrzeuge übernehmen. Der Diesel-Skandal von 2015 hat allerdings bei all diesen Stakeholdern in kürzester Zeit zu einem breiten Misstrauen dahingehend geführt, ob die Automobilbranche als Ganzes dieser Verantwortung auch immer gerecht wird. Der ehemalige Vertrauensvorschuss, welcher der Branche vormals entgegengebracht wurde, ist dahin. Seit Dieselgate werden zum einen die geltenden Vorschriften und Regelungen kritisch hinterfragt, zum anderen werden die Hersteller bei der Verfolgung ihrer Pflichten auch deutlich stärker überwacht – nicht nur von den Behörden, sondern auch durch die Öffentlichkeit.

Als Mittel der Wahl zur Reduzierung der Fahrzeugemissionen und Schonung der fossilen Ressourcen sehen die meisten Länder heute die Elektromobilität. Um hier die anspruchsvollen politischen Ziele zu erreichen, investieren sie gewaltige Summen in die Entwicklung entsprechender Fahrzeuge und der erforderlichen Ladeinfrastruktur. Auch Fahrzeugantriebe mit Wasserstoff als Energieträger werden weiterhin aufmerksam betrachtet, sind aber von der zur Umsetzung erforderlichen technischen Reife noch deutlich weiter entfernt als reine BEV. Egal wie skeptisch man Elektrofahrzeugen gegenübersteht: Möchte man am Erreichen der vereinbarten Emissionsziele festhalten, gibt es zu einem Flottenmix mit hohem Anteil elektrisch angetriebener Fahrzeuge aus heutiger Sicht keine Alternative.

6.1.2.2 End-to-End-Betrachtung

Gemeinsam mit den Elektrofahrzeugen und ihrem Nachhaltigkeitsanspruch hat in der Öffentlichkeit auch eine deutlich umfassendere Betrachtungsweise der Nachhaltigkeit Einzug gehalten. Nachdem die Kritiker der Elektromobilität immer wieder darauf hingewiesen hatten, dass hier ja beispielsweise die Verbrennung fossiler Kraftstoffe quasi aus dem Motor in ein möglicherweise auch noch unzureichend gefiltertes Braunkohlekraftwerk vorverlagert wurde, hat man bei der Bewertung der Fahrzeugemissionen völlig korrekterweise nicht nur die Herstellungs- und Entsorgungsprozesse mit eingeschlossen. Hinzu kamen in der sogenannten Well-to-Wheel-Betrachtung nun auch die im Zusammenhang mit der Erzeugung und Verteilung der Antriebsenergie stehenden Emissionen – auch wenn sich über die Kraftstoffflieferkette vom Ölfeld in den Tank und ihre Auswirkungen auf Natur und Gesellschaft vordem kaum jemand ernsthaft Gedanken gemacht hat.

Bei einer solchen End-to-End-Betrachtung der Elektromobilität kommt dann auch der Frage hohe Relevanz zu, wie nachhaltig und emissionsfrei die elektrische Energie tatsächlich gewonnen wurde, mit der das Fahrzeug angetrieben wird. Und auch hierzu gibt es sowohl in der Politik als auch in der Öffentlichkeit höchst unterschiedliche Wahrnehmungen. Während beispielsweise in Ländern wie England, Frankreich oder den USA vornehmlich Atomenergie eingesetzt und von der Mehrheit dort als sauber und nachhaltig eingestuft und akzeptiert wird, erfüllt für die Mehrheit der Menschen in Deutschland oder den skandinavischen Ländern nur regenerative Energie aus Wasser-, Wind- oder Solarkraftwerken den Anspruch der Nachhaltigkeit – was für die Ausbreitung der Elektromobilität durchaus eine Hürde darstellt. Und letztlich müssen auch bei der Nachhaltigkeitsbewertung der Energieerzeugung nicht nur der Betrieb, sondern auch die Herstellung und Entsorgung der Kraftwerke berücksichtigt werden, also etwa auch der Aufbau eines Offshorewindparks oder eben die Endlagerung abgebrannter Brennstäbe eines Kernkraftwerks.

Um also technische Lösungen hinsichtlich ihrer Auswirkungen auf Natur und Menschen objektiv beurteilen und vergleichen zu können, muss immer das Gesamtsystem betrachtet werden. Dies gilt für die Emissionen und den Ressourcenverbrauch genauso wie für die Arbeitsbedingungen der beteiligten Prozesspartner. Nachhaltigkeit kennt keine Landesgrenzen; wer wirklich nachhaltig wirtschaften möchte, muss seine Lieferketten bis ins letzte Glied betrachten. Das ist aufwendig, aber notwendig, und birgt bei der Inaugenscheinnahme der Fabriken gerade von Lieferanten in Schwellenländern die ein oder andere böse Überraschung. Für den Bereich der Mobilität gehören hierzu beispielsweise die Bedingungen, unter denen in Ländern wie Chile, Simbabwe oder dem Kongo Lithium oder Kobalt für Fahrzeugbatterien gewonnen wird, ebenso wie die politischen, militärischen und technischen Risiken, die heute für die Sicherstellung der Ölversorgung eingegangen werden.

Bei der ganzheitlichen Nachhaltigkeitsbewertung geben Ökobilanzen oder Nachhaltigkeitsaudits und -zertifikate die erforderliche Orientierung – vorausgesetzt sie wurden gewissenhaft und objektiv erstellt (also möglichst von einem unabhängigen und akkreditierten Institut) und decken den betrachteten Teil der Prozesskette vollständig ab. In einigen Fällen sind diese Voraussetzungen aber nicht erfüllt, die ausgestellten Zertifikate sind dann am Ende das Papier nicht wert, auf das sie gedruckt wurden.

6.1.2.3 Was ist Nachhaltigkeit wert?

Um Fahrzeuge oder Mobilitätsdienstleistungen nachhaltig zu gestalten, reicht guter Wille alleine nicht aus, Nachhaltigkeit kostet in der Regel auch Geld. Wer verlangt, dass bis zum Ende der Lieferkette in Arbeitsschutz investiert wird und Löhne sowie soziale Absicherung auf ein faires Niveau angehoben werden, wird nicht umhinkommen, diese Mehrleistung auch in der Preisverhandlung mit seinen Lieferanten zu berücksichtigen. Und um auf allen Märkten die immer strengeren Emissionsgrenzwerte zu erfüllen, müssen Kraftfahrzeuge mit immer effizienteren Antrieben und intelligenten Systemen zur Abgasreinigung und zum Wärmemanagement ausgestattet werden – bis hin zur vollständigen Neuentwicklung elektrischer Antriebe. Lange bevor das erste Fahrzeug verkauft und damit Geld eingenommen wird, müssen die Automobilhersteller hier zunächst für die in der Systementwicklung erforderlichen Mehraufwände Summen in mehrstelliger Millionenhöhe aufbringen und dann später in der Produktion auch pro gebautem Fahrzeug die zusätzlichen Herstellkosten tragen.

Was die im Vordergrund der Regulierung stehende Emission von Treibhausgasen angeht, bieten die Gesetzgeber hierzu allerdings eine Alternative. Da sich die gesetzlichen Grenzwerte üblicherweise auf die gesamte von einem Hersteller verkaufte Fahrzeugflotte bezieht, tun sich Hersteller von kleinen und eher leistungsschwachen Fahrzeugen deutlich leichter, diese einzuhalten, Hersteller von sowohl kleinen als auch großen Fahrzeugen können die höheren Emissionen der Letzteren durch die geringen Emissionen der Ersteren ausgleichen. Wer jedoch beispielsweise ausschließlich Sportwagen, leistungsstarke SUV oder Trucks anbietet, hat über technische Lösungen alleine keine Chance, die gesetzlich geforderten Grenzwerte zu erreichen, kann die verbleibende Lücke jedoch durch den Kauf von Emissionsrechten (sogenannten Zertifikaten) schließen – sozusagen von der Regierung herausgegebene Berechtigungsscheine für die Emission von Treibhausgasen. Umgekehrt können Hersteller, deren Flottenemissionen unter den Grenzwerten bleiben, Emissionsrechte in der Größenordnung der Übererfüllung am Markt veräußern. Für reine Elektrofahrzeughersteller mit einer Flottenemission von null stellt der Verkauf von Emissionsrechten bis hin zum gesetzlichen Grenzwert somit eine wichtige Säule des Geschäftsmodells dar. So verkauft etwa Tesla jedes Jahr US-Emissionsrechte, sogenannte „Zero Emission Vehicle Credits", in der Größenordnung von mehreren hundert Millionen US-Dollar an Firmen wie General Motors oder Fiat Chrysler. Wer diese Einnahmen dann bei der wirtschaftlichen Gesamtbewertung eines Automobilherstellers mit berücksichtigt, muss diesem dann objektiv gesehen auch die entsprechenden Emissionen zuschreiben, selbst wenn sie rein technisch gesehen nicht von seinen eigenen Fahrzeugen stammen.

Auf den ersten Blick haftet diesem Geschäft mit Emissionsrechten etwas Anrüchiges an, bei vielen Menschen entsteht das Gefühl, als würden sich hier reiche Fahrer und Hersteller großer und wenig umweltfreundlicher Fahrzeuge von ihren Pflichten zur Emissionsreduzierung freikaufen. Bei nüchterner Betrachtung führt der Emissionsrechtehandel jedoch in erster Linie zur größtmöglichen Effizienz beim Klimaschutz. Emissionen werden zuerst dort reduziert, wo es am wenigsten kostet – was im

Umkehrschluss bedeutet, dass mit dem verfügbaren Budget eine maximale Emissionsreduzierung erreicht wird. Für das eigentliche Ziel, den Anstieg der Erderwärmung zu verlangsamen oder gar aufzuhalten, ist es am Ende schließlich völlig gleichgültig, wo genau die Entstehung von Treibhausgasen reduziert wurde; die Erdatmosphäre interessiert sich hier im Sinne ihrer Gesundheit nur für die Gesamtsumme und nicht die Herkunft. Gänzlich anders sieht dagegen die Situation bei der sozialen Nachhaltigkeit aus. Hier können Verbesserungen nicht in Milligramm Schadstoffausstoß gemessen werden, und betroffen sind auch nicht so abstrakte Gebilde wie die Erdatmosphäre oder die Natur, sondern ganz konkrete Personen und deren Familien, von denen nicht eine wichtiger als die andere ist. Hier ist es deutlich schwieriger, den Nutzen unterschiedlicher Maßnahmen zu vergleichen. Ein Handel mit Rechten analog zum Emissionshandel, also etwa der Kauf und Verkauf von „Social Sustainability Credits" im Sinne von „nichts gegen Kinderarbeit beim afrikanischen Sublieferanten unternommen, aber dafür an anderer Stelle in die Lohnfortzahlung im Krankheitsfall investiert" würde sehr schnell an moralische Grenzen stoßen. Eine auf Kennzahlen basierende, quantitative Optimierung sozialer Nachhaltigkeit findet keine Akzeptanz.

Während Kunden aber bei Lebensmitteln und Kleidung durchaus bereit sind, Nachhaltigkeit als eine besondere und preiswürdige Produkteigenschaft anzuerkennen und zu bezahlen, lässt sich eine Übererfüllung der Emissionsanforderungen oder das Angebot zusätzlicher Nachhaltigkeitsaspekte bei Kraftfahrzeugen kaum in einen Mehrpreis umsetzen. Man stelle sich als Gedankenspiel zwei baugleiche Fahrzeuge vor – gleiche Fahrleistung, gleiche Ausstattung, gleiche Cost of Ownership. Einziger Unterschied: Das zweite Fahrzeug hat durch innovative Motorentechnik 20 Prozent weniger Emissionen als das erste, viele seiner Teile bestehen aus recycelten Werkstoffen und stammen nachweislich aus nachhaltigen Lieferketten. Welchen Aufpreis gegenüber dem ersten würden Kunden für das zweite Fahrzeug bezahlen? Gleiches gilt auch für die öffentliche Mobilität: Wie viel mehr darf die Fahrt mit dem Elektrobus kosten als mit dem Dieselbus? Und wie viel mehr darf ein U-Bahn-Ticket kosten, mit dem der Aufpreis für Grünstrom kompensiert wird? Allein bei individuellen Mobilitätsdienstleistungen wie Carsharing, Taxifahrten oder Ride Hailing ist eine deutliche Preisdifferenzierung zwischen nachhaltigen und „normalen" Angeboten denkbar.

Die Frage nach dem Mehrwert der Nachhaltigkeit stellt sich auch bei der Anschaffung eines Elektrofahrzeugs. Insbesondere bei Herstellern, die das gleiche Fahrzeugmodell sowohl mit Verbrennungs- als auch mit Elektromotor anbieten, stellt Letzterer üblicherweise die teuerste Antriebsvariante dar. Nachdem die erste Kaufwelle der eher preisindifferenten E-Mobilitäts-Enthusiasten vorüber war, haben sich viele Kaufinteressenten die Frage gestellt, warum sie eigentlich für ein Fahrzeug mit ähnlicher Motorleistung, aber deutlich geringerer Reichweite als etwa das vergleichbare Dieselmodell einen deutlichen Mehrpreis bezahlen sollten. Nur langsam, mit den ersten persönlichen Erfahrungen mit Elektrofahrzeugen, setzt sich die Erkenntnis durch, dass man für diesen Mehrpreis nicht nur die lokale Emissionsfreiheit, sondern auch umfassende Nachhaltigkeit sowie einen bisher nie da gewesenen Fahrkomfort erhält. Selbst der Newcomer Tesla hebt in seinem Marketing hauptsächlich auf zum Verbrennerwettbewerb annähernd vergleichbare Reichweite, vergleichbare Preise und überlegene Beschleunigungswerte ab – kann aber die Nachhaltigkeit an sich als Produkteigenschaft nicht wirklich vermarkten. Wenn aber Kunden nicht bereit sind, für Nachhaltigkeit jenseits der gesetzlichen Anforderungen einen Mehrpreis zu bezahlen, kann diese von den Fahrzeugherstellern und Mobilitätsanbietern nicht als kostenlose Dreingabe erwartet werden.

6.1.2.4 Soziale Gerechtigkeit

Die enge Verbindung von Nachhaltigkeit und sozialer Gerechtigkeit ist bereits mehrfach angeklungen. Im Kern steht dabei die Frage, ob, und wenn ja, wem das Recht zusteht, mehr Ressourcen zu verbrauchen beziehungsweise zu vernichten als seine Mitmenschen. Dies gilt lokal wie global: Dürfen in Industrieländern pro Kopf mehr Abgase oder Abwässer emittiert werden als in Entwicklungs- oder Schwellenländern? Dürfen der erfolgreiche Geschäftsführer und seine Frau mit der Heizung ihres Einfamilienhauses pro Kopf genau so viel oder gar mehr an Emissionen verursachen als die fünfköpfige Familie in der Etagenwohnung nebenan?

Schon an diesen Beispielen wird die politische und zum Teil sogar weltanschauliche Dimension der sozialen Gerechtigkeit deutlich, welche dazu führt, dass Nachhaltigkeitsdebatten in der Öffentlichkeit häufig weniger technisch und objektiv als emotional und subjektiv und mit fast schon religiösem Eifer geführt werden.

Gerade weil Pkw eben nicht nur einfache Fortbewegungsmittel sind, sondern auf Basis ihres Stils und monetären Werts auch der persönlichen Selbstdarstellung und der Einordnung des Besitzers in das Sozialgefüge dienen, stehen sie, was eine Bewertung der sozialen Gerechtigkeit angeht, schon immer unter besonderer Beachtung. Wie andere Menschen wohnen oder was sie essen, ist unter diesem Aspekt noch eher uninteressant, welche Kleidung sie tragen, wird schon kritischer beäugt, was für ein Auto sie aber fahren steht auf der Relevanzskala ganz weit oben. Diesen Effekt konnte man sehr deutlich erleben, als im Herbst 2019 bei einem tragischen Unfall in Berlin vier Menschen starben, weil ein Pkw-Fahrer am Steuer einen epileptischen Anfall erlitten hatte. Der in Berichterstattung und öffentlicher Meinung augenscheinlich wichtigste Umstand war nicht etwa, wie man einen solchen Anfall hätte erkennen und den Unfall damit vermeiden können, sondern, dass es sich bei dem Fahrzeug um einen SUV der Marke Porsche gehandelt hatte. Presse und Politik sprachen von den todbringenden „Stadtpanzern" und diskutierten über deren Verbot, völlig ungeachtet des Umstands, dass die Unfallfolgen vermutlich nicht minder schlimm gewesen wären, hätte der Fahrer einen gebrauchten Kleinwagen gesteuert.

Solch emotionale Meinungsäußerungen kochen vor allem auch bei politischen Entscheidungen mit Bezug zur Mobilität hoch – beispielsweise wenn darüber debattiert wird, ob wie im Fernverkehr auch im öffentlichen Nah- und Regionalverkehr eine erste Klasse angeboten werden sollte, es für die kostenlose Nutzung des Nahverkehrs nicht eine Einkommensobergrenze geben müsste, oder wo in der Stadt ein neues Parkhaus am dringendsten nötig ist. Sobald es in solchen Fragen dann auch um private Fahrzeuge geht, spielen sofort Aspekte wie Größe, Preis und Charakter der Fahrzeuge eine wichtige Rolle: Sollte die Höhe von Straßennutzungs- oder Parkgebühren eines Fahrzeugs davon abhängen? Sollte der Kauf eines Elektrofahrzeugs gefördert werden, auch wenn dieses der Mittel- oder gar der Oberklasse zuzurechnen ist? Sollte man SUV oder Sportwagen grundsätzlich den Zugang zu Innenstädten verwehren?

Die Bewertung und Kategorisierung von Fahrzeugen zum Zwecke der persönlichen Meinungsbildung war dabei früher noch einfach und eindimensional, da stiegen Länge, Gewicht, Motorleistung, Verbrauch und Emission eines Fahrzeugs noch mehr oder minder gleichmäßig mit seinem Preis, der „dicke Benz" war das Synonym für ein großes, teures und gleichzeitig wenig umweltfreundliches Auto. Heute ist diese Differenzierung deutlich schwieriger: Ein älterer Kleinwagen emittiert unter Umständen ein Vielfaches mehr an Schadstoffen und Lärm als ein doppelt so schweres und viermal so teures Fahrzeug neueren Baujahrs oder gar eines Elektrofahrzeugs, die durch entsprechende Regelsysteme zudem für andere Verkehrsteilnehmer ein deutlich geringeres Sicherheitsrisiko darstellen.

Unabhängig davon, ob es um Mobilität, Wohnen, Ernährung oder generellen Konsum geht, steht am Ende der Diskussion immer die eher philosophische Frage, ob „sich mehr zu nehmen, als man eigentlich braucht" jemals nachhaltig sein kann. Aber was heißt hier „brauchen"? Ob jemand einen Sportwagen oder eine Oberklasselimousine wirklich braucht, ist genauso fraglich wie ob er modische Kleidung oder Schmuck tragen, Rotwein zum Essen trinken, seine Wohnung mit Bildern oder Skulpturen dekorieren, ein Ferienhaus in den Bergen besitzen oder übers Wochenende von München nach Paris fliegen muss. Wie wichtig diese Dinge für den Einzelnen jeweils sind, muss er nach seinen eigenen subjektiven Kriterien für sich entscheiden (und ja – die dürfen sich auch ändern), während die Gesetzgeber in Abhängigkeit von deren Auswirkungen und Risiken für die Gemeinschaft den Rahmen vorgeben, der bestimmt, wie einfach oder schwer diese individuellen Wünsche realisierbar sind.

„Der aktuell spürbare Trend zu ganzheitlich nachhaltigem Leben und Wirtschaften wird sich nicht mehr umkehren, sondern verstetigen. Mobilitätsangebote, die dies ignorieren, sind in Zukunft chancenlos."

6.2   Image von Pkw in der Gesellschaft

6.2.1   Wer will welches Auto?

Egal ob es persönlich gekauft oder geleast oder als Dienstwagen gewählt wird: Bei der Auswahl eines Autos spielen neben harten Rahmenbedingungen wie dem verfügbarem Budget oder dem erforderlichem Platzbedarf zunächst objektive Kriterien wie Fahrleistung, Verbrauch, Zuverlässigkeit oder Sicherheit eine Rolle. Was Autos massiv von reinen Investitionsgütern unterscheidet (obwohl beide in vergleichbaren Preisregionen liegen), ist aber der hohe Anteil emotionaler Aspekte bei der Modellwahl und Kaufentscheidung. Speziell die persönlichen Vorlieben für Marken, Karosserieformen oder sogar Motorisierungsvarianten hängen stark von der gefühlten Zugehörigkeit zu bestimmten sozialen Gruppen und deren spezifischen Trends und Verhaltensmustern ab. Dabei verliert das Auto in seiner klassischen Rolle als Statussymbol heute besonders in der Generation Z zunehmend an Bedeutung. Schulkinder schwärmen längst nicht mehr wie früher nicht von teuren Sportwagenmarken, und in den Metropolen kommen junge Erwachsene immer länger ohne eigenes Auto oder gar ohne Führerschein gut zurecht. Für diese Generation gelten neue Statussymbole wie Smartphones, Markenkleidung oder auch teure und innovative Fahrräder.

6.2.1.1   Marke und Typ

Welche Fahrzeuge jeweils en vogue sind, ist dabei zum einen regional unterschiedlich und unterliegt zum anderen auch einem zum Teil schnellen zeitlichen Wandel. So war beispielsweise in den USA lange Zeit der Station Wagon, ein langer Kombi mit großem Laderaum, erste Wahl für Familienautos, bis er in dieser Rolle Anfang der 90er-Jahre quasi über Nacht vom SUV abgelöst wurde. Ein weiteres Beispiel sind Pick-ups, von denen es in Deutschland bis 2010 höchstens ein paar Importe gab, während sie in den USA seit jeher zu den meistverkauften Fahrzeugkonzepten gehören. Inzwischen ist die Pick-up-Welle über den Atlantik geschwappt, und neben etablierten Modellen von Ford und Nissan werden hier jetzt auch Pick-ups von VW und Mercedes angeboten und gekauft.

Insgesamt zeigt sich in Europa und den USA über die letzten Jahre hinweg ein Trend hin zu immer größeren und stärkeren Fahrzeugen, der im diametralen Gegensatz zur oben diskutierten Nachhaltigkeit und einer zunehmend autoaversen Stimmungslage in den Metropolen steht. Bei den Käufern gefragt sind große SUV oder SAV mit hubraumstarken Verbrennungsmotoren. Und die Hersteller, die ihren Umsatz mit den Kunden und nicht mit den Regulatoren machen, bedienen diese Nachfrage, die Modellpaletten werden nicht nur erneuert, sondern nach oben ausgebaut. Tesla ließ seinem Model S mit dem Model X schon 2015 einen über fünf Meter langen und fast zweieinhalb Tonnen schweren SUV folgen. Ende 2017 brachte Mercedes mit der X-Klasse den ersten Pick-up-Truck auf den Markt, BMW rundete 2018 mit dem 8er und dem X7 die Modellpalette nach oben ab, und selbst Marken wie Ferrari und Lamborghini oder Rolls Royce und Bentley erweitern ihr Angebot um SUV jenseits der Preisgrenze von zweihunderttausend Euro. Auf der North American International Auto Show (NAIAS) 2019 in Detroit überwiegen Light Trucks und SUV, Ford zeigte dort den F150 Pick-up erstmals auch mit Dieselantrieb.

Auf der einen Seite ist diese Nachfrage sicherlich zum Teil durch die Angebotspolitik der Hersteller induziert; aus den Erträgen des Geschäfts von heute müssen schließlich die Investitionen in Innovationen wie Elektromobilität, autonomes Fahren, Digitalisierung und neue Geschäftskonzepte bezahlt werden, die dann zu den Erträgen von morgen führen sollen. Gleichzeitig hat sich aber in der Vergangenheit bevorstehende Disruption häufig durch ein besonders starkes letztes Aufblühen alter und bei vielen beliebter Denkmodelle angekündigt: Als sich beispielsweise in der zweiten Hälfte des neunzehnten Jahrhunderts die neu aufkommenden Dampfschiffe aufmachten, den etablierten Segelschiffen ihren Platz als wichtigstes Verkehrsmittel im internationalen Seehandel streitig zu machen, erlebten eben diese Segelschiffe eine letzte, neue Blüte. Die bei ihrem Stapellauf 1869 als großartigstes Schiff aller Zeiten gerühmte Cutty Sark war nicht nur einer der größten und schnellsten Segler, die jemals gebaut wurden – sondern vor allem auch einer der letzten. Es wäre nicht überraschend, wenn ein besonders großes und leistungsstarkes SUV bald ein ähnliches Schicksal ereilen würde.

Anders zeigt sich hier der chinesische Markt. Während sich die Entwicklung der individuellen Mobilität vom Fahrrad über Motorroller, Kleinwagen, Mittelklassewagen bis zum maximalmotorisierten SUV in den westlichen Ländern oft über mehrere Generationen erstreckt hat, haben viele Chinesen diesen Weg innerhalb von nur wenigen Jahren durchlebt. Nicht wenige chinesische BMW-7er- oder Mercedes S-Klasse-Kunden geben auf Nachfrage an, dass ihr Vorgängerfahrzeug ein Fahrrad gewesen sei. Es ist wahrscheinlich, dass die hochgradig innovationsaffinen chinesischen Fahrzeugkunden nun auch die nächsten Evolutionsschritte wie die Nutzung von Elektrofahrzeugen oder Mobilitätsdienstleistungen mit der gleichen hohen Geschwindigkeit durchlaufen und dabei den Westen überholen werden.

Die heute so stark nachgefragten großen und leistungsstarken Fahrzeuge erfüllen den im Ausdruck *Rennreiselimousine* verklausulierten Kundenwunsch, mit ein- und demselben Fahrzeug sämtliche persönlichen Anforderungen an die Mobilität erfüllen zu können. Der Anspruch ist hier, eine fünfköpfige Familie auch über längere Strecken schnell, sicher und komfortabel zu transportieren, aber gleichzeitig im Stadtverkehr auf dem Weg zur Arbeit oder ins Restaurant Status, Präsenz und Sportlichkeit zu zeigen. Wenn in Zukunft Autos aber nicht mehr dauerhaft im Besitz gehalten, sondern beispielsweise im Carsharing nur für die jeweils anstehende Fahrt ausgewählt oder im Ridesharing gar nicht mehr selber gefahren werden, kann dieser teure und immer kompromissbehaftete Universalansatz dem für den jeweiligen Zweck technisch und wirtschaftlich optimalen Fahrzeug weichen. Auch die Rolle als Statussymbol verändert sich drastisch, wenn das Fahrzeug, mit dem Sie abends vor dem Restaurant vorfahren, ganz offenkundig gar nicht Ihnen gehört. Es ist also davon auszugehen, dass in Zukunft immer seltener das große Fahrzeug, das für die zwei bis drei jährlichen Urlaubsreisen mit Familie benötigt wird, auch das Fahrzeug ist, mit dem Vater oder Mutter dann für den Rest des Jahres täglich alleine und nur mit einer Aktentasche als Gepäck ins Büro fahren.

6.2.1.2 Motoren

Auch was die Fahrzeugmotorisierung angeht, haben sich öffentliche Wahrnehmung und Begehrlichkeiten der Kunden deutlich verändert. Früher bei Verbrennungsmotoren wichtige Kenngrößen wie Hubraum oder Zylinderanzahl und -anordnung haben in Folge des effizienzbedingten Downsizings an Bedeutung verloren, im Plug-in-Hybrid-Supersportwagen BMW i8 kommt beispielsweise als Verbrenner ein Dreizylindermotor zum Einsatz. Angesichts der Entwicklung von Verkehrslage und Geschwindigkeitsbeschränkungen spielen weltweit auch Höchstgeschwindigkeiten von über 150 Kilometer pro Stunde inzwischen eine eher untergeordnete Rolle. Ausnahme sind hier Deutschland als weltweit einziges Land, in dem es noch Autobahnen ohne Geschwindigkeitsbeschränkungen gibt, sowie Fahrer von Sportwagen, die mit diesen ab und zu auch auf Rennstrecken fahren oder zumindest die Gewissheit genießen, dass sie mit ihrem Auto deutlich schneller fahren könnten – wenn sie nur dürften oder die Verkehrslage es zuließe.

Dass der Pkw der Zukunft elektrisch angetrieben wird, hat die Politik angesichts der vereinbarten Emissionsziele zumindest in den meisten Teilen Europas und Asiens bereits entschieden und entsprechende Gesetze auf den Weg gebracht. In der Öffentlichkeit ist die Debatte dazu allerdings noch längst nicht abgeschlossen. Diskutiert wird auf den entsprechenden Foren im Netz – zum einen sachlich über Themen wie Reichweite und Verfügbarkeit von Lademöglichkeiten, zum anderen aber auch hochemotional: von der einen Seite, wenn Nachhaltigkeitsziele nicht ernst genommen werden, von der anderen Seite, wenn Gefahr für etablierte und lieb gewonnene Lebensweisen und Werte gewittert wird. Wer dabei welche Meinung vertritt, hängt zum einen von der persönlichen Situation wie Herkunft, Bildungsstand, Wohnort und Beruf ab, ist zum anderen aber überwiegend auch eine Frage des Alters. Es sind in Summe die heute über fünfzigjährigen *Baby-Boomer*, die sich „ihr" Auto nicht wegnehmen lassen wollen.

Die Fronten sind dann relativ klar: Für die einen gelten Elektrofahrzeuge nicht nur als umweltfreundlich und nachhaltig, sondern vor allem auch als innovativ und cool; für die anderen sind sie wie rauchfreie Restaurants, veganes Essen oder Kunstpelz seelenlose ideologische Auswüchse junger intellektueller Großstadtbewohner die an den eigentlichen Bedürfnissen und Wünschen der Menschen vorbeigehen. Es gehört inzwischen zum Standardrepertoire mancher Mainstream-Comedians, sich in diesem Sinne über Fahrer von Elektrofahrzeugen lustig zu machen, und Aufkleber wie „Fuck Greta" auf Autos mit leistungsstarken Verbrennungsmotoren stellen bei der freien Meinungsäußerung zum Thema noch längst nicht das Ende der Fahnenstange der Geschmacklosigkeit dar. Aber so widersinnig es auch klingen mag: Es sind die überragenden und mit keinem Verbrennerfahrzeug erreichbaren Fahrleistungen elektrisch angetriebener Sportwagen, die bei manch harschem Kritiker zum Umdenken und schließlich zur persönlichen Akzeptanz von Elektrofahrzeugen geführt haben. So ein Auto taugt in deren Augen dann etwas nicht, *weil* es elektrisch fährt, sondern *obwohl* es elektrisch fährt. Mittel- und langfristig werden die persönliche Erfahrung der über die Emissionsfreiheit hinausgehenden Annehmlichkeiten des Elektroantriebs, die technischen Fortschritte speziell in der Lade- und Speichertechnologie sowie das Nachrücken der jüngeren Generation als Käufer, Entscheider und Wähler zur umfassenden Akzeptanz der Elektromobilität führen.

6.2.1.3 Autonome Fahrzeuge

Anders als beim Elektroantrieb ist die öffentliche Meinung zu autonomen Fahrzeugen in erster Linie von einer tiefen Skepsis gegenüber der technischen Machbarkeit und Zweifeln am grundsätzlichen Bedarf geprägt. Gefordert werden diese im Gegensatz zu Elektrofahrzeugen weder vom Gesetzgeber noch von der Öffentlichkeit, sondern in erster Linie von Betreiberfirmen für Mitfahrdienste, weshalb autonome Fahrzeuge weitaus weniger als Bedrohung des persönlichen Status quo und Lebensstils gesehen und die öffentliche Diskussion dazu somit auch deutlich sachlicher geführt wird. Einen Autoaufkleber mit einer kritisch-provokativen Botschaft gegen autonome Fahrzeuge hat auf alle Fälle noch niemand gesehen.

Wer selber Auto fährt, war sicherlich schon häufig in Situationen, von denen er sich beim besten Willen nicht vorstellen kann, wie sie eine noch so intelligente autonome Fahrzeugsteuerung meistern sollte. Diese persönliche Wahrnehmung führt zusammen mit den wiederkehrenden Berichten über fatale, von autonomen Fahrzeugen verursachte Unfälle sowie einem begrenzten Wissensstand darüber, was autonome Fahrzeuge denn nun tatsächlich alles können und wo und wie sie fahren sollten, zu einer eher skeptischen Grundeinstellung. Dass der Fahrer seinem Fahrzeug im Stau, bei Müdigkeit oder in anderen Situationen temporär die Steuerung überlassen kann, wird als sinnvolles Komfort- und Sicherheitsfeature akzeptiert und begrüßt. Dass aber ein Fahrzeug ohne Lenkrad seine Passagiere sicher durch städtische Baustellen oder verschneite Landstraßen chauffiert, scheint in den Augen vieler heute noch weder machbar noch erstrebenswert. Wie bereits im Abschn. 4.2.2 diskutiert: Vollautonome Fahrzeuge, also Level-5-Fahrzeuge ohne Lenkrad und Pedalerie, werden nur in ganz wenigen Fällen für die eigene Mobilität angeschafft werden – beispielsweise von Senioren, die nicht mehr selber fahren, aber im eigenen Fahrzeug mobil bleiben möchten. In erster Linie werden vollautonome Fahrzeuge ihren Dienst im urbanen Bereich als Robo-Cabs verrichten, wo sie die technischen Risiken der autonomen Fahrzeugsteuerung maximal abfedern können und gleichzeitig das Potenzial haben, von der Öffentlichkeit in dreifacher Hinsicht positiv wahrgenommen werden: indem sie preisgünstige und tageszeitunabhängige Mobilität ermöglichen, keine öffentlichen Parkplätze benötigen und zur Erhöhung der Sicherheit im städtischen Straßenverkehr beitragen.

6.2.2 Öffentliche Kritik am Pkw

Autos waren schon immer deutlich mehr als nur ein Mittel, um Personen oder Sachen leichter oder schneller von hier nach da zu bringen. Seit Beginn des automobilen Zeitalters hat schon zum einen ihre äußere Form die Menschen emotional bewegt. Design-Ikonen von Düsenberg, Rolls Royce oder Bugatti und vor allem auch Sportwagen wie ein BMW 507, ein Ferrari California, ein Jaguar E-Type, ein Mercedes Silberpfeil oder ein Porsche 911 werden bis heute quer durch alle Gesellschaftsschichten als Gesamtkunstwerke bewundert, als „Träume in lackiertem Blech" begehrt und in Museen ausgestellt. Bei vielen anderen Modellen wird trefflich darüber gestritten, ob sie nun schön und begehrenswert sind oder nicht; zu fast jeder Marke und jedem Modell gibt es gleichsam begeisterte Fans und überzeugte Gegner.

Die Einstellung zu Autos war aber auch von Anfang an nicht nur durch die Diskussion von Ästhetik und Sportlichkeit bestimmt, sie bekam schnell eine zusätzliche sozialkritische Dimension. Die mit dem Besitz eines Autos verbundenen Kosten spalteten die Gesellschaft in wohlhabende Menschen, die sich schnell und bequem (und je nach Modell mit dem entsprechenden Aufsehen) fortbewegen konnten, auf der einen und den Rest der Gesellschaft, der sich eben kein Auto leisten konnte, auf der anderen Seite. In je nach Land höchst unterschiedlicher Geschwindigkeit wurden über die folgenden Jahrzehnte Autos dann für eine immer breitere Käuferschicht erschwinglich, dann auch schnell für den Großteil der Bevölkerung beruflich wie privat unverzichtbar und in Folge damit auch gesellschaftlich generell akzeptiert.

Besonders in Deutschland und den USA (China zog hier zu Beginn diese Jahrtausends nach) haben sich dabei große und leistungsfähige Autos immer stärker zu Statussymbolen entwickelt, denen die Gesellschaft teils mit Bewunderung, teils mit Neid, aber gerade in den Metropolen auch immer mehr mit Unverständnis und offener Ablehnung gegenübersteht. Die Frage der sozialen Gerechtigkeit des Fahrzeugbesitzes im Lichte der Nachhaltigkeit wurde ja bereits weiter oben diskutiert. Kritisch gesehen werden hier insbesondere die heute weiterhin stark nachgefragten SUV, die durch ihren größenbedingten Platzbedarf, ihre leistungsbedingten Emissionen und nicht zuletzt ihren deutlich zur Schau getragenen Präsenzanspruch zumindest in den Städten zum ikonisierten Feindbild der Autogegner geworden sind. Wie sich diese kritische Haltung gegenüber Pkw in Zukunft weiter entwickeln wird, hängt hauptsächlich von den folgenden vier Punkten ab: von den durch Fahrzeugen verursachten lokalen Abgas- und Lärmemissionen, der Sicherheit im Straßenverkehr für Fußgänger und Fahrradfahrer, dem Bedarf an öffentlichen Flächen für das Fahren und Parken von Fahrzeugen im Privatbesitz sowie von der Umweltbelastung und den politischen Folgen der Deckung des Bedarfs an fossilen Brennstoffen für die Kraftstofferzeugung.

6.2.2.1 Lokale Emissionen

Seit den 1960er-Jahren kamen in den Großstädten die Fahrzeugemissionen in die öffentliche Diskussion. Als man in Los Angeles – ähnlich wie heute in Peking – vor lauter Smog kaum mehr die Hand vor Augen sah, entwickelten sich weltweit eng miteinander verwobene gesellschaftliche, regulatorische und technische Trends, insbesondere:

- Gesellschaftliche und politische Gruppierungen, welche die umwelt- und gesundheitsschädigenden Effekte von Autoabgasen öffentlich aufzeigen und sich für deren Reduzierung stark machen
- Eine bis dahin nicht existierende Emissionsgesetzgebung mit verbindlichen Grenzwerten und Messverfahren für Kraftfahrzeuge
- Technische Lösungen, zum damaligen Zeitpunkt Katalysatoren zur Abgasnachbehandlung und das dafür erforderliche bleifreie Benzin

Seitdem ist die öffentliche Sensibilität für fahrzeugbedingte Emissionen kontinuierlich angestiegen und wird dem grundsätzlich emotionalen Verhältnis der Gesellschaft zu Pkw entsprechend nicht immer nur rational und objektiv wahrgenommen und geäußert. So fuhren etwa viele Mitglieder der gesellschaftlichen und politischen Gruppierungen, von denen die Umweltverschmutzung durch Autoabgase öffentlich angeprangert wurde, als Erkennungszeichen und aus persönlicher Ablehnung konservativer Statussymbole heraus gerne gebrauchte Kleinwagen, in Europa beispielsweise einen Citroen 2CV oder Renault R4 – die damals jedoch über keinerlei schadstoffreduzierende Maßnahmen verfügten und somit vergleichsweise umweltschädlich waren. Die hohe Emotionalität in der öffentlichen Auseinandersetzung mit Fahrzeugemissionen hat sich seitdem weiter verschärft. Ab der Jahrtausendwende begannen Aktivisten in den USA und Europa vereinzelt, Brandanschläge auf SUV-Händler zu verüben, vergleichsweise harmlos war es dagegen, Fahrzeuge mit besonders hohem CO_2-Ausstoß öffentlichkeitswirksam als rosafarbene „Klimaschweine" zur Schau zu stellen. Seinen bisherigen Höhepunkt an Öffentlichkeitswirksamkeit hat der Protest sicherlich in den zahlreichen Aktionen auf der IAA 2019 in Frankfurt gefunden, die sich nicht mehr nur gegen den Schadstoffausstoß, sondern gegen Pkw und die Automobilindustrie als Ganzes richteten.

Während also die Gesamtheit der Fahrzeugemissionen und ihre globalen Folgen zunehmend kritischer gesehen werden, bleibt die persönliche Sicht auf das eigene Auto zumeist vergleichsweise nüchtern und sachlich. Wer sich heute ein Fahrzeug kauft oder least, erwartet, dass es wie alle anderen gesetzlichen Anforderungen auch die geltenden Emissionsgrenzwerte erfüllt. Der persönliche Beitrag zur Emissionsreduzierung wird vom Käufer damit als geleistet gesehen, die inhaltliche Verantwortung dafür dem Hersteller überlassen. Kein Fahrzeughersteller hat je zu einem seiner Modelle eine – technisch durchaus mögliche – Sonderausstattung angeboten, bei der die Reduzierung des Schadstoffausstoßes über die gesetzlichen Anforderungen hinausgegangen wäre, schlicht mangels Nachfrage. Wo sich hier allerdings in jüngster Zeit in puncto Investitionsbereitschaft ein deutlicher Wandel abzeichnet, ist der steigende Anteil von Plug-in Hybrid-Varianten in öffentlichen, aber auch privatwirtschaftlichen Fahrzeugflotten, durch die auch ein nach außen sichtbares Zeichen der Nachhaltigkeit gesendet und natürlich gegebenenfalls auch öffentliche Fördergelder genutzt werden sollen.

Die öffentliche Diskussion der Umweltbelastung durch Pkw-Abgase hat sich dabei eine ganze Weile fast ausschließlich auf CO_2-Emissionen und ihre Auswirkungen auf die Erderwärmung konzentriert. Auch hier standen Pkw deutlich stärker im Fokus der Kritik als andere in ihrer Wirkung vergleichbare CO_2-Quellen wie etwa Industrie oder Rinderzucht. Der gesellschaftliche und später auch gesetzliche Druck zur Reduzierung des CO_2-Ausstoßes führte in Europa besonders im Bereich der leistungsstarken Fahrzeuge zu einer massiven Steigerung des Anteils der deutlich weniger CO_2 emittierenden Dieselmotoren, unterstützt von einer entsprechenden Senkung der Kraftstoffsteuer. Diesel galten als vernünftig und nach der Einführung von Rußfiltern auch als schadstoffarm. Nur in den USA wurde Diesel weiterhin als der schmutzige und stinkende Kraftstoff für Lastwagen wahrgenommen, Dieselmotoren führten dort im Pkw-Bereich lange Zeit ein Schattendasein. Gleichzeitig wurde von Umweltschutzgruppierungen in den Medien immer wieder kritisch darauf hingewiesen, dass die in den gesetzlich vorgeschrieben Tests unter standardisierten Bedingungen ermittelten Emissionen deutlich unter den dann im realen Fahrzeugbetrieb tatsächlich auftretenden Werten lägen. In Öffentlichkeit und Politik herrschte jedoch zum überwiegenden Teil Konsens hinsichtlich der Annahme, dass Fahrzeugemissionen im realen Betrieb im Wesentlichen von den sehr unterschiedlichen individuellen Fahrweisen abhingen, diese in keinem Messstandard vollständig abgebildet werden könnten und die vereinbarten Messstandards deshalb in erster Linie der objektiven Vergleichbarkeit von Fahrzeugen und weniger der Ermittlung oder Prognose der tatsächlichen Emissionen dienten. Diese den Fahrzeugherstellern gegenüber durchaus wohlwollende öffentliche Meinung änderte sich jedoch 2015 mit Bekanntwerden des Dieselskandals schlagartig. Dass ein Hersteller seine Fahrzeuge so manipuliert, dass sie erkennen, wenn ein Emissionstest durchgeführt wird, und in diesem Fall die Emissionen temporär auf das gesetzlich geforderte Maß reduzieren, führte in bis dato nicht gekanntem Ausmaß zum Verlust des oben beschriebenen, über Jahre aufgebauten Grundvertrauens in die Automobilindustrie, und zwar im Großen und Ganzen unabhängig davon, welche der Hersteller solche Manipulationen tatsächlich und in betrügerischer Absicht durchgeführt hatten. Behörden und Gesetzgeber zeigen nun weltweit im Umgang mit der Automobilindustrie eine deutlich härtere Hand, die 2018 erstarkte Diskussion von Fahrverboten für Dieselfahrzeuge zum Erreichen der Stickoxidgrenzwerte in europäischen Großstädten ist sicherlich ein Beispiel dafür.

6.2.2.2 Verkehrsdichte und Sicherheit

Neben der Belastung durch Abgase und Lärm zahlen Pkw aber noch auf zwei weitere Kernprobleme von Städten ein: die zunehmende Verkehrsdichte sowie die Sicherheit aller Verkehrsteilnehmer im Straßenverkehr. Vor diesem Hintergrund ist auch die Zurückhaltung zu verstehen, mit der manche Bürgermeister auf die Fortschritte im Bereich der Elektromobilität reagieren. So groß ihre Freude über die Verfügbarkeit lokal emissionsfreier Fahrzeuge auch sein mag, Staus und Unfälle lassen sich über neue Antriebslösungen nicht verringern. Insbesondere die internationalen Metropolen suchen deshalb vielmehr nach geeigneten Maßnahmen, mit denen sich die Anzahl der Autos auf ihren Straßen deutlich verringern ließe.

Dass weltweit immer mehr Menschen vom Land und aus der Region in die großen Metropolen ziehen und dort natürlich mobil sein möchten, stellt für deren Verkehrspolitik die größte Herausforderung dar. Besonders in den schnell wachsenden Millionenstädten Asiens, Afrikas oder Lateinamerikas kann der erforderliche Aufbau eines schienengebundenen öffentlichen Verkehrsnetzes mit der Geschwindigkeit der Bevölkerungszunahme nicht mithalten, während der straßengebundene öffentliche Nahverkehr im immer dichteren Verkehr feststeckt. Gleichzeitig können und wollen sich die zugezogenen Einwohner dank der dort gefundenen Arbeit endlich auch den lange gehegten Wunsch nach einem eigenen Auto erfüllen, was dann letztendlich zum Verkehrsinfarkt führt. Aber auch in hoch entwickelten Großstädten mit gut ausgebautem öffentlichen Nahverkehr unterliegt der Straßenverkehr einem Teufelskreis und pendelt sich jeweils auf dem maximal erträglichen Level ein: Sobald die Verkehrssituation innerhalb einer Stadt durch Maßnahmen wie eine neue U-Bahn-Linie oder eine neue Entlastungsstraße verbessert wurde, steigen die Einwohner, die vorher aufgrund der Verkehrssituation zähneknirschend alternative Verkehrsmittel genutzt haben, wieder zurück auf das Auto um – bis sich so wieder das alte „Schmerzlevel" einstellt. Um bei den Bürgern der Megacitys das Thema Verkehrssituation aus der Liste der Topprobleme streichen zu können, benötigen die Stadtverwaltungen hier praktische und kurzfristig wirksame Steuerungsmöglichkeiten. Ein Schlüssel zum Erfolg könnten hier aus heutiger Sicht die KI-basierten Verkehrsmodelle sein, an denen derzeit eine Vielzahl internationaler Forschungsinstitute arbeitet.

Was bei der Betrachtung des Verkehrsflusses aber häufig übersehen wird: Probleme mit Staus haben dabei nicht nur die, die mit ihrem Fahrzeug selbst darin stecken (und natürlich der Meinung sind, dass all die anderen Autofahrer um sie herum dafür verantwortlich sind), sondern vor allem auch alle anderen Verkehrsteilnehmer. Zwar gilt, dass es umso weniger tödliche Unfälle gibt, je geringer die durchschnittliche Geschwindigkeit der Fahrzeuge ist, jedoch wird die überwiegende Anzahl aller Verkehrsunfälle mit Personenschaden durch Unachtsamkeit von Pkw-Fahrern bei niedrigen Geschwindigkeiten verursacht, nämlich beim Abbiegen, Wenden, Rangieren, Einfahren und eben beim typischen Stopp-and-Go-Fahren in der Rushhour mit zu geringem Abstand und hohem Ablenkungsfaktor. Abhilfe schaffen können die Kommunen hier zum einen durch die gegebenenfalls auch verpflichtende Einführung technischer Maßnahmen in Fahrzeugen von der kamerabasierten Fußgängerwarnung über autonome Fahrzeugsteuerung bis hin zur Umsetzung eines zentralen Verkehrsmanagementsystems mit vorgegebener Streckenführung, zum anderen aber auch durch die Transformation der heute meist rein auf den optimalen Durchfluss von Pkw in eine auf die Sicherheit aller Verkehrsteilnehmer ausgelegte Verkehrsinfrastruktur. Im Vordergrund steht hier die intelligente und sichere Gestaltung von Fußgänger- und Fahrradwegen sowie deren Kreuzungen untereinander und mit den Fahrbahnen für Pkw.

Bei der Planung einer solchen Transformation müssen in erster Linie auch die Bedarfe der unterschiedlichen Verkehrsteilnehmer gegeneinander abgewogen und priorisiert werden. Den kommunalen Gestaltern stellt sich dabei immer wieder die Frage, welche Rechte und Privilegien die Gesellschaft heute Autofahrern oder -besitzern noch zugestehen möchte: Darf jeder auf dem Weg zu seinem Ziel den Weg wählen, den er möchte? Muss jeder Fahrer die Freiheit haben, die Geschwindigkeitsbegrenzungen und Parkverbote übertreten zu können? Gibt es ein Anrecht auf öffentliche Parkplätze? In der aktuell in Deutschland wieder entflammten Diskussion um ein mögliches Tempolimit auf Autobahnen wird seitens der Gegner deutlich stärker aus dem Gefühl heraus geführt, sich „nicht alles verbieten lassen zu wollen, was früher einmal Spaß gemacht hat", als auf Basis rationaler Argumente, die gegen ein solches Tempolimit sprächen.

Europäische Vordenker in der Frage, wie sich in Städten für Fußgänger und Fahrradfahrer mehr Raum und mehr Sicherheit realisieren lässt, ohne dabei den Pkw-Verkehr zum Erliegen zu bringen, sind sicherlich Kopenhagen, Helsinki oder auch Eindhoven.

6.2.2.3 Bedarf an öffentlichen Flächen

Fakt ist, dass in Großstädten immer mehr Menschen auf ein eigenes Auto verzichten. Manche – vor allem die Jüngeren – aus Überzeugung, manche aus schierer Verzweiflung über die Verkehrssituation und Kosten. Wer aber kein eigenes Fahrzeug besitzt, sieht die üblicherweise am Pkw-Verkehr orientierte Stadtgestaltung mit anderen, deutlich kritischeren Augen: Überall mehrspurige Fahrbahnen, Brücken und Parkhäuser sowie Parkplätze am Straßenrand. Und so überrascht es nicht, dass aus diesem immer größer werdenden Anteil der Stadtbewohner die Forderung laut wird, öffentliche Flächen in deutlich geringerem Ausmaß für das Fahren und Parken privater Pkw bereitzustellen und stattdessen als urbanen Lebensraum zu nutzen – als Park, als Spielplatz oder auch für Geschäfte und Wohnungen. „Ich habe selbst kein Auto. Warum sollte ich akzeptieren, dass ein Großteil der Fläche meiner Stadt den Autos anderer Menschen vorbehalten bleibt?" ist hier die typische Argumentation, die den verantwortlichen Bürgermeistern und Stadträten entgegengebracht wird.

Weltweit haben sich in den letzten Jahren zu diesem Thema Bürgerinitiativen gebildet, die Slogans wie „Take Your City Back" oder „Take Back The Streets" folgend den Rückbau der autogerechten Stadt fordern. Auf den ersten Blick steht dies im diametralen Gegensatz zum Wunsch der ja immer noch vorhandenen und meistens die Mehrheit bildenden Pkw-Besitzer nach einer möglichst ungehinderten Zufahrt zu ihren Zielen sowie Parkmöglichkeiten in deren Nähe. Auch hier führt eine sachliche Betrachtung zu deutlich besseren Resultaten als ein emotionales „Die Autos müssen alle raus" versus „Wir wollen nicht zurück in die Steinzeit". Wie bei allen Veränderungen der Stadtgestaltung sollte auch hier die Devise sein, sich nicht zurück, sondern nach vorne zu entwickeln. In diesem Sinne zeigen viele der inzwischen erfolgreich umgesetzten Umgestaltungsprojekte, dass durch eine intelligente, flächensparende Straßennetzgestaltung die Beeinträchtigung des Pkw-Verkehrs längst nicht so stark ausfällt wie angenommen.

6.2.3   Image der Automobilindustrie

Was die öffentliche Wahrnehmung angeht, hatte die Automobilindustrie schon immer eine Sonderstellung. Wie in keiner anderen Branche identifizieren sich nicht nur Kunden, sondern auch regelrechte Fans mit den Automarken, auf Basis von Technik und Design wird Marke und Fahrzeugen oftmals sogar eine Art „Seele" zugesprochen. Allen voran Deutschland als die Autonation schlechthin mit seinen weltberühmten Marken wie Audi, BMW, Mercedes, Opel, Porsche und Volkswagen, aber auch Frankreich mit den charmanten Fahrzeugen von Citroën, Peugeot oder Renault, Italien mit sportlichen Modellen von Alfa Romeo, Ferrari oder Lamborghini, die USA mit häufig großen und leistungsstarken Fahrzeugen von Cadillac, Chevrolet, Chrysler, Ford oder Jeep (und natürlich Tesla als neuem Stern am US-Autohimmel) oder auch Japan mit weltweit bekannten Namen wie Honda, Mazda, Nissan, Suzuki oder Toyota – die Heimatländer der Hersteller partizipieren nicht nur an deren Wirtschaftskraft, sondern auch an deren Image. Mit Automobilfirmen ist somit auch jenseits des Rennsports oft auch ein Stück Nationalstolz verbunden. Sichtbare Belege dafür sind etwa, dass sich Politiker im extrem autoaffinen England immer wieder öffentlich darüber beklagen, dass sich inzwischen keine der vielen und traditionsreichen englischen Automobilmarken mehr in englischem Besitz befindet, oder dass eines der offenbar wichtigsten Projekte des türkischen Premierministers der Aufbau einer inländischen Automarke und die Produktion eines zugehörigen Volksautos ist.

Zusammen mit der wirtschaftlichen Bedeutung der Automobilindustrie als Arbeitgeber, Steuerzahler und Innovationstreiber hat dieses durchweg positive öffentliche Image über lange Zeit zu einem kooperativen Verhältnis zwischen Automobilherstellern und Politik geführt, von dem die Gesamtwirtschaft in nicht unerheblichem Maße profitiert hat. Wie weiter oben bereits angeführt, hat sich diese Situation mit dem Dieselskandal 2015 schlagartig verändert. Neben den weltweiten rechtlichen

Konsequenzen für Hersteller und Lieferanten hat dieser der gesamten Branche auf breiter Front einen dramatischen Image- und Vertrauensverlust beschert. Neben ihren Kunden, die plötzlich um die Zulassungsfähigkeit und den Wiederverkaufswert der gekauften Fahrzeuge bangen mussten, und den Umweltschutzorganisationen, von denen sie naturgemäß schon immer mit größter Skepsis betrachtet wurde, stehen der Automobilindustrie seitdem auch breite Teile der Öffentlichkeit und der Politik ausgesprochen kritisch gegenüber. Auch wenn nur einige wenige Unternehmen durch ihr Fehlverhalten den Dieselskandal ausgelöst hatten, hat hier in der öffentlichen Wahrnehmung und Berichterstattung eine ganze Industrie, der man die Verantwortung für die Einhaltung ihrer Umweltziele mehr oder minder vertrauensvoll überlassen hatte, dieses Vertrauen durch Betrug massiv enttäuscht.

Während aber in anderen Ländern die juristische Aufarbeitung der betrügerischen Manipulation im Vordergrund stand, und interessanterweise der Fahrzeugabsatz der betroffenen Marken dort keinen nennenswerten Einbruch erfuhr, führte der öffentliche Meinungsumschwung in Deutschland zu tief greifenden Konsequenzen. Zum einen wurden die über Jahre gewachsenen Arbeitsweisen zwischen Industrie und Politik transparent gemacht und kritisch hinterfragt, insbesondere die in der Vergangenheit vereinbarten Emissionsziele. Und natürlich kamen umso mehr Unstimmigkeiten ans Tageslicht, je intensiver man hier die Untersuchungen führte. Bei deren Bewertung wurde dann wenig unterschieden, ob hier in betrügerischer Absicht gehandelt oder vorsätzlich gegen geltende Vorschriften verstoßen wurde – oder ob nicht einfach nur die geltenden Vorschriften nach Ansicht des Bewertenden nicht ausreichend waren. Zum anderen wurde aber gerade in Deutschland in Politik, Berichterstattung und öffentlicher Meinung die Rolle und Zukunftsfähigkeit des Automobils, hier im speziellen des Dieselmotors, aber eben auch der Automobilindustrie an sich, infrage gestellt, und zwar in einer bei allem Verständnis für die zu Tage getretenen Defizite und Handlungsbedarfe in einer zum Teil geradezu leichtsinnig destruktiven Art und Weise. Wie die „Autonation" Deutschland nach 2015 ihre Automobilfirmen, um die sie alle Welt beneidet, und deren Fahrzeuge, die immer noch überall auf der Welt höchste Begehrlichkeiten wecken, selbst geschwächt hat, hat insbesondere bei ausländischen Beobachtern (und Wettbewerbern) für mehr als nur ungläubiges Kopfschütteln gesorgt.

Dabei ist klar, dass besonders in Deutschland bei der Gestaltung des Mobilitätswandels auch der Automobilindustrie eine Schlüsselrolle zukommt; wo sonst sollen die elektrischen, gegebenenfalls autonomen und miteinander vernetzten Fahrzeuge mit der intelligenten und versatilen Innenausstattung denn herkommen, die für die Umsetzung nachhaltiger individueller und öffentlicher Mobilität in Zukunft erforderlich sind? Auch wenn die Automobilhersteller in den Augen vieler reich und satt sind, erfordert dieser Wandel von ihnen immense kreative, organisatorische und finanzielle Anstrengungen. Sie in dieser Phase weiter zu schwächen, schränkt nicht nur ihre Innovationsfähigkeit ein, sondern bedroht auch ihre Überlebensfähigkeit und überlässt dadurch das Geschäft und das Know-how der Zukunft den internationalen Wettbewerbern, die in ihren Heimatländern eine weitaus breitere Unterstützung genießen.

6.2.4 Giving Back

Wie an mehreren Stellen bereits erwähnt, sehen sich Pkw und deren Nutzer in vielen, speziell westlichen, Großstädten wachsenden gesellschaftlichen Vorbehalten gegenüber, die sich auf die Frage nach deren Nachhaltigkeit sowie der sozialen Gerechtigkeit begründen. Dabei ist dieses Meinungsbild vorwiegend unter den Jüngeren verbreitet und nimmt deshalb auf die ganze Gesellschaft gesehen natürlicherweise kontinuierlich zu. Aus Sicht von Automobilherstellern oder Betreibern von Pkw-basierten Mobilitätsdienstleistungen – die ja beide im Sinne der ökonomischen Nachhaltigkeit noch möglichst lange Fahrzeuge auch für Städte entwickeln, herstellen und verkaufen beziehungsweise dort einsetzen und damit Geld verdienen möchten – aber auch der Stadtverwaltungen, die für die politische Akzeptanz ihrer Mobilitätssysteme sorgen müssen, stellt sich also die Frage, mit welchen Maßnahmen den Vorbehalten begegnet und die öffentliche Wahrnehmung langfristig positiv beeinflusst werden kann.

Ein vielversprechender Lösungsansatz ist hier unter der Bezeichnung *Giving Back* entstanden. Im Kontext der sozialen Nachhaltigkeit wird damit der Trend bezeichnet, als Person oder Organisation im Ausgleich für die Nutzung öffentlicher Ressourcen der Gesellschaft freiwillig etwas zurückzugeben. Wie aber können Pkw den Bedarf an Straßen und Parkplätzen sowie die von ihnen ausgehenden lokalen Emissionen und Sicherheitsrisiken kompensieren? Für die Automobilhersteller stellt dies eine zusätzliche Challenge dar, ihre Fahrzeuge müssen dafür nicht mehr nicht nur die Anforderungen ihrer Besitzer beziehungsweise Fahrer oder wie in Abschn. 5.3.3 beschrieben von Fahrgästen erfüllen, sondern nun zusätzlich auch bisher unbeteiligten Dritten Vorteile bieten, die mit ihnen weder fahren noch mitfahren, aber eben den gemeinsamen öffentlichen Raum teilen. Fahrzeugfunktionen, über die geparkte Fahrzeuge zur Sicherheit oder Convenience in der Stadt beitragen können, wurden in Abschn. 4.4.2.5 aufgeführt, beispielsweise ein integrierter WLAN-Hotspot, die Warnung vor auf die Straße laufenden Fußgängern, die Nutzung des Fahrzeug als Sicherheitszelle oder der Zugriff auf die Erste-Hilfe-Box.

Mehr noch als für private Pkw bietet sich die Umsetzung solcher Funktionen für Fahrzeugflotten an, beispielsweise im Carsharing. In Städten, die langfristig die Anzahl der Pkw im Zentrum drastisch reduzieren möchten, können sie für die Fahrzeughersteller eine Art Überlebensstrategie darstellen. Wenn Pkw im großen Stil aus den Kernstädten verbannt werden sollen, sind Autos, von denen alle Bürger etwas haben, sicherlich die letzten, die noch übrig bleiben.

> *„Private Pkw stehen mehr als alle anderen Verursacher von Stau, Platzmangel und Emissionen unter der kritischen Beobachtung der Öffentlichkeit. Sie der Gesellschaft etwas zurückgeben zu lassen, ist ein vielversprechender Weg, deren Akzeptanz zurückzugewinnen."*

6.3 Gesellschaftliche Akzeptanz von Mobilitätsdienstleistungen

Aus Sicht des Fahrgastes bietet die Nutzung von Mobilitätsdienstleistungen im Gegensatz zum eigenen Auto heute noch wenig Möglichkeit zur Differenzierung. Dadurch entstehen auf der einen Seite weniger Angriffsflächen für gesellschaftliche Wertschätzung oder Ablehnung; auf der anderen stellt die fehlende Möglichkeit zur individuellen Positionierung und Inszenierung aber für viele auch ein gewichtiges Argument gegen die Nutzung öffentlicher und privater Mobilitätsdienste dar.

Während beispielsweise Flugzeuge, Züge und Busse des Fernverkehrs in puncto gesellschaftlicher Akzeptanz der Nutzung eines eigenen Pkw in nichts nachstehen, wird die Akzeptanz des öffentlichen Nahverkehrs im Spannungsfeld dreier Kriterien bestimmt: der lokalen Verkehrssituation und damit dem möglichen zeitlichen Vorteil, der Qualität und Quantität des Angebots sowie maßgeblich auch der lokalen Gesellschaftsstrukturen und -normen. Die Akzeptanz des öffentlichen Nahverkehrs variiert von Stadt zu Stadt erheblich, beispielsweise werden in London U-Bahnen oder öffentliche Busse von jedermann genutzt, völlig unabhängig vom gesellschaftlichen Status, während in anderen Städten gerade die Nutzung von öffentlichen Bussen als unsicher, unsauber, unkomfortabel und unterprivilegiert gilt. Im Rahmen einer Befragung unter Autofahrern in Mexiko City etwa überwog die Meinung, dass sie lieber zwei Stunden im eigenen Auto im Stau stünden als im Bus neben ihnen Unbekannten säßen, selbst wenn dieser sie durch reservierte Busspuren oder andere Maßnahmen deutlich früher ans Ziel bringen würde.

In den Wettstreit um die Akzeptanz und Gunst der Nutzer zwischen den öffentlichen Angeboten und den Taxis sind inzwischen nun auch die neuen Mobilitätsdienstleister eingetreten. Und während sich die öffentliche Wahrnehmung und Meinung zu ersteren über die Jahrzehnte gefestigt haben, müssen sie sich für Dienste wie Carsharing, Ride Hailing und Ridesharing mangels breiter und langjähriger persönlicher Erfahrungen erst noch bilden. Aktuell gelten sie in erster Linie noch als innovativ und nachhaltig und damit als cool und trendig. Wer auf dem geliehenen E-Scooter durch die Stadt fährt, sich von einem Uber-Fahrer aus dem Restaurant abholen lässt oder im Carsharingfahrzeug zum Geschäftstermin kommt, zeigt damit zumindest seine Offenheit für Neues sowie ein grundlegendes Umweltbewusstsein. Gleichzeitig hat die kritische Berichterstattung über Ausbeutung, schlechte Arbeitsbedingungen und mangelnde Sozialleistungen dazu geführt, dass nicht nur der Gesetzgeber, sondern auch die Öffentlichkeit im Sinne der Nachhaltigkeit sehr genau auf den Umgang der Betreiberfirmen mit ihren Fahrern schaut. In der öffentlichen Betrachtung ebenfalls eher kritisch gesehen wird weiterhin die oben bereits erwähnte Sicherheit von Mobilitätsdienstleistungen.

Erwähnenswert ist hier noch die Tatsache, dass die beiden Trends Nutzung von Mobilitätsdienstleistungen (und der damit einhergehende Verzicht auf das eigene Auto) und Elektromobilität in der öffentlichen Wahrnehmung Hand in Hand gehen – obwohl sie technisch und organisatorisch völlig unabhängig voneinander sind. Carsharing oder Ridesharing funktioniert mit Verbrennungsmotor genauso gut oder schlecht wie mit Elektromotor. Was beide Themen miteinander verbindet, ist das gemeinsame Mindset einer wachsenden Gruppe von Nutzern, die – sei es aus Vernunft und Pragmatismus, Idealismus oder aus Begeisterung für technische Innovationen – für beides affin ist. Wer ein Elektrofahrzeug nutzt und damit bereit ist, die damit heute durchaus noch bestehenden Einschränkungen und Risiken in Kauf zu nehmen, ist auch an anderer Stelle eher bereit, auf Gewohntes zu verzichten und beispielsweise statt des eigenen Fahrzeugs Mobilitätsdienste zu nutzen.

6.4   Regulatorische Trends

Ob es um die Verschärfung von Emissionsgrenzwerten für Kraftfahrzeuge, die Zulassung neuer Mobilitätsdienste und Fahrzeugkonzepte oder die öffentliche Förderung alternativer Antriebe geht: Wenn sich gesellschaftliche Trends verstetigen und zur mehrheitlichen Meinung oder

Erwartungshaltung entwickeln, folgt dem – zumindest in demokratischen Ländern – mit einem gewissen zeitlichen Verzug die Gesetzgebung entsprechend.

6.4.1 Regulierung der mobilitätsbedingten Umweltbelastung

Im Fokus der gesetzlichen Vorgaben für Kraftfahrzeuge stand lange Zeit die Sicherheit von Fahrer, Mitfahrern und anderen Verkehrsteilnehmern. Diese wurde von den Herstellern über die letzten Jahrzehnte konsequent verbessert, die Zahl der Toten und Verletzten durch Verkehrsunfälle ist infolgedessen kontinuierlich gesunken. Während sich die Sicherheit also zum Hygienefaktor entwickelt hat und von Gesetzgebern und Fahrzeugkunden schlicht erwartet wird, nehmen heute Vorschriften zur Reduzierung von Fahrzeugemissionen einen immer größeren Raum ein.

6.4.1.1 Öffentliche Meinung

Ob bei den Bildern des vom Smog verdunkelten Los Angeles und den abgestorbenen Nadelwäldern in Europa in den 1980ern oder der Menschen, die heute in Peking und Delhi nur noch mit Mundschutz das Haus verlassen: Die öffentliche Sensibilität gegenüber schädlichen Emissionen aus Kraftfahrzeugen nimmt immer dann sprunghaft zu, wenn deren Auswirkungen direkt wahrgenommen werden. So standen lange Zeit die Emission von Schadstoffen wie Kohlenmonoxid, Stickoxide, Ruß und andere Partikel im Vordergrund gesetzlicher Regelungen. Im Vergleich zu diesen konkreten, am eigenen Leib spürbaren Auswirkungen, wurde der durch Treibhausgase wie CO_2 ausgelöste Effekt und die daraus resultierende globale Erwärmung nur selten persönlich wahrgenommen, schließlich zeigt sich hier die Wirkung der Emissionen üblicherweise fernab von ihrer Entstehung. Diese somit eher abstrakte Bedrohung von Umwelt und Gesundheit ist sicher ein wesentlicher Grund dafür, dass sich die Sensibilität für die Konzentration von Treibhausgasen in der Luft erst vergleichsweise spät entwickelt hat und gleichzeitig die entsprechen-

den wissenschaftlichen Prognosen sowie die daraus abgeleiteten Grenzwerte von Teilen der Öffentlichkeit, Wirtschaft und Politik auch heute
noch angefochten und abgelehnt werden.

In jüngster Vergangenheit hat sich das öffentliche Meinungsbild hierzu
jedoch weltweit an vielen Stellen gewandelt. Die starke Zunahme klima-
bedingter Wetterphänomene wie Wirbelstürme, Überschwemmungen
oder Buschfeuer machen die Auswirkungen des Klimawandels für die
Bevölkerung auf direkte und leidvolle Weise erlebbar. Gleichzeitig nimmt
in den schnell wachsenden Großstädten Chinas oder Indiens die Emission von Schadstoffen tagtäglich zu und erzeugt dort den sichtbaren und
giftigen Smog, der zu einer dramatischen Gesundheitsgefährdung für die
lokale Bevölkerung geworden ist. Die weltweite Berichterstattung über
diese Umweltfolgen, die gestiegene Bedeutung von Nachhaltigkeit und
Gesundheit sowie eine durch den Dieselskandal gewachsene generelle
Skepsis gegenüber Autos mit Verbrennungsmotoren führen in der Bevölkerung zu einer spürbar wachsenden Offenheit für strengere Emissionsgrenzwerte, rigidere Maßnahmen zu deren Einhaltung und den entsprechenden Forderungen an die Politik. An Tagen, an denen der Smog
besonders dicht und beißend ist, wird der Pkw-Verkehr in Peking oder
Delhi drastisch eingeschränkt; aber auch in München und Stuttgart, wo
die Konzernzentralen von BMW und Mercedes zu Hause sind und man
deshalb eine gewisse Affinität gegenüber dem Pkw-Verkehr erwarten
würde, wird heute auf kommunalpolitischer Ebene offen über mögliche
Einfahrverbote für Dieselfahrzeuge gesprochen, um die gesetzlichen
Emissionsgrenzen einhalten zu können. Und auch die in Deutschland
lange Zeit geradezu tabuisierte Frage nach der Einführung eines Tempo-
limits auf Autobahnen wird dort heute wieder offen debattiert – und
zwar nicht vor dem Hintergrund der Verkehrssicherheit, sondern des
Kraftstoffverbrauchs und der damit zusammenhängenden Emission
von CO_2.

6.4.1.2 Schadstoffimmission und Luftqualität in Städten

Maßgeblich für die Gesundheitsgefährdung von Mensch und Umwelt ist
die Gesamtkonzentration schädlicher Abgase und Partikel in der Umge-

bungsluft, unabhängig davon, woher diese genau stammen. Aus diesem Grund wird zusätzlich zu den Emissionsgrenzwerten für Verursacher die Luftqualität insbesondere in Städten durch gesetzlich vorgegebene Schadstoffimmissionsgrenzwerte geregelt. Für die Städte der Europäischen Union beispielsweise gibt die *Luftqualitätsrichtlinie 2008/50/EG* nicht nur verpflichtende Grenzwerte für maximale Konzentration von Stickstoffoxiden, Schwefeldioxid, Benzol, Kohlenmonoxid, Blei und Feinstaub vor; sie regelt auch die entsprechenden Messvorschriften, den Aufbau und die Platzierung der Messstellen sowie die Übermittlung der Messergebnisse an die Europäische Kommission.

Dabei sind Autos zwar nicht unbedingt die größte Schadstoffquelle; sie können aber im Gegensatz zu anderen Emittenten über lokale Maßnahmen wie Zufahrtsbeschränkungen, Geschwindigkeitsbegrenzungen oder Fahrverbote für Fahrzeuge mit besonders hohen Schadstoffemissionen vergleichsweise einfach und schnell als Hebel zur kurzfristigen Erreichung der Grenzwerte eingesetzt werden. Der Druck auf die Städte zur Einhaltung der gesetzlichen Vorgaben geht dabei gleichermaßen von der Öffentlichkeit und den europäischen und nationalen Gesetzgebern aus und nimmt stetig zu. Umweltschutzorganisationen, in Deutschland allen voran die *Deutsche Umwelthilfe*, verklagen seit 2018 immer wieder Städte wegen Überschreitung der EU-Grenzwerte und zwingen diese so zu schnell wirkenden Gegenmaßnahmen. Denn rechtlich verantwortlich für die Einhaltung der Grenzwerte sind dabei letztendlich die Bürgermeister der betroffenen Städte persönlich. Die Maßnahmen der Immissionsgesetzgebung wirken also nicht auf einzelne Fahrzeuge oder Hersteller, sondern immer auf Flotten von Fahrzeugen, in der Regel differenziert nach deren Schadstoffklasse.

Einen besonderen Stellenwert bei der mobilitätsbezogenen Schadstoffimmission im Stadtbereich besitzen Busse im Nahverkehr. Weltweit haben bereits zahlreiche Städte den schrittweisen Ersatz alter Busflotten durch neue Fahrzeuge mit schadstoffreduzierten Dieselmotoren oder gleich durch Elektrobusse beschlossen. Das hilft den Kommunen nicht nur bei der Einhaltung der gesetzlich vorgeschriebenen Grenzwerte, sondern steigert auch die Attraktivität des öffentlichen Nahverkehrs und signalisiert obendrein in der Öffentlichkeit deutlich wahrnehmbar ein politisches Bekenntnis zur Nachhaltigkeit.

Im Zusammenhang mit mobilitätsverursachten Immissionen nicht unerwähnt bleiben dürfen auch die im Innenraum von Fahrzeugen entstehenden und wahrnehmbaren Gase und Dämpfe. Hierbei handelt es sich in der Mehrzahl um sogenannte *flüchtige organische Verbindungen* oder *Volatile Organic Compounds* (VOC), die beispielsweise aus in Kunststoffteilen enthaltenen Flammschutzmitteln, Lösungsmitteln und Weichmachern sowie aus Lacken oder Klebstoffen austreten. VOC werden nach ihrem Siedepunkt (also eben ihrer „Flüchtigkeit") in drei Kategorien unterschieden und können harmlos, unangenehm riechend oder aber auch giftig sein. Stand heute gibt es weder eine international anerkannte Definition von VOC noch gesetzliche Grenzwerte. Seitens der Automobilhersteller wurden in Europa, USA und Japan entsprechende Richtlinien herausgegeben, die Messvorschriften und Grenzwerte enthalten. Für den Innenraum von Bussen und Bahnen kommen in vielen Ländern die verfügbaren Richtwerte für Wohn- und Büroräume zur Anwendung.

Ein weiterer und erwiesenermaßen ebenfalls gesundheitsgefährdender Anteil mobilitätsbedingter Immission ist Lärm. Die Weltgesundheitsorganisation oder World Health Organisation (WHO) hat in umfangreichen Untersuchungen bestätigt, dass Lärm nach Luftverschmutzung für Menschen die zweitgrößte Bedrohung ihrer physischen und psychischen Gesundheit darstellt und entsprechende Leitlinien veröffentlicht. Im Vergleich zu Schadstoffimmissionen befindet sich die Ausbildung einer Regulatorik und Gesetzgebung hierzu allerdings noch in einem sehr frühen Stadium. So gibt für die EU die bereits 2002 veröffentlichte *Umgebungslärmrichtlinie* keine konkreten Vorgaben wie Grenzwerte, sondern Handlungsanweisungen für Länder und Kommunen vor, etwa zur deren übergreifenden Vernetzung bei der Planung von Maßnahmen zur Lärmreduzierung.

6.4.1.3 Fahrzeugemissionen

Im Gegensatz zur Immissionsgesetzgebung bezieht sich die Emissionsgesetzgebung auf die Verursacher des Schadstoffausstoßes. Für Kraftfahrzeuge werden hier nach Baujahr gestufte Grenzwerte für die Neufahrzeugflotten der Hersteller verpflichtend vorgegeben. Die Emissionsgesetzgebung ist damit in die Zukunft gerichtet und zielt darauf ab, die Hersteller langfristig zur Entwicklung neuer technischer Lösungen zur Verbesserung von Verbrauch und Schadstoffemission ihrer Fahrzeuge zu bewegen.

Europa

Was den Kraftstoffverbrauch und den damit direkt zusammenhängenden CO_2-Ausstoß angeht, ist die Gesetzgebung der Europäischen Union heute im internationalen Vergleich am strengsten. Hier wurde bereits 2013 vereinbart, dass ab 2021 der Durchschnitt an CO_2-Emissionen, der über alle neu zugelassenen Fahrzeuge eines Herstellers errechnet wird, maximal 95 Gramm pro Kilometer betragen darf (was einem Kraftstoffverbrauch von 3,6 Liter Diesel oder 4,1 Liter Benzin pro 100 Kilometern entspricht), während dieser Grenzwert zum gleichen Zeitpunkt in den USA bei 121, in China bei 117 und in Japan bei 105 Gramm pro Kilometer liegt.

Um die 2015 im Übereinkommen von Paris vereinbarten Ziele zur Verringerung der Emission von Treibhausgasen einhalten zu können, wurde das Ziel von 95 Gramm CO_2 pro Kilometer 2019 weiter angespannt. Entsprechend einer neuen EU-Verordnung wird der Grenzwert bis zum Jahr 2030 schrittweise um weitere 37,5 Prozent abgesenkt, also auf einen Flottendurchschnitt von 59 Gramm CO_2 pro Kilometer. Da sich dieses Ziel über eine weitere technische Verbesserung von Verbrennungsmotoren alleine auch nicht annähernd erreichen lassen wird, besteht durch die neue Gesetzgebung für die Hersteller heute faktisch der Zwang zur zumindest teilweisen Umstellung auf alternative Antriebe, im gegebenen zeitlichen Rahmen bedeutet dies die Umstellung auf Elektroantriebe.

Eine weitere Verschärfung der europäischen Emissionsgesetzgebung stellt die Umstellung des Geschwindigkeits-Zeit-Profils dar, des sogenannten Fahrzyklus, das zur standardisierten Messung der Fahrzeugemissionen vorgeschrieben ist. Der seit 1992 gültige *Neue Europäische Fahrzyklus (NEFZ)* oder *New European Driving Cycle (NEDC)* setzt sich aus unterschiedlichen Phasen konstanter Beschleunigung, konstanter Geschwindigkeit und konstanter Verzögerung zusammen, was eine einfache und genaue Umsetzung auf Rollenprüfständen ermöglicht, aber ganz offensichtlich ein völlig unrealistisches Fahrverhalten widerspiegelt. Die für ein Fahrzeug auf dem Prüfstand gemäß NEDC ermittelten Abgaswerte liegen deshalb mitunter deutlich unter den realen Werten, die am gleichen Fahrzeug im Rahmen einer Straßenfahrt gemessen werden. Im Sog der öffentlichen und politischen Stimmung nach dem Dieselskandal wurde deshalb in der EU für die Emissions- und Verbrauchsmessung seit Juli 2017 ein neuer, näher an realem Fahrverhalten liegender Fahrzyklus verpflichtend eingeführt, die sogenannte *Worldwide Harmonized Light Vehicles Test Procedure (WLTP)*. Diese zeichnet sich nicht nur durch ein realitätsnäheres Geschwindigkeits-Zeit-Profil aus, sie weist auch gegenüber dem NEDC eine höhere Durchschnittsgeschwindigkeit und Durchschnittsbeschleunigung auf und berücksichtigt die verbrauchsmehrenden Auswirkungen verbauter Sonderausstattungen. Bei Messung von Verbrauch und Emission führt die WLTP gegenüber einer Messung mit NEDC zu etwa 25 Prozent höheren Messwerten, was für das Erreichen der ja ohnehin stark abgesenkten Grenzwerte durch die Fahrzeughersteller eine weitere deutliche Anspannung bedeutet.

Neben den Grenzwerten selbst verschärft sich in der Europäischen Union auch die Gesetzgebung hinsichtlich der Überprüfung des Einhaltens der vorgeschriebenen Grenzwerte. Um sicherzustellen, dass die realen Verbrauchswerte nicht zu deutlich von den Werten abweichen, die der Hersteller im Zusammenhang mit der Typzulassung angibt, müssen ab 2020 neu zugelassene Pkw herstellerseitig mit einer *On-Board Fuel Consumption Meter (OBFCM)* genannten Software ausgestattet werden. Über das OBFCM werden die realen Verbrauchswerte gemessen: bei Verbrennerfahrzeugen der Kraftstoffverbrauch und bei Elektrofahrzeugen der Verbrauch an elektrischer Energie. Bei Plug-in-Hybriden wird beides ermittelt, so dass sich hier auch aufzeigen lässt, in welchem Verhältnis von elektrischem und verbrennungsmotorischem Antrieb das Fahrzeug betrieben wurde. Die erhobenen Verbrauchsdaten werden durch das OBFCM *on-board* gespeichert und im weiteren Verlauf an die Europäische Kommission übermittelt, wobei das Gesetz im heutigen Stand noch offen lässt, wie diese Übertragung an die Behörde genau umgesetzt werden soll – durch auslesen bei der Hauptuntersuchung, durch ein Messgerät im Rahmen von Polizeikontrollen oder *over-the-air* über eine mobile Internetverbindung.

Zudem haben sich einige EU-Länder bereits zu langfristigen Zielen committet. Norwegen, die Niederlande und Slowenien etwa wollen bereits bis 2030 Verbrennerfahrzeuge vollständig von den Straßen verbannt haben, Frankreich und Großbritannien haben sich das bis 2040 vorgenommen. Diskussionen über den Zeitpunkt der vollständigen Elektrifizierung der Mobilität gibt es auch in vielen anderen Ländern, allerdings bis dato ohne feste Vereinbarung und ohne festes Datum.

USA

Anders als in Europa steht im Fokus der US-amerikanischen Gesetzgebung nicht so sehr die an den Kraftstoffverbrauch geknüpfte CO_2-Emission, sondern die Begrenzung der Emission von Schadstoffen mit dem Ziel der Luftreinhaltung. Während also wie weiter oben ausgeführt die Grenzwerte für CO_2 in Europa weltweit am niedrigsten sind, beinhaltet die CARB-Gesetzgebung weltweit die anspruchsvollsten Grenzwerte für den Ausstoß von Schadstoffen, nämlich Kohlenmonoxid, Stickoxide, Kohlenwasserstoffe und Feinstaub.

Auch in der Struktur der gesetzgeberischen Verantwortung unterscheiden sich die USA maßgeblich von der EU. Nicht zuletzt weil die Luftqualität aufgrund der besonderen klimatischen Verhältnisse in seiner Hauptstadt Los Angeles im Vergleich zu anderen US-Großstädten immer besonders schlecht war, wurde in den USA der Staat Kalifornien zum Vorreiter der Emissionsgesetzgebung. Bereits 1966 wurde in Kalifornien das weltweit erste Gesetz zur Begrenzung von Schadstoffen in Autoabgasen verabschiedet; ein Jahr später wurde das *California Air Resources Board (CARB)* gegründet. Auf Bundesebene hingegen ist für die Emissionsgesetzgebung die 1970 gegründete *Environmental Protection Agency (EPA)* zuständig, im gleichen Jahr wurde mit dem Clean Air Act auch ein erstes Bundesgesetz zur Luftreinhaltung verabschiedet.

Seitdem hat sich unter diesen beiden Behörden die CARB als die treibende Kraft bei der Reduzierung von Fahrzeugemissionen etabliert. Deren Vorschriften für technische Maßnahmen im Fahrzeug sowie die von der CARB vorgegebenen Grenzwerte für Verbrauch und Schadstoffemis-

sionen wurden in vielen anderen Ländern als Vorlage für nationale Gesetze verwendet – und waren insbesondere immer deutlich strenger als
die der EPA. Die Bundesstaaten der USA können heute selbst entscheiden, welche der beiden Gesetzgebungen sie anwenden möchten. Mit
Connecticut, Maine, Massachusetts, New Jersey, New York, Rhode Is-
land und Vermont haben bisher acht sogenannte CARB-Staaten die kali-
fornische Gesetzgebung übernommen, allesamt Staaten, die wie Kalifornien selbst politisch üblicherweise dem Lager der Demokraten und nicht
der Republikaner angehören.

Seit dem Regierungswechsel Anfang 2017 hat sich die Ausrichtung
insbesondere der EPA stark geändert. Die republikanische Regierung
unter Präsident Donald Trump stellt den Treibhauseffekt an sich sowie
den Zusammenhang zwischen Klimaerwärmung und entsprechenden
Wetterphänomenen infrage und misst den wirtschaftspolitischen Interessen Amerikas – allen voran denen der heimischen Automobilindustrie
und Energieversorger – eine deutlich höhere Priorität bei als nationalen
oder gar internationalen umweltpolitischen Zielen. Als deutlich sichtbares Zeichen haben die USA bereits kurz nach dem Regierungswechsel das
noch 2016 mit 196 anderen Ländern unterzeichnete Übereinkommen
zum Klimaschutz von Paris nur ein Jahr nach dessen Inkrafttreten auf-
gekündigt. Aus dieser politischen Haltung heraus ist die US-Regierung
aktuell auch bestrebt, die gesetzgeberische Vormachtstellung der CARB
abzubauen und für die Verbrauchs- und Emissionsvorgaben die EPA stärker in die Verantwortung zu nehmen, auf die sie dann als Bundesbehörde
direkten Zugriff ausüben und die Grenzwerte entsprechend abmildern kann.

> *„In Summe werden sich die emissionsbezogenen Vorschriften für Kraftfahr-*
> *zeuge weltweit weiterhin so entwickeln, dass Verbrennungsmotoren und fossile*
> *Kraftstoffe langfristig von der Regel zur Ausnahme werden.“*

6.4.2 Regulierung der Pkw-Population

Ganz unabhängig von der Eindämmung des Schadstoff- und Treibhaus-
gasausstoßes der Kraftfahrzeuge haben die Verantwortlichen in den
Stadtverwaltungen eine weitere Aufgabe, nämlich auf ihren Straßen den

Verkehrsfluss am Laufen zu halten und für ausreichend Parkmöglichkeiten zu sorgen. Maßnahmen der Wahl waren hier lange Zeit der Ausbau des städtischen Straßennetzes sowie die Errichtung von Parkhäusern im Zentrum – was aber insbesondere in den historisch gewachsenen Innenstädten Europas schon früh an Grenzen stieß, weshalb sich dann dort der regulatorische Fokus von der Erleichterung des Autoverkehrs auf dessen Begrenzung verschob. Während etwa in Paris oder London eine weitere aufwendige Integration von Straßen und Parkhäusern in die vorhandene Bausubstanz kaum mehr möglich ist, war beispielsweise in Los Angeles der Autoverkehr von Anfang an Teil der Stadtplanung.

In Kombination mit dem im vorigen Kapitel beschriebenen Ziel, die durch den Pkw-Verkehr bedingten Immissionen zu reduzieren, steht in den meisten Großstädten deshalb die Begrenzung oder gar Absenkung der Gesamtzahl von Pkw in der Stadt zu den vordringlichsten Aufgaben der Verwaltungen. Kommunale Maßnahmen hierzu können dabei zwei grundsätzlich unterschiedliche Stoßrichtungen verfolgen: Zum einen die – eher langfristig wirkende und teure – Förderung der Verfügbarkeit und Attraktivität von Alternativen wie dem öffentlichen Nahverkehr oder privaten Mobilitätsdiensten; zum anderen die – kurzfristig anwendbare und vergleichsweise günstige – gezielte Erschwernis der Nutzung eigener Pkw durch Beschränkung oder Verteuerung von Anschaffung und Nutzung, bei letzterer differenziert nach Fahren und Parken.

6.4.2.1   Beschränkung von Anschaffung und Nutzung

Das aus politischer Sicht wichtigste Kriterium bei der Gestaltung von Regelungen zur Beschränkung der Anschaffung oder Nutzung privater Pkw ist in der Regel deren soziale Verträglichkeit, also etwa die Berücksichtigung von beruflichen oder gesundheitlichen Notwendigkeiten der Fahrzeugnutzung oder auch der politische Wunsch, Autofahren in der Innenstadt nicht durch die simple Erhöhung von Straßennutzungs- und Parkgebühren zum Privileg vermögender Bürger zu machen. Dabei gehen unterschiedliche Städte unterschiedliche Wege. Drei Beispiele zeigen die Bandbreite der möglichen Maßnahmen:

- In London wird seit 2006 für die Einfahrt in die Innenstadt zwischen 7 Uhr und 18 Uhr die *London Congestion Charge* in Höhe von 10,00 Pfund pro Tag (etwa 12,50 Euro) erhoben. Die Einnahmen daraus kommen direkt dem Betreiber des öffentlichen Nahverkehrs *Transport for London* zugute. Hauptkritikpunkt an dieser Regelung ist, dass die Maut pauschal und nicht in Abhängigkeit von der tatsächlichen Straßennutzung erhoben wird.

  Weltweit an der Spitze steht London bei den Kosten für das Parken eines Pkw. Die hier für einen privaten Stellplatz im Innenstadtbereich fälligen Kauf- oder Mietpreise entsprechen denen, die andernorts für eine großzügige Eigentumswohnung gezahlt werden. Wer einen der seltenen Parkplätze am Straßenrand findet, zahlt in Abhängigkeit des Fahrzeugtyps dafür zwischen 4,00 und 6,80 Pfund (4,69 beziehungsweise 7,98 Euro). Ein Strafzettel kostet bis zu 130,00 Pfund (152,58 Euro), Abschleppen zusätzlich 200 Pfund (234,71 Euro)

- In Peking wurden im Vorfeld der Olympischen Sommerspiele 2008 eine Reihe von Maßnahmen zur Reduzierung des Pkw-Verkehrs ergriffen. Beispielsweise dürfen dort seitdem Fahrzeuge immer an einem, von der Endziffer ihres Kennzeichens abhängigen, Werktag nicht im Innenstadtbereich gefahren werden, was das Verkehrsaufkommen dort um 20 Prozent reduziert. Zur weiteren Begrenzung wird seit 2011 die Anzahl neu zugelassener Pkw durch eine Kontingentierung der dafür erforderlichen Kennzeichen strikt begrenzt. Wer ein Fahrzeug zulassen möchte, muss an der alle zwei Monate stattfindenden *Beijing License Plate Lottery* teilnehmen und hat dort dann die Chance, die Erlaubnis zum Kauf eines Kennzeichens zu gewinnen. Die Gewinnwahrscheinlichkeit liegt hier heute bei etwa 1:2000, es nimmt also nicht Wunder, dass Kennzeichen trotz empfindlicher Strafen auf dem Schwarzmarkt zu horrenden Preisen verkauft oder vermietet werden.

  Einen deutlich weniger kommunistischen Ansatz verfolgt dagegen die Stadt Shanghai. Hier werden Kennzeichen nicht verlost, sondern meistbietend versteigert. Im Jahr 2018 lag der dabei erzielte Preis für ein Kennzeichen durchschnittlich bei etwa 88.176 Yuan (etwa 11.500 Euro).

- Auch der Stadtstaat Singapur reguliert die Anzahl von Pkw auf seinen Straßen rigide. Für die Zulassung ist ein 50.000 Singapur Dollar (etwa 33.500 Euro) teures Zertifikat erforderlich, gleichzeitig wurde der jährliche Zuwachs von Fahrzeugen in der Stadt lange Zeit auf 0,25 Prozent limitiert. Seit 2017 wird nun die Gesamtzahl an Fahrzeugen konstant gehalten, das heißt, es werden nur so viele neue Fahrzeuge zugelassen, wie alte abgemeldet werden.

6.4.3 Finanzielle Förderung

6.4.3.1 Förderung von Pkw mit Elektroantrieb

Neben einer Direktförderung beim Kauf stellen insbesondere auch eine dauerhafte oder zeitlich begrenzte, vollständige oder teilweise Befreiung von Kraftfahrzeugsteuer, Maut oder Parkgebühren sowie kostenlose Lademöglichkeiten weitere Formen finanzieller Kaufanreize für vom Gesetzgeber bevorzugte Fahrzeugtypen dar. Gleichzeitig bietet die selektive Aufhebung von für konventionelle Fahrzeuge geltenden Beschränkungen (wie etwa Fahrverboten in Innenstädten) die Möglichkeit einer nichtfinanziellen Förderung. Auch hier zeigen konkrete Beispiele die Bandbreite möglicher Maßnahmen am besten:

- Das Paradebeispiel für staatlich geförderte E-Mobilität ist Norwegen. Beim Kauf eines Elektrofahrzeugs entfällt hier die ansonsten knackige Mehrwertsteuer von 25 Prozent, beim Betrieb fallen zumindest bis 2025 weder Kraftfahrzeugsteuer noch Abgasabgaben an. Straßennutzung, Fähren und Parken auf öffentlichen Parkplätzen ist deutlich günstiger, und auf für Elektrofahrzeuge reservierten Parkplätzen stehen kostenlose Ladestationen zur Verfügung. Insgesamt hat dieses Maßnahmenpaket dazu geführt, dass 2018 dort fast ein Drittel aller neu zugelassenen Pkw Elektrofahrzeuge sind. Bei dieser Größenordnung werden allerdings auch erste Nebenwirkungen deutlich: Die Erlaubnis, Busspuren nutzen und so am Stau vorbeifahren zu können, war früher durchaus attraktiv. Heute stauen sich die vielen Elektrofahrzeuge mitsamt den Bussen auf ihrer gemeinsamen Spur häufig genauso wie die Verbrennerfahrzeuge nebenan.

- Ein anderes Beispiel gezielter und langfristiger Förderung der E-Mobilität ist China. Um erstens die durch das schnelle Wachstum von Pkw in den Städten dramatisch zunehmende Luftverschmutzung einzudämmen, zweitens einen neuen, international wettbewerbsfähigen Industriezweig zu generieren und drittens die Abhängigkeit von Ölimporten aus dem Mittleren Osten zu reduzieren, wurde 2011 im zwölften Fünfjahresplan das Ziel ausgegeben, als Land binnen weniger Jahre zum weltweiten Anwendungs- und Technologieführer im Bereich der E-Mobilität zu werden. Um die heimische Nachfrage nach Elektrofahrzeugen anzukurbeln, wurden bereits seit 2010 zunächst im Rahmen einer Testphase in ausgewählten Städten die Anschaffung privater *New Energy Vehicles* gefördert, und zwar mit 60.000 Yuan (damals etwa 6600 Euro) für BEV und 50.000 Yuan (damals etwa 5500 Euro) für PHEV. Nicht zuletzt durch diese Förderung stieg der landesweite Absatz von New Energy Vehicles von etwa 8.000 Fahrzeugen im Jahr 2011 auf 1,3 Millionen Fahrzeuge 2018 (davon etwa 80 Prozent BEV), während im gleichen Zeitraum der gesamte Fahrzeugabsatz von 14,5 Millionen auf 23,7 Millionen Fahrzeuge stieg.
- Eine EU-weite Vereinbarung zur Förderung von Elektrofahrzeugen gibt es nicht. 24 der Mitgliedsländer haben hierzu heute nationale Regelungen getroffen, die sich zu jeweils unterschiedlichen Anteilen aus einer Kaufförderung, einem Erlass der Kraftfahrzeugsteuer, steuerlicher Absetzbarkeit von Firmenwagen sowie Prämien für die Verschrottung von Altfahrzeugen zusammensetzen. So wird in Deutschland seit 2016 der Kauf eines BEV oder FCEV mit insgesamt 4000 Euro unterstützt, für ein PHEV gibt es hier 3000 Euro. Zusätzlich werden beide für 10 Jahre von der Kraftfahrzeugsteuer befreit. Ähnliche Fördermodelle mit bis zu 5000 Pfund (6618 Euro) gibt es bereits seit 2011 in Großbritannien oder seit 2013 in Italien. Vom französischen Staat gibt es 6300 Euro für Käufer von BEV, PHEV oder FCEV und sogar 10.000 Euro, wenn gleichzeitig ein mindestens zehn Jahre altes Dieselfahrzeug verschrottet wird. Und auch hier werden Elektrofahrzeuge temporär von der Kraftfahrzeugsteuer befreit. Der

Effekt der Förderung unterscheidet sich dabei massiv von Land zu Land, der Anteil an Elektrofahrzeugen an den Neuzulassungen des Jahres 2018 spreizt sich von fast 8 Prozent in Schweden bis 2 Prozent in Deutschland.

- In den USA setzt sich die Förderung durch Maßnahmen auf Bundesebene und auf Staatsebene zusammen. Auf staatlicher Ebene werden unterschiedlich hohe Direktförderungen von bis zu 5000 US-Dollar (etwa 4500 Euro) ausgezahlt sowie Vergünstigungen bei der Zulassung, beim Kauf und der Installation einer Wallbox, beim Parken und beim Laden. Dazu kommt die Erlaubnis, die schnelleren *„carpool lanes"* benutzen zu dürfen. Das attraktivste Förderpaket wird in Kalifornien angeboten; Alaska, Arkansas, Nebraska, Oklahoma, Maine und South Carolina bieten Stand heute dagegen keinerlei staatliche Förderung von Elektrofahrzeugen an. Auf Bundesebene wird beim Kauf heute ein von der Größe des Fahrzeugs und der Kapazität seiner Batterie abhängiger Abschlag auf die Einkommenssteuer gewährt, allerdings ist spätestens seit dem Regierungswechsel 2017 ein politischer Wille zur weiteren Förderung der E-Mobilität nicht mehr erkennbar.

Doch es gibt auch Kritik an der Förderung. Zum einen sind viele der heute angebotenen Elektrofahrzeuge dem oberen Preissegment zuzuordnen. Eine Kaufförderung bedeutet damit immer auch, die Anschaffung relativ teurer Autos durch entsprechend vermögende Käufer zu fördern. Als zweiter Punkt zieht eine besonders attraktive Förderung unter Umständen auch Nutzer des öffentlichen Nahverkehrs wieder zurück in den eigenen, nun elektrisch angetriebenen Pkw. Ein weiterer Kritikpunkt bezieht sich auf die Förderung von PHEV. Diese können üblicherweise in einem reinen Hybridmodus gefahren werden, in dem der Elektromotor nur temporär eingesetzt und die Batterie nicht durch Anstecken an ein Ladegerät, sondern vom Generator aufgeladen wird. Wer so fährt, bekommt also die Förderung, ohne im Gegenzug die damit beabsichtigte Reduzierung von Schadstoffen und Treibhausgasen zu erbringen. In China wurde auf Basis einer entsprechenden Auswertung von Fahrzeugdaten die Förderung für einige PHEV-Modelle bereits gestrichen.

6.4.3.2 Förderung von Alternativen zum eigenen Pkw

Im Vergleich zu dieser vielfältigen und umfangreichen Förderung des Kaufs von BEV, PHEV und FCEV ist die öffentliche Incentivierung der Nutzung von Mobilitätsalternativen wie der Nutzung des öffentlichen Personenverkehrs, privater Mobilitätsdienste, des Fahrradfahrens oder gar des Zufußgehens heute nur in wenigen, lokalen Ansätzen erkennbar – und das, obwohl diese hinsichtlich des langfristigen Zielepakets, das Verkehrsaufkommen in den Städten zu reduzieren, den Straßenverkehr sicherer zu machen, die Luft sauber zu halten und die Erderwärmung einzudämmen, ganz offensichtlich deutlich weiter springt.

Wie bereits in Abschn. 5.4.6 ausgeführt: Wer einen Pkw besitzt und damit den Kaufpreis oder die Leasinggebühren bereits bezahlt hat, verspürt wenig Anreiz, für die Nutzung von Alternativen zusätzliche Gebühren zu zahlen. Inzwischen haben viele Kommunen verstanden, dass der einzige nicht auf Verboten oder Gebühren beruhende Weg, Autofahrer zur Nutzung des öffentlichen Nahverkehrs zu bewegen, ist, diesen nicht nur preisgünstig, sondern gänzlich kostenlos anzubieten – und einige europäische Städte wie Monheim, Dünkirchen oder Tallin haben diese konsequente Form der Förderung bereits umgesetzt.

Finanzielle Anreize der öffentlichen Hand zur Nutzung privatwirtschaftlicher Mobilitätsdienstleistungen – ob Taxi, Ride Hailing oder Carsharing – gibt es dagegen bis dato überhaupt nicht. Gefördert wird hier lediglich das Angebot der Dienste, und dieses auch nur indirekt, etwa durch ihre grundsätzliche Zulassung im Stadtgebiet oder die Reservierung von Parkplätzen und Ladestationen. Ein Grund für diese Zurückhaltung mag sein, dass die Kommunen eine Abwanderung von ÖPNV-Nutzern zu privaten Anbietern verhindern möchten. In der Konsequenz führt das Preisniveau der privaten Dienste nach wie vor zu einer gewissen Exklusivität. Beispiel für eine sinnvolle nutzungsbezogene Förderung wäre die tarifliche Integration privater Ridesharingdienste in den öffentlichen Nahverkehr, mit der dann bestehende Angebotslücken in nachfrageschwachen Gebieten und Zeitfenstern geschlossen werden könnten.

Neben direkt an die Nutzer gerichteten Anreizen können auch die in den Städten ansässigen Arbeitgeber dazu angehalten und finanziell dabei unterstützt werden, ihren Mitarbeitern die Nutzung von Alternativen zum eigenen Pkw möglichst schmackhaft zu machen. Hierzu zählen etwa eine Beteiligung an den Kosten einer auch privat nutzbaren Monats- oder Jahreskarte für den ÖPNV, die Gewährung eines Mobilitätsbudgets anstelle der Überlassung eines Firmenwagens für Führungskräfte oder auch die Förderung des Anschaffens sogenannter Firmenräder, also Fahrräder, die Mitarbeitern analog zu Firmenwagen zu günstigen Konditionen zur Verfügung gestellt werden.

„Um den drohenden Verkehrskollaps zu vermeiden, verfolgen Kommunen zwei unterschiedliche strategische Stoßrichtungen: Die Nutzung eines eigenen Autos durch restriktive Maßnahmen zu erschweren sowie die Alternativen zum eigenen Auto zu fördern. Da Letzteres deutlich mehr Zeit und Geld beansprucht, entscheiden am Ende auch die Dringlichkeit und die verfügbaren Mittel, welcher Weg eingeschlagen wird."

7

Blick nach vorn
Wie wird sich Mobilität verändern und was sollten wir tun?

Wie in den vorangegangenen Kapiteln deutlich wurde, ist die Kernfrage dieses Buches, nämlich wie „wir" uns im Jahr 2030 oder später fortbewegen werden, außerordentlich komplex und nicht durch ein einzelnes, konkretes Bild zu beantworten. Mögliche Szenarien hängen nicht nur von Annahmen hinsichtlich des Fortschritts bei der Entwicklung technischer Lösungen ab, sondern vor allem auch von gesellschaftlichen Trends und politischen Rahmenbedingungen sowie in letzter Instanz auch von den jetzt und zukünftig in privaten Haushalten, Unternehmen und öffentlichen Kassen verfügbaren finanziellen Mitteln ab – und fallen somit für jedes Land und jeden Ballungsraum unterschiedlich aus. Nur wer – sei es aus Unwissen, Bequemlichkeit oder Kalkül – maßgebliche Einflussgrößen ausblendet und sich so auf die Betrachtung nur kleiner Teilbereiche beschränkt, kommt auf so einfach strukturierte Prophezeiungen wie „Wir werden in Zukunft alle nur noch elektrisch fahren!", „In den Städten wird es keine privaten Pkw mehr geben!" oder aber auch „Elektromobilität wird sich hier nie durchsetzen!". Von Politikern, Aktivisten oder Einzelpersonen im Netz und der Öffentlichkeit lautstark geäußert, dienen solche Aussagen deshalb weniger der Orientierung und strategischen Ausrichtung als bewusst oder unbewusst der Polarisierung und Provokation. Wer etwa im Berlin Mitte wohnt und arbeitet und kein eigenes Auto mehr braucht, mag zu dem Schluss kommen und die Meinung vertreten, dass private Pkw ganz grundsätzlich nicht erforderlich sind. Dagegen wird in den Kleinstädten im brandenburgischen Umland, wo man ohne eigenes Fahrzeug weder zur Arbeit noch zum Einkaufen kommt, die gleiche Ansicht vermutlich selbst von den Innovations- und Nachhaltigkeitsorientiertesten unter den Bewohnern als ideologisch und weltfremd empfunden. Doch bei allen Unterschieden und Unwägbarkeiten lassen sich aus der vorangegangenen Betrachtung der Rahmenbedingung doch einige seriöse Prognosen ableiten.

7.1 Es gibt kein Zurück

Ob aus wirtschaftlichen Gründen, Bequemlichkeit oder Liebe zum Gewohnten und Bestehenden: Viele fragen sich, warum denn in puncto Mobilität nicht einfach alles so bleiben kann, wie es ist. Die Antwort darauf ist relativ einfach: nicht weil neue technische Lösungen neue Alternativen ermöglichen, sondern weil weltweit eine steigende Anzahl von Menschen immer stärker spürt und immer weniger akzeptiert, wie die Folgen der individuellen Mobilität in ihrer heutigen Form ihre Lebensqualität jetzt und in Zukunft immer stärker beeinträchtigen.

Zum einen, weil die durch Mobilität verursachten Emissionen in der Gesellschaft immer spürbarer werden. Schadstoffausstoß und Lärm von Verbrennungsmotoren standen zwar schon immer im Blickpunkt der Öffentlichkeit, ihre Auswirkungen auf Gesundheit und Umwelt sind heute aber noch konkreter nachgewiesen und werden beispielsweise im Smog von Peking und Delhi noch unmittelbarer sicht- und erlebbar als früher. Deutlich stärker ins Bewusstsein gerückt sind vor allem auch die bei der Verbrennung fossiler Brennstoffe entstehenden Treibhausgase wie Kohlendioxid, spätestens seit auch diese nicht mehr nur abstrakt gemessen und mit Grenzwerten verglichen, sondern am eigenen Leib erfahren werden – über die in Folge der Erderwärmung vermehrt auftretenden globalen Klimaphänomene.

Zum anderen und ganz unabhängig von den aufgeführten Auswirkungen auf die Umwelt, weil vor allem in den Metropolen und Großstädten die zunehmende Zahl von Kraftfahrzeugen immer häufiger zum völligen

Verkehrskollaps führt und dabei gleichzeitig immer mehr öffentlichen Raum für Fahrbahnen und Parkplätze einnimmt. Und auch wenn in Europa und den USA die Anzahl der Toten und Verletzten durch Verkehrsunfälle sinkt: In den boomenden Städten Asiens, Afrikas und Südamerikas steigt sie mit zunehmender Motorisierung der Bevölkerung weiter an und wird dort zu einem weiteren, sehr direkt erlebbarem Problemfeld der urbanen Mobilität.

Beides führt letztlich dazu, dass das in weiten Teilen der Gesellschaft ohnehin stetig zunehmende Bedürfnis nach nachhaltigem Wirtschaften und gesundem Leben mehr und mehr auch die Mobilität umfasst. Immer mehr Menschen sind bereit, ihr Verhalten in diesem Sinne zu ändern und in gewissem Rahmen auch Einschränkungen in Kauf zu nehmen. Dabei werden Eltern von ihren Kindern „erzogen" und ältere Kollegen von jüngeren. Und überraschenderweise erwarten sogar viele Menschen, die ihr eigenes Handeln selbst nicht umstellen wollen oder können, von Firmen, Behörden und Politikern einen entsprechenden Wandel.

7.2   Schwerpunkte der Veränderung

Ob es einem also gefällt oder nicht: Die Aufmerksamkeit, die heute speziell der ökologischen Nachhaltigkeit so sichtbar geschenkt wird, ist kein kurzfristiger Hype, der bald dem nächsten weichen wird. Die sich spürbar verschlimmernde Ist-Situation, der Zuwachs an wissenschaftlich gesicherten Erkenntnissen und die Bedeutung, die vor allem die jüngere Generation dem Thema beimisst, haben einen nachhaltigen gesellschaftlichen Wandel eingeläutet. Gemeinsam mit den daraus entstehenden Gesetzen und Vorschriften sowie dem technischen Fortschritt spannt dieser Wandel einen deutlich veränderten Rahmen auf, innerhalb dessen in Zukunft Mobilitätslösungen liegen werden. Die Kernfrage der Mobilität, wie man möglichst schnell, möglichst bequem und möglichst günstig an sein Ziel kommt, muss immer stärker durch das Kriterium der Nachhaltigkeit erweitert werden.

Am Ende wird die individuelle Entscheidung, wie jemand sein Ziel erreichen möchte, bei aller Komplexität des Themas auch in Zukunft von den gleichen Faktoren wie heute beeinflusst werden: von der Verfügbarkeit, also welche Optionen gerade überhaupt zur Auswahl stehen, vom Preis-Leistungs-Verhältnis, also wie schnell, sicher und komfortabel die Optionen jeweils im Verhältnis zum dafür aufgerufenen Preis sind, sowie davon, wie gut die Optionen den jeweiligen persönlichen und gesellschaftlichen Werten entspricht. Und in jeder dieser Kategorien lassen sich spezielle Entwicklungen identifizieren, welche die Mobilität der Zukunft mehr beeinflussen werden als andere.

7.2.1 Reduzierung von Mobilitätsbedarfen

Bevor man über technische Änderungen an Fahrzeugen und Maßnahmen zu deren Reduzierung überhaupt nachdenkt: Der absolute Königsweg, die Probleme der Mobilität in den Griff zu bekommen, besteht eindeutig darin, den Mobilitätsbedarf an sich zu reduzieren.

Ein erster Ansatz hierzu liegt in der Dezentralisierung der urbanen Strukturen der Ballungsräume. Wie ist es möglich, dass nicht wenige Bewohner von China Town oder Little Italy in New York ihr Stadtviertel über Jahrzehnte nicht verlassen haben? Weil sie dort alles finden, was sie zum Leben brauchen. Auch wenn solche über Jahre gewachsenen ethnisch orientierten Strukturen sicher nicht als Role Model für andere Städte taugen: Wo nicht nur Kindergärten und Schulen, sondern auch weiterführende Schulen, Hochschulen und attraktive Arbeitsplätze lokal verfügbar sind, müssen morgens nur noch wenige mit Auto oder S-Bahn pendeln. Und wer dann auch nicht nur die Geschäfte des täglichen Bedarfs und Allgemeinärzte, sondern auch Fachärzte und Krankenhäuser, Restaurants, Theater und Kinos im Viertel hat, wird auch tagsüber und abends deutlich seltener in die oder quer durch die Stadt fahren. Unterstützt wird dieser Effekt durch im Sharing angebotene Kurzstreckenmobilität wie E-Scooter oder auch Fahrräder, über die sich der fußläufig erreichbare Bereich einfach und bequem erweitern lässt.

Die Planung und Umsetzung solch dezentraler Strukturen ist eine Mammutaufgabe für die Kommunen und kann von diesen auch nur mittel- bis langfristig gelöst werden. Im Sinne eines homogenen sozialen Gefüges muss dabei aber auf jeden Fall vermieden werden, dass sich in den Stadtvierteln bestimmte Altersgruppen, Ethnien oder gesellschaftliche

Schichten konzentrieren. Am Ende entlasten dezentrale Strukturen dann nicht nur den Verkehr, sondern verteilen auch die Attraktivität einer Stadt entgegen den typischen historischen Strukturen aus ihren Zentren heraus gleichmäßiger auf die umliegenden Bereiche – was nicht zuletzt auch der Wertewelt des gegenwärtigen gesellschaftlichen Wandels entspricht.

Ein zweiter Ansatz zur Reduzierung des Mobilitätsbedarfs besteht in der flächendeckenden Stärkung des Einsatzes von Telekooperation – etwa im Sinne von Telearbeit, Telelearning oder Telemedizin. In vielen Fällen, in denen in erster Linie Informationen erstellt oder ausgetauscht werden und keine physische Interaktion erforderlich ist, ist das Zusammenkommen der Beteiligten in persona eigentlich nicht erforderlich. Um eine Vorlesung anzuhören oder Bestellungen zu bearbeiten, reicht heute ein Laptop oder Tablet; Voraussetzung dafür ist allerdings, dass sich alle beteiligten Parteien auf diesen Wandel einlassen.

7.2.2 Konsequente Fortführung der Elektromobilität

Egal ob es um Pkw, Busse oder Züge geht: Gesellschaft und Gesetzgeber werden weiterhin mit geeigneten Maßnahmen sowohl gegenüber Herstellern als auch gegenüber Betreibern und Nutzern dafür sorgen, dass die Fahrzeuge auf den Straßen umweltfreundlicher und auch sicherer werden.

7.2.2.1 Verbreitung elektrischer Fahrzeugantriebe

BEV sind in der Nutzung lokal zu hundert Prozent emissionsfrei und können dies – wenn mit regenerativer Energie betrieben – auch in der Well-to-Wheel-Gesamtbetrachtung sein. Zudem nutzen sie die eingesetzte Primärenergie etwa doppelt so effizient wie Fahrzeuge mit Verbrennungsmotor. Im Stadtverkehr haben sich reine Elektrofahrzeuge deshalb bereits heute etabliert, nicht zuletzt auch, weil dort Fahrverbote für Fahrzeuge mit Verbrennungsmotoren zusehends absehbar werden. Elektrische Fahrzeugantriebe werden sich überall dort durchsetzen, wo die täglichen Fahrstrecken unter 500 Kilometern liegen, Lademöglichkeiten vorhanden sind und bei Bedarf auch auf ein Fahrzeug mit höherer Reichweite zurückgegriffen werden kann. Ein idealer Anwendungsfall von BEV sind dabei Mitfahrdienste wie Carsharing oder Ride Hailing.

Primäre Nachteile und Kaufhemmnisse von Elektrofahrzeugen sind ihre vergleichsweise geringe Reichweite, der Bedarf an Ladestationen und die zum Laden erforderliche Zeitdauer. Auf den Abbau dieser Nachteile wird seitens der Automobilhersteller, Kommunen und Energieversorger aktuell viel Aufwand verwendet, sodass hier in absehbarer Zeit mit weiteren signifikanten Verbesserungen gerechnet werden kann. Der Entwicklungsfortschritt führt dann dazu, dass immer mehr Menschen nicht mehr unbedingt ein konventionelles Fahrzeug mit Verbrennungsmotor brauchen, sondern auch mit einem dann leistungsfähigeren Elektrofahrzeug zurechtkommen.

Plug-in Hybrids sind eine gute Lösung, wenn häufig längere Reichweiten benötigt, aber in der Innenstadt auch rein elektrisch gefahren werden können muss oder soll; sie sind deshalb auch heute eine gern gewählte Antriebsalternative. Mit zunehmender Reichweite von BEV werden die Anwendungsfälle, in denen der zusätzliche Verbrennungsmotor noch erforderlich ist, jedoch abnehmen. Da es gleichzeitig immer technisch und wirtschaftlich aufwendig sein wird, in einem Fahrzeug zwei unterschiedliche Antriebssysteme vorzuhalten, werden PHEV langfristig aber wohl eher zu Nischenprodukten werden.

Wo höhere Reichweite und generell höherer Energiebedarf gefordert ist, stellt die direkte Gewinnung elektrischer Energie aus *on-board* gespeichertem Wasserstoff über eine Brennstoffzelle eine vielversprechende Lösung zur Energiespeicherung dar. Reichweite und Betankungsdauer heute verfügbarer FCEV liegen mit 500 bis 700 Kilometern beziehungsweise 3 bis 5 Minuten bereits im von Verbrennerfahrzeugen gewohnten Bereich. Dem Durchbruch der FCEV stehen jedoch zwei noch nicht gelöste Probleme entgegen: Zum einen entstehen durch das dem Element Wasserstoff eigene Brand- und Explosionsrisiko hohe Sicherheitsanforderungen an seine Speicherung im Fahrzeug, eine technisch einfache und damit kostengünstige, aber dennoch sichere Lösung existiert dafür Stand heute noch nicht. Gleichzeitig erfordert dieses Risiko eine intensive Produktbeobachtung und -betreuung durch den Hersteller. Nicht autorisierte Wartungsarbeiten oder ein ungeregelter Gebrauchtwagenmarkt sind für FCEV sicherlich inakzeptabel, und auch das technische Verhalten bei schweren Unfällen ist heute noch nicht ausreichend abgesichert. Zum anderen ist der Aufbau einer adäquaten Infrastruktur für Wasserstoff noch weitaus aufwendiger als der für Ladestrom. Folglich werden sich Elektroantriebe mit Brennstoffzelle und Wasserstoffspeicher deshalb weniger in privaten Pkw wiederfinden, sondern außer in Lkw im Lieferverkehr in erster Linie in Bussen des Nah- und Fernverkehrs, die auf die hohe Reichweite angewiesen sind, auf ihrer Route dezidierte Wasserstofftankstellen anfahren können und von den verantwortlichen Betreibern zuverlässig instandgehalten werden.

Den Durchbruch der Elektromobilität zusätzlich unterstützen wird die Tatsache, dass Elektromotoren nicht nur emissionsfrei, sondern bauartbedingt auch weitaus dynamischer und komfortabler als Verbrennungsmotoren sind. Wie begeisternd elektrisches Fahren sein kann, lässt sich jedoch nicht aus Katalogdaten herauslesen, sondern muss persönlich erlebt werden. Je mehr Menschen Elektrofahrzeuge selbst er-fahren, umso mehr wird sich dann auch diese Erkenntnis verbreiten.

7.2.2.2 Ausbau der Ladeinfrastruktur

Die Achillesferse der Elektromobilität ist und bleibt die Verfügbarkeit von öffentlichen Lademöglichkeiten. Das Problem liegt dabei weniger auf der technischen Seite. Leistungsstarke Ladestationen, mit denen Elektrofahrzeuge schnell und trotzdem verschleißfrei geladen werden können, sind auf dem Markt verfügbar und werden ständig verbessert. Induktives Laden wird in einer öffentlichen Infrastruktur keine Rolle spielen. Stationäre Induktivladestationen können als Komfortlösungen im Privatbereich zum Einsatz kommen, dynamisches induktives Ladens wird sich schon wegen des extrem hohen Realisierungsaufwands nicht durchsetzen.

Was heute aber noch fehlt, ist das passende Geschäftsmodell für die Betreiber von Ladestationen. Die Crux ist hier, dass mit dem Verkauf von Strom bei weitem nicht in der gleichen Größenordnung Geld verdient werden kann wie mit dem Verkauf von Benzin- oder Dieselkraftstoff. Nicht umsonst liegen hier Automobilhersteller, Energieversorger und

Kommunen seit Jahren miteinander im Clinch, wer denn nun den erforderlichen Ausbau der Ladeinfrastruktur finanzieren soll. Erst wenn die Ladezeiten in die Größenordnung von Tankzeiten kommen, wird es für Tankstellen interessant, den Verkauf von elektrischer Energie über Ladesäulen in ihr Geschäftsmodell zu integrieren.

Darüber, dass Elektromobilität ökologisch vor allem dann richtig sinnvoll wird, wenn auch die an der Ladestation verfügbare elektrische Energie emissionsfrei generiert wurde – und nicht etwa durch die irreversible Verbrennung fossiler Brennstoffe wie Öl, Gas oder Kohle –, ist man sich heute weitestgehend einig. Weit weniger Einigkeit herrscht dagegen darüber, ob nur regenerative Energiequellen wie Sonne, Wind oder Wasserkraft emissionsfrei sind oder ob auch Atomenergie ökologisch akzeptabel ist. Die politische Haltung gegenüber der Atomenergie ist dabei zu einer Art nationaler Glaubensfrage unter den Industrienationen geworden: Während sich beispielsweise Deutschland, Belgien, Spanien oder die Schweiz bereits im Atomausstieg befinden, bauen Länder wie Großbritannien, Frankreich, Indien, China oder die USA weitere Kernkraftwerke. Selbst in Japan wurden seit der Katastrophe von Fukushima in 2011 inzwischen wieder mehrere Reaktoren in Betrieb genommen. Entscheidend dabei ist: Nur dort wo Atomkraftwerke nicht als saubere und emissionsfreie Energiequelle akzeptiert sind, ist es sinnvoll, in die Nutzbarmachung regenerativer Energien zu investieren. Das Geschäftsmodell, Solar-, Wind- und Wasserkraftwerke, Zwischenspeicher oder Überlandleitungen aufzubauen oder zu betreiben, steht und fällt also mit einer verlässlichen politischen und öffentlichen Haltung gegenüber der Atomenergie.

7.2.3 Weniger private Pkw

Selbstverständlich wird es auch in Zukunft noch private Pkw geben, es wird auch 2030, 2040 oder 2050 für viele Menschen und in vielen Situationen keine Alternative dazu geben. Aber vor allem – wenn auch nicht nur – in den Städten werden neben Stau und Parkplatzmangel steigende Gebühren für das Fahren und Parken, Fahrverbote und Geschwindigkeitsbegrenzungen dazu führen, dass ein Auto zu besitzen immer aufwändiger wird, immer stärkeren Restriktionen unterworfen ist, immer weniger Spaß macht und damit immer weniger erstrebenswert ist. Der Einsatz digitaler Technologien wird es den Kommunen erlauben, zum einen Verkehrsverstöße automatisiert und damit vollständig und effizient zu erkennen und zu sanktionieren oder gleich zu unterbinden und zum anderen exakte Vorgaben zu machen, welche Strecke man zu wählen und wo man zu parken hat. Ein Recht darauf, schneller als zulässig zu fahren, gesperrte Straßen zu nutzen, im Parkverbot zu parken – oder auch nur die Strecke zum Ziel frei zu wählen, ist nirgendwo auf der Welt verbrieft und auch immer weniger mehrheitsfähig.

Je mehr Widrigkeiten der private Fahrzeugbesitz aber unterworfen ist, desto mehr Menschen werden davon ablassen und zunächst auf Carsharing oder Mitfahrdienste ausweichen. Dadurch wird dann zwar die Anzahl privater Fahrzeuge reduziert, die Anzahl der Fahrten und Fahrzeuge auf der Straße an sich bleibt jedoch bestehen. Der Umstieg vom eigenen auf fremde Fahrzeuge allein reduziert zunächst nur den Bedarf an Parkplätzen. Er hat somit nur über den damit zusammenhängenden Rückgang des Parksuchverkehrs lediglich geringe Auswirkungen auf die Gesamtemissionen. Auf lange Sicht sind damit sowohl Carsharing als auch Ride Hailing und Taxi somit nur für die Fälle die richtige Alternative zum eigenen Fahrzeug, in denen man eben unbedingt ein Auto braucht.

Voraussetzung für die Akzeptanz von Diensten wie Carsharing oder Ride Hailing ist deren gesicherte Verfügbarkeit und preisliche Attraktivität. Beides zusammen wird auf absehbare Zeit nur in Großstädten wirtschaftlich darstellbar sein, weshalb eine Ausweitung dieser Dienste in Kleinstädten oder auf dem Land nur in sehr begrenztem Rahmen möglich sein wird. In jedem Fall aber gilt: Um ernsthaft als Alternative zum eigenen Auto in Frage zu kommen, ist eine räumliche, zeitliche und preisliche Mindestverfügbarkeit an Angeboten erforderlich. Eine öffentliche Förderung nicht nur der Nutzer, sondern vor allem auch der Betreiber solcher Dienste hilft, diese Schwelle schneller zu erreichen. Und erst wenn eine solche Grundversorgung hergestellt ist, können sich auch durch besonderen Komfort oder andere Leistungsbestandteile differenzierende Angebote am Markt etablieren.

Wer gefahren wird, stellt an Eigenschaften und Funktionen der Fahrzeuge wie Komfort, Dynamik oder Connectivity völlig andere Anforderungen als wer selber fährt. Pkw, die speziell für Mitfahrdienste ausgelegt sind, gibt es heute aber kaum. Wenn der Boom der Mitfahrdienste anhält – und davon ist auszugehen – stellen darauf ausgelegte Fahrzeugkonzepte somit für die Hersteller ein völlig neues und zukunftsträchtiges Marktsegment dar.

Autonome Fahrzeuge, die ganz ohne Fahrer fahren (Level 5), kann man in diesem Sinne als die maximale Stufe der Passagierorientierung sehen. Die autonome Fahrzeugsteuerung macht Ride Hailing oder Ridesharing – zumindest in der Theorie – durch den Entfall des Fahrers nicht nur günstiger, sondern auch für alle am Verkehrsgeschehen Beteiligten sicherer. Ob am Ende ein Fahrer aber nicht doch als Komfortmerkmal geschätzt und bezahlt wird, wird sich erst zeigen, wenn beide Systeme im realen Wettbewerb um Fahrgäste stehen.

7.2.4   Weniger Pkw auf den Straßen

Die geforderte Entlastung von Verkehr und Umwelt wird also ganz offensichtlich nicht dadurch erreicht, dass man statt mit dem eigenen mit einem fremden Auto fährt, sondern indem man die Gesamtzahl der Pkw-Fahrten reduziert. Abgesehen von der weiter oben beschriebenen und nur in engen Grenzen erreichbaren Reduzierung des Mobilitätsbedarfs ist dies nur möglich, wenn immer mehr Menschen für ihre Wege entweder einen Pkw gemeinsam mit anderen oder andere Verkehrsmittel nutzen.

Der überwiegend verfolgte Ansatz ist hier, die Menschen aus den Autos in öffentliche Verkehrsmittel zu bewegen, und zwar nicht nur in den Städten, sondern auch im Fernverkehr. Primäre Nutzungsbarriere für Besitzer eines bereits bezahlten Autos sind die zusätzlichen Fahrtkosten. Das Angebot muss in vielen Fällen aber auch hinsichtlich der Abdeckung des Streckennetzes, der Betriebszeiten sowie der Sicherheit des Komforts attraktiver gemacht werden. Zu letzterem zählt dabei in erster Linie die ausreichende Verfügbarkeit von Steh- und Sitzplätzen. Die Abdeckungslücken im Angebot, beispielsweise zu nachfrageschwachen Nachtstunden oder in den Vororten, können durch private Ridesharingdienste flexibel und effektiv geschlossen werden. Und: Gerade für diese Fälle ist der Einsatz von autonomen manntragenden Drohnen nicht so unrealistisch, wie es heute vielfach noch scheinen mag.

Ein weiterer Lösungsansatz ist, sich mit mehreren Parteien einen Pkw zu teilen. Privat organisierte Fahrgemeinschaften sind hier ein besonders einfacher Weg – der allerdings die Planbarkeit der Fahrten und eine zumindest grobe Übereinstimmung von Start und Ziel voraussetzt. Solche Fahrgemeinschaften eignen sich deshalb vor allem für täglich wiederkehrende Fahrten zum Arbeits- oder Ausbildungsplatz und können über das Teilen der Betriebskosten hinaus über arbeitgeberseitige oder kommunale Maßnahmen wie reservierte Parkplätze, Fahrspuren oder finanzielle Zuschüsse weiter an Attraktivität gewinnen. Eine spontane gemeinsame Nutzung von Pkw dagegen wird erst durch digitale Mitfahrdienste wie Carpooling oder Ridesharing ermöglicht, bei denen nach Zeit, Strecke und Anzahl der Passagiere passende Fahrbedarfe kombiniert werden. Und auch für diese Dienste gilt, dass das Erreichen der zum Durchbruch erforderlichen Mindestverfügbarkeit an Angeboten über öffentliche Förderung effektiv beschleunigt und in manchen Fällen auch nur mit einer solchen Unterstützung erreicht werden kann.

Je nach klimatischen und topografischen Verhältnissen und Fahrstrecke ist auch der Umstieg vom Pkw zum Fahrrad, E-Bike oder E-Scooter eine Option. Entsprechende infrastrukturelle Maßnahmen wie sichere oder überdachte Radwege erhöhen hier die Akzeptanz erheblich.

Was die Anzahl der Fahrzeuge auf den Straßen und am Straßenrand angeht, verfolgen immer mehr Städte nicht nur die Vermeidung eines weiteren Anstiegs, sondern eine spürbare Reduzierung. Bürger, die selbst kein Auto mehr besitzen oder nutzen, sehen auch nicht mehr ein, dass dann weiterhin so viel öffentlicher Raum für das Fahren und Parken von Autos verwendet wird. Der Rückbau von Straßen und Parkplätzen zu Radwegen, Grünflächen und öffentlichen Plätzen als kommunale Maßnahme macht den Pkw-Verkehr nochmals beschwerlicher und wird von den verbleibenden Autofahrern als Gängelung empfunden. Gleichzeitig wird die Stadt für Fußgänger, Fahrradfahrer und Nutzer öffentlicher Verkehrsmittel dadurch attraktiver – was den gesellschaftlichen Wandel in Richtung Umstieg vom Pkw auf andere Verkehrsmodi zusätzlich beschleunigt.

7.2.5 Wachsende Bedeutung sozialer Nachhaltigkeit

Ein wenig im Schatten des schwunghaften Anstiegs des Stellenwerts von Gesundheit und Umwelt steigt in großen Teilen der Gesellschaft auch die Bedeutung der unterschiedlichen Aspekte sozialer Nachhaltigkeit. So wie Konsumenten inzwischen bei Nahrungsmitteln auf Fair Trade und bei Kleidung auf die Arbeitsbedingungen bei der Herstellung achten, werden auch im Bereich der Mobilität die Bedingungen, unter denen Fahrzeuge hergestellt oder Mobilitätsdienstleistungen erbracht werden, immer stärker unter kritischer Beobachtung der Öffentlichkeit stehen. Dabei geht es vor allem um die Einhaltung von Arbeitssicherheits- und Sozialstandards gegenüber Mitarbeitern, aber auch um Compliance mit handelsrechtlichen Regularien wie etwa zur Antikorruption.

Wie bei der ökologischen Nachhaltigkeit sieht man Fahrzeughersteller auch bei der sozialen Nachhaltigkeit in der Verantwortung für den gesamten Lebenszyklus – also für die Wertschöpfungskette von der Gewinnung von Rohmaterialien bis zur Fahrzeugmontage, für Vertrieb und Aftersales sowie für alle im Zusammenhang mit der Entsorgung des Fahrzeugs nach dessen Lebensende stehenden Prozesse. Und auch bei der Erbringung von Mobilitätsdienstleistungen schaut die Öffentlichkeit auf das Einhalten von Sozialstandards – wie etwa die öffentliche Diskussion um die Arbeitsbedingungen von Uber-Fahrern zeigt.

Dabei hat negative Berichterstattung in puncto sozialer Nachhaltigkeit absolut das Potenzial, das Image von Marken und Unternehmen in kürzester Zeit massiv zu schädigen. Egal ob es um toxische Belastung von Arbeitern in Kobaltminen, um die Nichteinhaltung von Sicherheitsstandards bei Zulieferern oder Arbeitszeiten von Fahrern geht: Über die sozialen Medien kommen beanstandungswürdige Zustände heute in Sekundenschnelle an die Öffentlichkeit, und dies führt bei Kunden und Förderern, wenn nicht zu Ablehnung, so doch zumindest zu kritischen Fragen.

Gesellschaftlicher und politischer Druck aber sind hier sicherlich nicht der einzige Antrieb. Mehr und mehr Unternehmer sehen sozial nachhaltiges Handeln ganz selbstverständlich als persönliche Pflicht und machen sie zum Teil ihrer Unternehmensstrategie. Galt allerdings hierüber vornehme Bescheidenheit zu üben früher noch als edel, ist sie zumindest im unternehmerischen Umfeld in Zukunft fehl am Platz. Unabhängig von der Motivation, aus der heraus soziale Nachhaltigkeit verfolgt wird, wird Transparenz hierüber für Hersteller und Dienstleister im Bereich der Mobilität immer wichtiger. Das sozial verantwortliche Handeln ist selbstverständlich das Wichtigste, es muss aber auch objektiv bewertbar und nachweisbar sein – und deshalb offen kommuniziert werden.

7.3   Fünf Wachstumsfelder: Wo geht es aufwärts?

Die Mobilität befindet sich heute also mitten in einem Wandel, an vielen Stellen sogar einem dramatischen Wandel, in dem einiges, was lange richtig oder lieb gewonnen war, ein jähes Ende findet. Gleichzeitig gewinnt aber auch manches, was schon immer da war, plötzlich deutlich an Wichtigkeit dazu, während auch Neues, Unerwartetes und Überraschendes entsteht. Am Ende dieses Buches soll ein kurzer Blick auf fünf Geschäftsfelder gerichtet werden, die sich nach Meinung des Autors in den nächsten Jahren besonders positiv entwickeln werden.

• Reduzierung von Mobilitätsbedarfen:
  Kostengründe, der Umweltschutz, Zeitersparnis, Bequemlichkeit: All das zusammen wird dazu führen, dass die Nachfrage nach Lösungen, durch die Wege und die Benutzung von Fahrzeugen unnötig werden, weiter steigen wird. Dabei kann es sich um kooperative Technologien zu Telearbeit, Telelearning, Telediagnose oder virtuelle Behördengänge handeln, aber auch um das Schließen von Lücken bei fußläufigen Angeboten innerhalb des Viertels, seien es Einkaufsmöglichkeiten für Dinge des täglichen Bedarfs, Fachgeschäfte oder ärztliche Versorgung.
• Ausbau des öffentlichen Nahverkehrs:
  Der Bedarf ist immens, der Betrieb finanziert durch die öffentliche Hand jedoch selten kostendeckend, in den meisten Fällen defizitär. Wer aber mit innovativen Fahrzeugen oder Dienstleistungen dazu beitragen kann, dass der öffentliche Nahverkehr verfügbarer, komfortab-

ler, sicherer und damit attraktiver und wirtschaftlicher wird, ist auf lange Zeit gesuchter Partner. Die Abdeckung von Angebotslücken etwa durch Integration von Ride Hailing und besonders Ridesharingdiensten, aber auch von Seilbahnen oder autonomen Drohnen zur Personenbeförderung sind hier nur einige Beispiele.

- Premiummitfahrdienste:
Parallel zum öffentlichen Nahverkehr wird auch der Bedarf an privaten Mobilitätsdienstleistungen steigen. In einer ersten Phase muss dabei zunächst eine Basisabdeckung erreicht werden, die für die Akzeptanz als Alternative zum Auto erforderlich ist und bei der Anzahl und Preis im Vordergrund stehen. Hier können fahrerlose, autonome Fahrzeuge zu Vorteilen bei Verfügbarkeit und Preis verhelfen. In einer zweiten Phase des Wachstums ist dann Platz für Premiumangebote, die über diesem Basisangebot und über dem öffentlichen Nahverkehr platziert und dann wirtschaftlich deutlich attraktiver sind. Sicherheit und Komfort durch auf den Fahrgast ausgelegte Fahrzeuge, First Class Connectivity und gut ausgebildete Fahrer stellen hier Hauptaspekte der Attraktivität entsprechender Angebote dar.

- Fahrgastorientierte Fahrzeuge:
Ein neues, sicheres Wachstumsfeld für die ansonsten von den Auswirkungen des Wandels arg gebeutelten Automobilhersteller stellen speziell für Mitfahrdienste entwickelte Fahrzeugkonzepte dar, mit denen solche Dienste zu deutlich geringeren Kosten bei gleichzeitig deutlich höherem Komfort und breiterem Leistungsumfang dargestellt werden können. Gleiches gilt für Sonderzubehör, mit dem konventionelle Fahrzeuge temporär oder dauerhaft für den Einsatz in Mitfahrdiensten optimiert werden können.

- Sustainability Services:
Die steigende Bedeutung ökologischer und sozialer Nachhaltigkeit eröffnet ein zusätzliches Geschäftsfeld jenseits von Fahrzeugen und Mobilitätsdiensten. Zum einen wird der Bedarf an Beratung beim Aufbau, aber vor allem auch an Messung, Auditierung, Zertifizierung und Kommunikation entsprechender Managementsysteme massiv steigen, zum anderen können genau diese Aufgaben zur Wahrung des Vier-Augen-Prinzips nicht von den Herstellern oder Dienstleistern selbst wahrgenommen werden.

Printed in the United States
By Bookmasters